U0078743

新世紀科技叢書

工程與設計圖學

下

王聰榮　劉瑞興　編著

三民書局

國家圖書館出版品預行編目資料

工程與設計圖學／王聰榮,劉瑞興編著.－－初版一刷.－－臺北市：三民，2009
冊；　公分.－－(新世紀科技叢書)

ISBN 978-957-14-5219-7　(上冊:平裝)
ISBN 978-957-14-5288-3　(下冊:平裝)

1.工程圖學

440.8　　98013070

© 工程與設計圖學(下)

編 著 者　王聰榮　劉瑞興
責任編輯　吳育燐
美術設計　謝岱均
發 行 人　劉振強
著作財產權人　三民書局股份有限公司
發 行 所　三民書局股份有限公司
地址　臺北市復興北路386號
電話　(02)25006600
郵撥帳號　0009998-5
門 市 部　(復北店）臺北市復興北路386號
(重南店）臺北市重慶南路一段61號
出版日期　初版一刷　2009年11月
編　　號　S 444880
行政院新聞局登記證局版臺業字第〇二〇〇號

ISBN　978-957-14-5288-3　(下冊：平裝)

http://www.sanmin.com.tw　三民網路書店

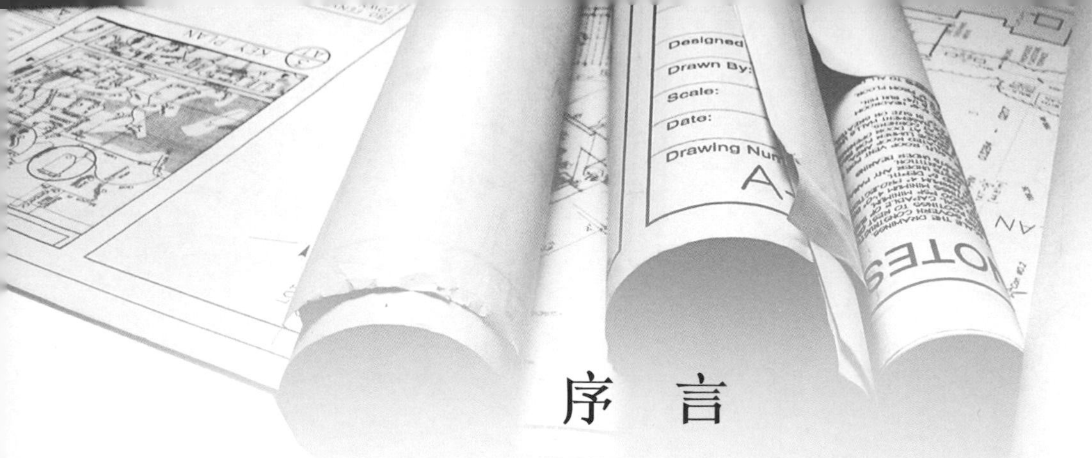

序　言

圖學為職業學校及大專院校工程、設計相關科系必須修習的課程，學習圖學之目的在於製圖與識圖，且能充分了解產品之形狀、尺寸、規格與特徵，並能加以應用與設計產品。

筆者從事建築設計、機械製造、產品設計及繪圖工作多年，並任教於科技大學與高職相關科系講授圖學相關課程。有感於目前職業學校及大專院校工程、設計相關科系學生缺乏一本合適的基礎圖學教材作為學習之入門，筆者乃將個人之教學與工作經驗重新整理，並針對學習設計、土木、建築、機械、美術、工藝等相關科系者常應用到之圖學常識，編成此書，作為教學、自學及在職進修之教材。

本書分為上、下冊。上冊主要說明廣泛之基礎圖學知識與技能，如工程圖學之內容、製圖設備與用具、線條與字法、應用幾何、基本投影學、剖視圖、輔助視圖、習用畫法、立體圖及尺度標註等。下冊主要針對較進階的圖學知識與技能，如透視圖、表面粗糙度、公差與配合、徒手畫與實物測繪、工作圖及建築製圖概論等加以解說。

本書依據經濟部中央標準局最新修訂之「工程製圖」標準，教育部國立編譯館出版與主編之「工程圖學名詞」與「工程圖學辭典」、公制單位 SI 等詳細引用及編寫。

本書之完成要特別感謝三民書局之鼎力協助，此外亦要感謝國立台灣科技大學林信甫同學在繪圖上之大力協助。

本書雖經嚴謹校正，然疏漏及錯誤之處難免產生，尚祈教師先進、業界前輩及同學不吝賜教，謝謝您的支持與鼓勵。

王聰榮、劉瑞興　謹識

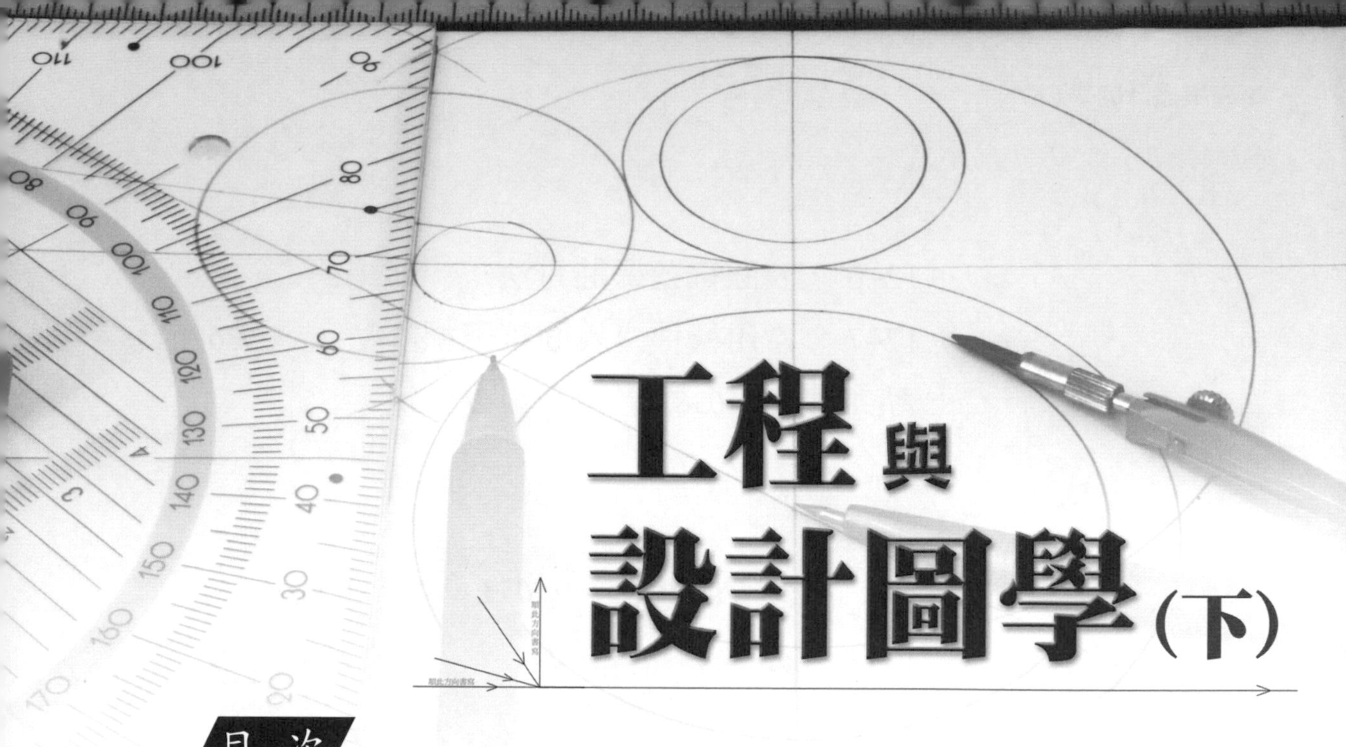

目 次

透視圖

11–1　概　述

11–2　透視投影之名詞

11–3　透視投影之種類

11－1 概 述

1.透視圖

(1)視圖中若投影線彼此不平行，但集中於一點的投影，歸納為透視投影。

(2)經由透視投影而得之視圖稱為透視圖，如圖 11–1–1 所示。

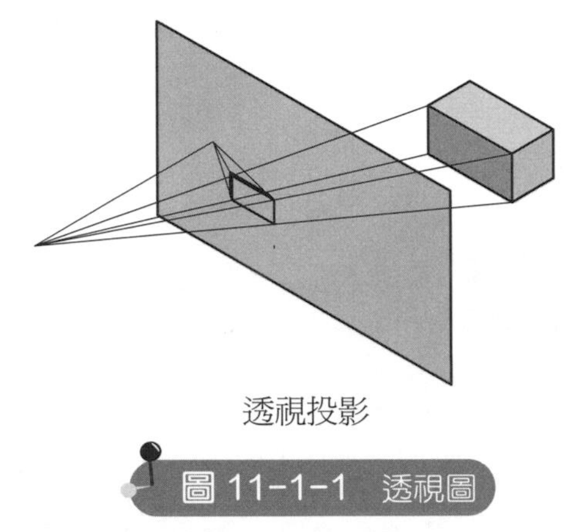

透視投影

圖 11-1-1 透視圖

2.透視投影之原理

(1)假設觀察者立於一定點觀看物體時，眼睛之視線會呈輻射狀投射向物體。

(2)假想有一透明平面（投影面）介於觀察者與物體之間，觀察者對物體各點投射的視線與投影面相交，連接投影面上各穿點所形成之圖形與觀察者眼中所見者相同，據此原理所製成之圖稱為透視圖。

3.透視投影原理說明

(1)假設有一人站立觀察物體，如圖 11–1–2 所示。

(2)假設投影面介於觀察者與物體之間，由視點至物體頂 A 及物體底 A′ 之視線，在投影面上形成 aa′ 之投影。

(3)同理物體 BB′ 兩端點之視線，在投影面上形成 bb′ 之投影。物體 CC′ 兩端點之視線，在投影面上形成 cc′ 之投影。

(4)在投影面上可得 $\overline{aa'}$、$\overline{bb'}$ 及 $\overline{cc'}$ 線段且 $\overline{aa'} > \overline{bb'} > \overline{cc'}$。表示同樣大小之物體，距離投影面愈近則其投影愈大，距離投影面愈遠則其投影愈小。

(5)當物體置於無窮遠處，其在投影面上之投影僅能顯示出與視點等高之一點，如 O 點，此點稱為消點或消失點。

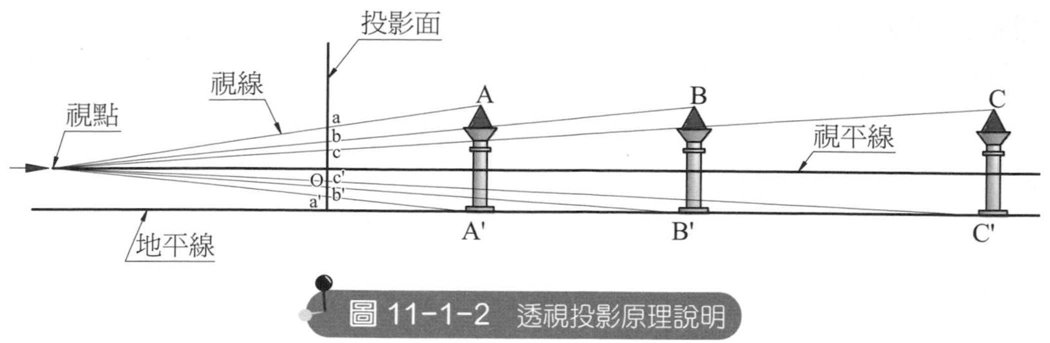

圖 11-1-2 透視投影原理說明

4. 透視圖的用途

(1)以立體最近似人類眼睛觀看的方式呈現在眼前，以提供識圖者參考。

(2)透視圖相當於人類眼睛透過投影面觀察物體，投射線集中於人眼睛之點。

(3)表現之圖形如同人類眼睛中所見，最具逼真效果之立體圖。

(4)透視圖廣用於如建築設計、室內設計、工業設計（產品及裝潢）、舞臺布景、圖解說明及銷售廣告等。

11-2 透視投影之名詞

在透視投影中，常用的名詞分別說明如下，如圖 11-2-1 所示。

1. 視點 (Point of Sight)

(1)簡稱 SP。

(2)觀察者眼睛所在之位置，稱為視點，為觀察時所有視線的起點。

2. 駐點 (Station Point)

(1)簡稱 S 或 SP。

(2)又稱立點 (Standing Point)，係觀察者於水平面上立足點的水平位置，即觀察者站立之位置。

(3)但實際繪製透視圖水平投影時，視點及立點合成一點，故亦有稱駐點為視點者。

(4) SP 在水平面之投影為 SP^h，SP 在直立面之投影為 SP^V，SP 在側立面之投影為 SP^P。

3. 視線 (Visual Ray)

(1)簡稱 VR。

(2)係由視點至物體各點之連接線，又稱為投射線。

4. 投影面 (Picture Plane)

(1)簡稱 PP。

(2)是為一設置於視點及物體之間的假想垂直面，用以形成投影之畫面。

5. 視平面 (Horizon Plane)

(1)簡稱 HP。

(2)平行於地平面且垂直於投影面，並與視點之高度相同之假想水平面。

6. 地平面 (Ground Plane)

(1)簡稱 GP。

(2)又稱基面，即物體所放置之水平面，與投影面垂直。

7. 視平線 (Horizon Line)

(1)簡稱 HL。

(2)又稱水平線，是視平面與投影面之交線。

8. 地平線 (Ground Line)

(1)簡稱 GL。

(2)又稱基線，是地平面與投影面之交線。

9. 視軸 (Axis of Vision)

(1)簡稱 AV。

(2)通過視點且垂直於投影面之視線。

10. 視中心 (Center of Vision)

(1)簡稱 CV。

(2)即視軸穿過投影面之一點。

11. 消失點 (Vanishing Point)

(1)簡稱 VP。

(2)又稱消點，一般在視平線上，即凡不與投影面平行的物體其縱向或橫向各組平行線會集之點。在視平線左方的消失點簡稱為 VPL，在視平線右方的消失點簡稱為 VPR。

12. 足線 (Foot Line)

(1)簡稱 FL。

(2)視線在地平面上的水平投影線，亦即物體水平投影點與視點之間，通過地平面的連線，稱為足線。

13.足點 (Foot Point)

⑴簡稱 FP。

⑵足線過地平線之交點，稱為足點。

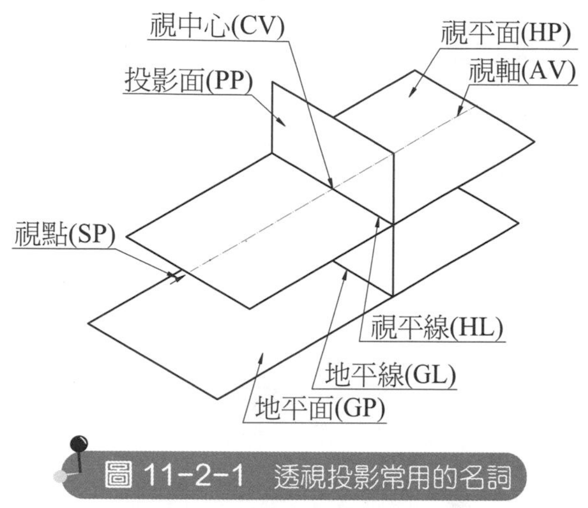

圖 11-2-1　透視投影常用的名詞

11－3 透視投影之種類

透視投影畫法種類繁多，依物體放置位置與投影面間關係之不同可分為三大類：

1.一點透視圖 (One-Point Perspective)

⑴又稱平行透視 (Parallel Perspective)。

⑵立體三度（寬度、高度、深度）中之任二度與投影面平行，有一消失點，所得視圖稱為一點透視圖。

⑶假設物體之一個面與投影面平行，即物體之高度及寬度兩方向與投影面平行，另深度方向垂直於投影面且聚集於一消失點，故稱一點透視，如圖 11-3-1 所示。

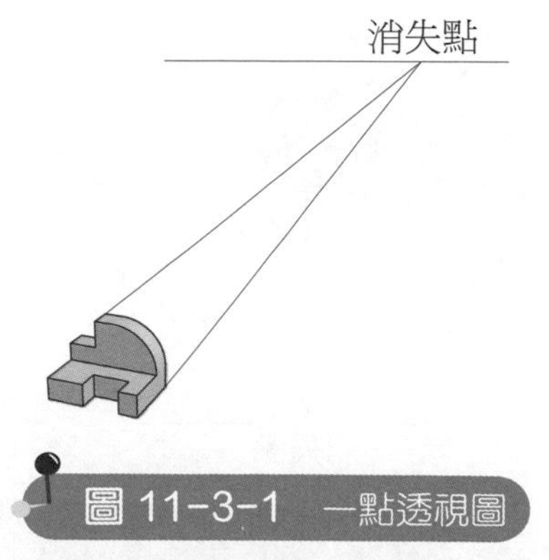

圖 11-3-1　一點透視圖

2. 二點透視圖 (Two-Point Perspective)

(1)又稱成角透視 (Angular Perspective)。

(2)立體三度（寬度、高度、深度）中之任一度與投影面平行，有二消失點，所得視圖稱為二點透視圖。

(3)物體僅有高度方向與投影面平行，而深度及寬度方向各有一個消失點，故稱二點透視，如圖 11–3–2 所示。

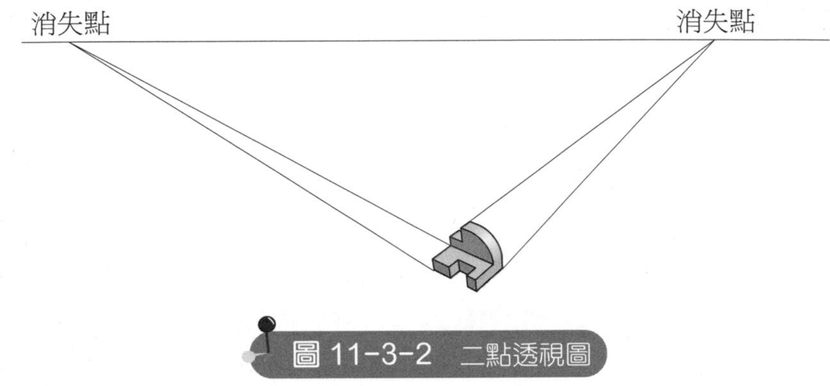

圖 11-3-2　二點透視圖

3. 三點透視圖 (Three-Point Perspective)

(1)又稱傾斜透視 (Oblique Perspective)。

(2)立體三度（寬度、高度、深度）中之任何一度不與投影面平行，有三消失點，所得視圖稱為三點透視圖。

(3)即物體的長度、寬度、及深度三方向均不與投影面平行，且三方向均有一消失點，其中左、右各有一消失點，第三消失點則可在上方或下方，因有三消失點，故稱三點透視，如圖 11–3–3 所示。

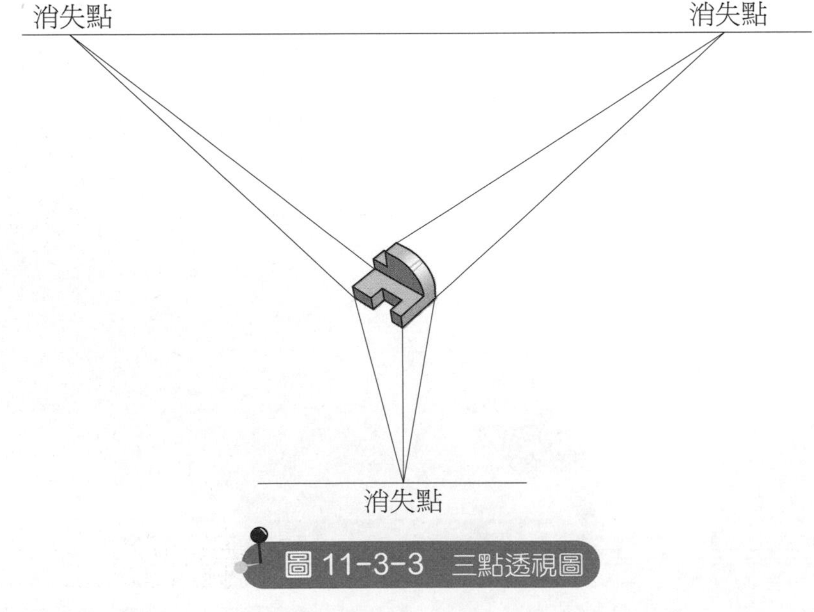

圖 11-3-3　三點透視圖

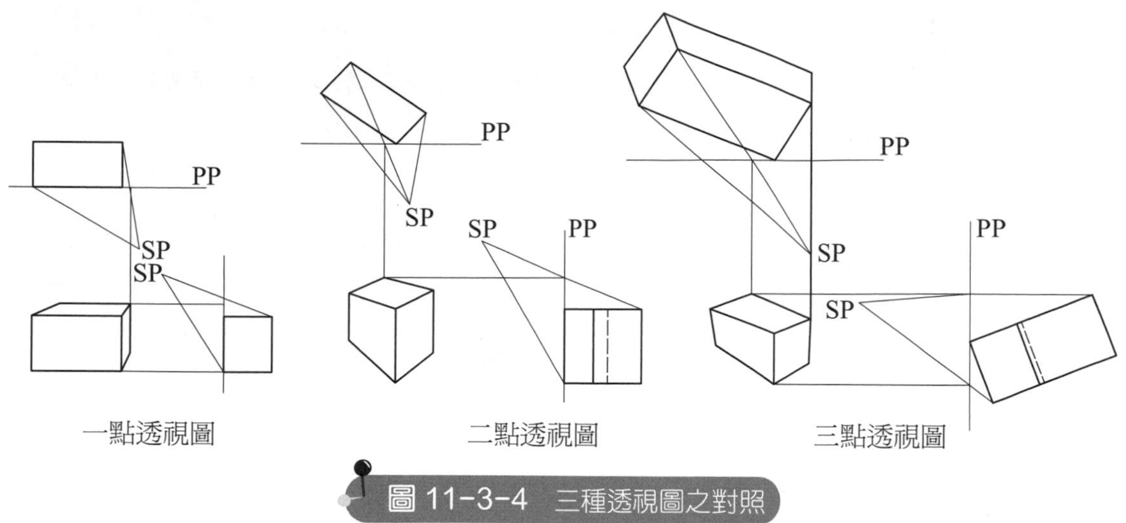

圖 11-3-4　三種透視圖之對照

習　題

1. 何謂透視圖？簡述透視投影之原理。
2. 簡述透視的用途。
3. 何謂視點、駐點、視線、投影面、視平面？
4. 何謂地平面、視平線、地平線、視軸、視中心、消失點？
5. 試述透視投影之種類。

觀念評量

(　) 1. 下列哪一種立體圖法最具有真實感，看起來最接近實物？
　(A)等角圖法　(B)不等角圖法　(C)斜視圖法　(D)透視圖法。

(　) 2. 三度空間中，任何二度空間與投影面平行，有一個消失點之透視圖，稱為
　(A)一點透視　(B)二點透視　(C)三點透視　(D)四點透視。

(　) 3. 立體三度（寬度、高度、深度）中之任一度與投影面平行，有二消失點之透視圖，稱為
　(A)一點透視　(B)二點透視　(C)三點透視　(D)四點透視。

(　) 4. 立體三度（寬度、高度、深度）中之任何一度不與投影面平行，有三消失點之透視圖，稱為
　(A)一點透視　(B)二點透視　(C)三點透視　(D)四點透視。

(　) 5. 下列何者不屬於立體圖？
　(A)立體正投影圖　(B)等斜圖　(C)透視圖　(D)剖視圖。

(　) 6. 一點透視又稱為
　(A)平行透視　(B)傾斜透視　(C)成角透視　(D)正投影。

(　) 7. 兩點透視又稱為
　(A)平行透視　(B)傾斜透視　(C)成角透視　(D)正投影。

(　) 8. 三點透視又稱為
　(A)平行透視　(B)傾斜透視　(C)成角透視　(D)正投影。

(　) 9. 下列何者不屬於正投影立體圖？
　(A)透視圖　(B)等角圖　(C)二等角投影圖　(D)不等角投影圖。

(　) 10. 投影時表示眼睛所在位置的點，謂之
　(A)基準點　(B)投影點　(C)位置點　(D)視點。

(　) 11. 透視原理係假設光點（視點）應置於離物體之
　(A)不遠處　(B)極近處　(C)很遠處　(D)無限遠處。

(　) 12. 繪製透視圖應先選定
　(A)視點　(B)水平線　(C)尺度　(D)大小。

( ) 13.平行透視又稱為

⑷一點透視 ⑻兩點透視 ⑹三點透視 ⑿四點透視。

( ) 14.成角透視又稱為

⑷一點透視 ⑻兩點透視 ⑹三點透視 ⑿四點透視。

( ) 15.傾斜透視又稱為

⑷一點透視 ⑻兩點透視 ⑹三點透視 ⑿四點透視。

( ) 16.下列何者最接近人類視覺所看到的實體？

⑷剖視圖 ⑻輔助視圖 ⑹等角投影圖 ⑿透視圖。

( ) 17.在透視投影中，觀察者與物體間的距離保持不變，則投影面離觀察者愈遠，所得的投影

⑷愈大 ⑻愈小 ⑹重疊 ⑿歪斜。

( ) 18.在透視圖上，如物體的距離自觀察者逐漸增加時，物體便

⑷保持一樣 ⑻逐漸縮小 ⑹逐漸放大 ⑿不成比例。

( ) 19.在透視圖中，物體各點均投影於

⑷立足點 ⑻視點 ⑹消失點 ⑿中心點。

( ) 20.在透視圖中，通過眼睛之水平面稱為

⑷視平面 ⑻畫面 ⑹地平面 ⑿垂直面。

( ) 21.何種技術人員常使用「透視圖」來表達物體的形狀？

⑷機械工程師 ⑻電機工程師 ⑹電子工程師 ⑿室內設計師。

( ) 22.透視圖中，常用於房屋外景，使用較廣泛的是

⑷一點透視 ⑻二點透視 ⑹三點透視 ⑿四點透視。

( ) 23.照片中的影像圖與何種投影原理所得的視圖相同？

⑷等角投影圖 ⑻斜投影圖 ⑹透視圖 ⑿輔助視圖。

( ) 24.繪製透視圖時，最佳的視覺效果大約在視角為

⑷ 10°～20° ⑻ 20°～30° ⑹ 30°～40° ⑿ 40°～50° 之間。

( ) 25.有關透視投影之敘述，下列何者正確？

⑷若視點與目的物之距離固定，投影面與視點距離愈遠時，則其投影圖愈大 ⑻若視點與目的物之距離固定，投影面與視點距離愈近時，則其投影圖愈大 ⑹若視點與投影面距離固定，目的物與視點距離愈遠時，則其投影圖愈大 ⑿視軸與視平線之交點稱為視點。

表面粗糙度與表面符號

12-1 表面粗糙度

1. 表面粗糙度

(1)被加工的工作物表面，可用觸覺發現其高低不平，其高低不平的情況稱為表面粗糙度 (Roughness) 或光度 (Smoothness)，如圖 12–1–1 所示。

(2)如將工作物斷面放大觀察，粗糙情形如高低不平的波紋，波紋所形成的輪廓為光度的斷面曲線。

(3)斷面曲線及粗度曲線是測量表面粗糙度的基準。

(4)工件與切削方向垂直的截斷面，由此放大的截斷面或斷面曲線可發現工件的表面是由幾個因素共同組成。

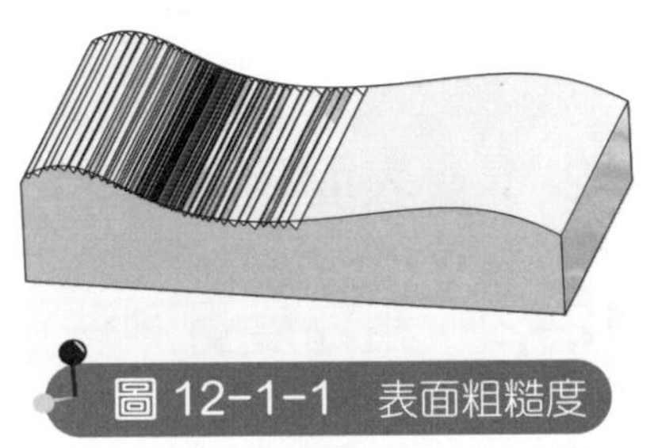

圖 12–1–1　表面粗糙度

2. 表面粗糙度相關名詞

(1)粗糙度 (Roughness)：在加工過程中，由加工刀具、砂石、火花等留在工件表面的痕跡造成微小的不規則點，這些不規則點的高度稱之為粗糙度。

(2)波紋 (Waviness)：由於粗糙度被重複形成，而引起表面較長不規則的波浪狀。波紋形成原因是由於機器振動、材料硬度或材質不均、刀具磨耗抖動所引起。

(3)外形 (Form)：理想的工件表面應為真平面或有一定曲率之曲面，事實上工件外形與理想形狀會有差距，此種現象一般是因工件彎曲、熱處理變形或工作母機的床臺撓曲等原因所引起。

(4)方位刀痕 (Lay)：切削刀具在工件表面的切削方向（刀痕方向）稱為方位。量測方向（表面粗度儀的觸針在工件表面行走的方向）必須和方位垂直，才能得到真正的粗糙度值。

(5)裂隙 (Flaw)：因不當的加工方式引起工件表面有明顯的溝痕或撞痕，或材料的孔隙及結構上的裂縫等。量測構向應避開，以免影響正確的量測值。

(6)中心線 (Center line)：在粗糙度曲面畫一直線，使直線上峰的面積等於谷的面積，一直線稱為中心線。此種中心線法為 CNS 採用最多者。

(7)平均線：在斷面曲線上畫一直線，使外形至此線距離之平方和為最小。此直線稱為平均線或最小平方平均線。

(8)波峰間距：相鄰兩波峰與中心線的二交點間的長度稱為波峰間距，又稱波長。

3. 特別說明

(1)粗度的單位採用 μm，1 μm = 10^{-6} m = 10^{-3} mm。

(2)測量粗度時，觸針需與工件表面成 90°（垂直）為宜。

(3)斷面曲線 (Profile Curve)、波度曲線 (Waviness Curve) 與粗糙度曲線 (Roughness Curve) 不同。

(4)斷面曲線是指沿著被測量面垂直切斷所量測之輪廓，為量測表面粗糙度的基準，亦稱為實際輪廓曲線。

(5)對斷面曲線進行濾波處理，除去波長較短的波紋，剩餘之曲線，稱為波度曲線，為節距較大之起伏曲線。

(6)透過濾波器將斷面曲線之波度濾掉，剩餘之曲線，稱為粗糙度曲線，為節距較小之起伏曲線。

(7)切斷值 (Cut-Off Value) 的大小會影響量測結果，其值愈小，則粗糙度值愈小。

12－2 粗糙度量測法

表面粗糙度量測主要方式有比較測定法、光波干涉測定法、光線切斷測定法、觸針測定法等。

1. 比較測定法

(1)利用表面粗糙度比較標準片 (Roughness Comparison Specimens)，用來比測工件表面。

(2)缺點為容易受主觀因素之影響，故較不準確。

2. 光波干涉測定法（光線反射測定法）

(1)光束投射於完美平滑的表面時，入射角等於反射角，反射光進入觀察系統 S，而且完全沒有光線進入觀察系統 D，如圖 12–2–1 所示。

(2)若工件為粗糙的表面光線將會向任何方向散射，反射線則分別進入 D 及 S。

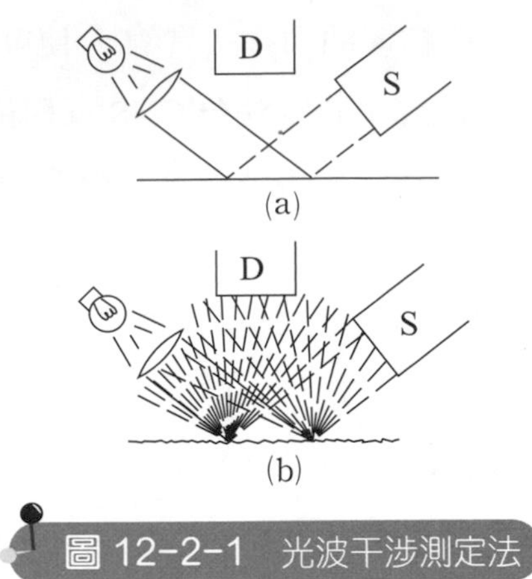

圖 12-2-1 光波干涉測定法

3. 光線切斷測定法

(1)其原理是利用一細薄的光線，投照在工件表面，然後在某個角度以顯微鏡來觀察工件表面粗度。

(2)光線投照及觀察的角度都採 45° 的情形，能觀察到最清楚的表面組織。其呈現的粗度高為 $h\times\sqrt{2}$，h 是實際的工件表面粗糙度，相當於 R_{max}。

4. 觸針測定法

(1)表面粗糙度固然可以目視或指甲感測，但極其勻稱平滑的精光面，粗糙度依然存在，利用觸針式表面粗糙度測定儀，則可量測到 0.01 μm 的粗度值，如圖 12-2-2 所示。

(2)利用觸針在工件不規則的表面探測，觸針上下的位移經由電器放大，計算而得到正確的粗度值。

(3)利用觸針法求粗糙度可直接由儀器讀出工件表面粗糙度或波度。

(4)精密度高，可在精密量具室或攜至現場測試。

(5)觸針不易量測的部位表面，可利用合成樹脂塗附在工件表面，以取得複製表面，雖然外形倒置，但是 R_a 值並無不同。

(6) R_a 值相同的兩個表面，其表面外型 (surface profile) 未必相同。

(7)若切斷值 (cut-off value) 愈小，則 R_a 值愈小。

(8)若 R_a 值相同，則 R_{max} 值未必相同。

(9)量測加工件表面時，觸針移動方向須與表面加工方向成 90° 才正確，也才可獲得最大的 R_a 值。

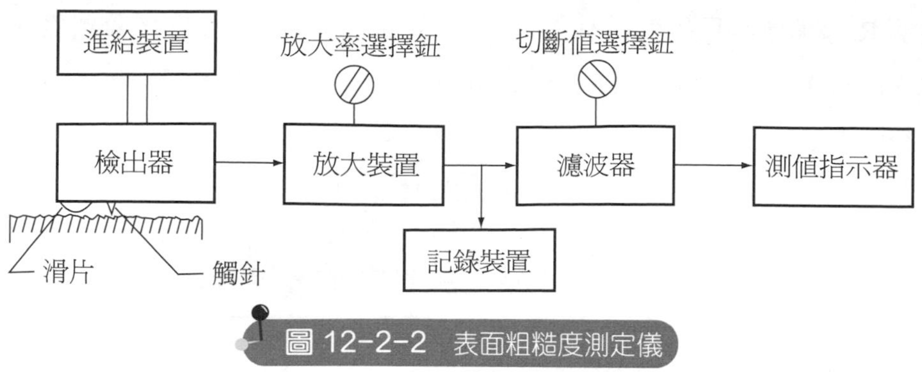

圖 12-2-2　表面粗糙度測定儀

12－3 表面粗糙度參數之種類

1. 最大高度 (R_{max})

(1)從斷面曲線採取某一基準長度，在此長度內，以其平均線平行之二直線所夾曲線的垂直方向高度。

(2)光度的斷面曲線，取其一段而在曲線間設一直線，如此直線到上和下曲線偏差距離平方的總和為最近時，此設定值叫平均線。

(3)在基準長度間，兩條和平均線平行的直線，夾曲線最高頂點和最低谷底時，平行線間的間隔為光度的最大高度 (R_{max})，如圖 12–3–1 所示。

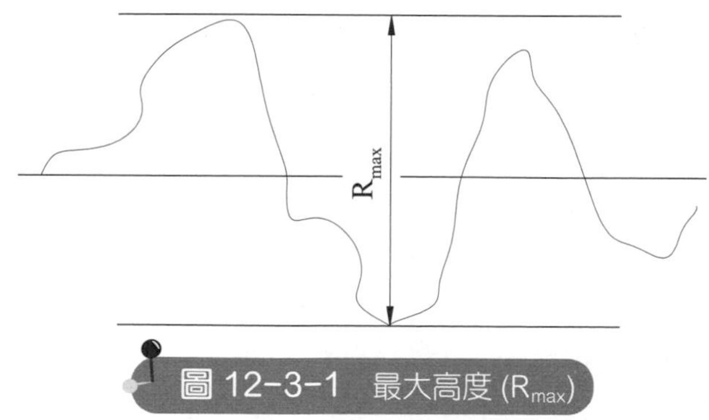

圖 12-3-1　最大高度 (R_{max})

(4)此高度就是工件在此一基準長度內所量測之最大高度。決定工件之 R_{max} 值，測定長度 l_m 至少應含有數個基準長（一般為 3～5 個，各國標準不一），而工件的 R_{max} 值就是各個基準長內的 $R_{max1}, R_{max2}, \cdots$ 的平均。

$$R_{max} = \frac{R_{max1} + R_{max2} + R_{max3} + \cdots}{n}$$

(5)量測 R_{max} 值所採用基準長，CNS 規定原則上採下列 6 種方式，分別為 0.08 mm, 0.25 mm, 0.8 mm, 2.5 mm, 8 mm, 25 mm，同一工件表面，採用的基準長愈大，所得的 R_{max} 值愈大。

(6)常用的基準長度和最大高度範圍，如表 12–3–1 所示。

表 12-3-1 常用的基準長度和最大高度範圍

最大範圍		基準長度 (mm)
超過	以下	
0.05 μR_{max}	0.4 μR_{max}	0.08
0.4 μR_{max}	0.8 μR_{max}	0.25
0.8 μR_{max}	6.3 μR_{max}	0.8
6.3 μR_{max}	25 μR_{max}	2.5
25 μR_{max}	100 μR_{max}	8
100 μR_{max}	500 μR_{max}	25

(7)以 $\mu m = 0.001$ mm 單位表示，CNS 舊標準採用。

(8) CNS 舊標準最大高度粗度值以 S 表示；1S = 1 μm。

(9)公制粗度單位 $\mu m = 10^{-3}$ mm，英制 $\mu in = 10^{-6}$ in。

2. 十點平均粗糙度 (R_z)

(1)從斷面曲線採取一基準長度，此長度內線平均線之平行線，通過第 3 高峰第 3 深谷，此二平行線間的垂直方向高度就是工件在此一基準長度內的 R_z 值，如圖 12–3–2 所示。

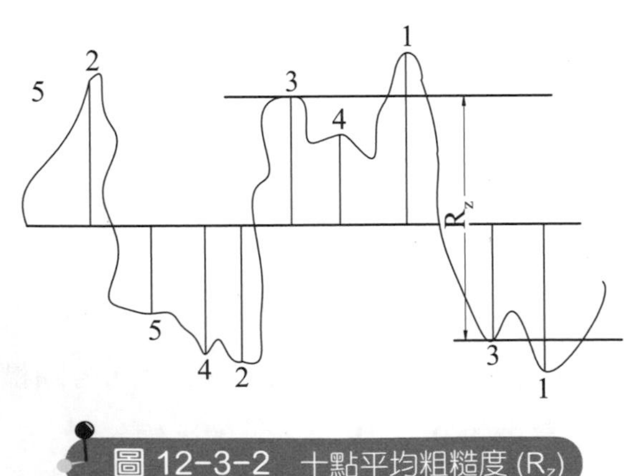

圖 12-3-2 十點平均粗糙度 (R_z)

(2)測定長度 l_m 至少含有數個基準長 l，而工件表面十點平均粗糙度就是各個基準

長度內的 R_{z1}, R_{z2} …… 的平均。

$$R_z = \frac{R_{z1} + R_{z2} + R_{z3} + \cdots}{n}$$

⑶基準長度：CNS 規定，求取 R_z 值時，基準長度原則以下列 6 種為之（單位：mm）：0.08, 0.25, 0.8, 2.5, 8, 25。

⑷工件 R_z 值大小與選用基準長度之關係，如表 12–3–2 所示。

表 12-3-2　R_z 值大小與選用基準長度之關係

0.8 μm R_z 以下（含）	基準長 0.25 mm
0.8～6.3 μm R_z	基準長 0.8 mm
6.3～25 μm R_z	基準長 2.5 mm
25～100 μm R_z	基準長 8 mm

⑸光度的斷面曲線，取其一段基準長度，在此間隔上曲線尖頭和谷底按高、低上下依序各定 1、2、3、4、5 點。則山頂 5 點的平均標高加谷底 5 點的平均標高為十點平均光度。

⑹ $R_z = \dfrac{Y_1 + \cdots + Y_5 + Y_1' + \cdots + Y_5'}{5}$（Y 及 Y′ 為正）。

⑺ R_z 亦有採用中數點 (Median) 計算粗度，利用山頂第 3 點與谷底第 3 點的平均標高表示。

⑻單位 μm，JIS 採用較多，且 $R_z \doteqdot R_{max}$。

3. 中心線平均粗糙度 (R_a)

⑴從粗糙度曲線在中心線方向採取測定長度 l_m。以中心線方向為 X 軸，縱倍率方向為 Y 軸，將粗糙度曲線用 Y = f(X) 表示。

以下列公式求得 R_a 值

$$R_a = \frac{1}{l_m}\int_0^{l_m} |f(X)|dx$$

或以公式求得 R_a 值

$$R_a = \frac{|Y_1| + |Y_2| + |Y_3| + \cdots + |Y_n|}{n}$$

公式中，n = 分割數，Y_n = 分割處之峰高或谷深，而測定長度 l_m 原則上是以切斷值的 3 倍或以上為之。

⑵光度的粗度曲線，其中心線為一和平均線平行的直線，而此直線兩側被斷面曲線所包圍面積相同，如圖 12–3–3 所示。

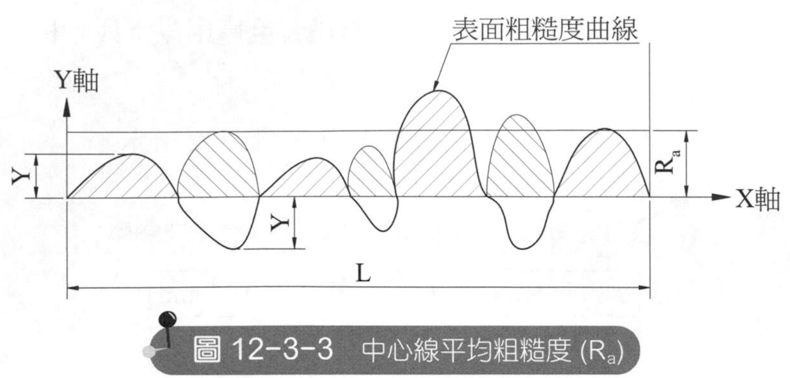

圖 12-3-3 中心線平均粗糙度 (R_a)

⑶ CNS 規定切斷值之標準值為 0.8 mm，若使用切斷值為 0.8 mm 時，切斷值之標示可以省略。表示 R_a 值之界限超過 1.6 μm, 6.3 μm 以下時，以 1.6a～6.3a 表示。

⑷ R_a 值表示中心線平均光度，CNS 與 ISO 標準採用，以 $\mu m = 0.001$ mm 為單位。

⑸光度的粗度曲線，其中心線為一和平均線平行的直線，而此直線兩側被斷面曲線所包圍面積相同。CNS 與 ISO 標準採用。

⑹中心線上取一段基準長度，設中心線為 X 軸，縱方向為 Y 軸，而曲線以 $Y = f(x)$ 代表，則由 $R_a = \frac{1}{L}\int_0^L f(x)dx$ 求得 R_a 值，如圖 12–3–3 所示。

⑺ R_a 值以 $\mu m = 0.001$ mm 為單位，表示中心線平均光度。

⑻如果有規則的斷面曲線則 $R_a \doteqdot \frac{1}{4}R_{max} \doteqdot \frac{1}{4}R_z$ 或 $R_{max} \doteqdot R_z \doteqdot 4R_a$。

⑼工件表面的品質，CNS 舊標準是以三角加工符號來表示。若一般機件的表面粗糙度要求不嚴格時，現在仍有設計者喜歡沿用三角符號標註。三角形加工符號和 R_a 值的對照，如表 12–3–3 所示。

表 12-3-3 三角形加工符號和 R_a 值的對照 (CNS3–3)

表面符號	名　稱	說　明	加工例	相當 R_a 之範圍
	毛胚面	自然面。	壓延、鍛鑄等。	125 以上
～	光胚面	平盤胚面。	壓延、精鑄、模鍛等。	32～125
▽	粗切面	刀痕可由觸覺及視覺明顯辨認者。	銼、刨、銑、車、輪磨等。	8.0～25

▽▽	細切面	刀痕尚可由視覺辨認者。	銼、刨、銑、車、輪磨等。	2.0～6.3
▽▽▽	精切面	刀痕隱約可見者。	銼、刨、銑、車、輪磨等。	0.25～1.60
▽▽▽▽	超光面	光滑如鏡者。	超光、研光、拋光、搪光等。	0.010～0.20

4. 平方根平均值（平均平方根）(RMS) 粗糙度

(1)以中心線平均值之求值方法求出 $Y_1, Y_2 \cdots Y_n$。

(2)然後將 $Y_1, Y_2 \cdots Y_n$ 等平方相加除以 n，再開根號，即得 RMS。

(3) $RMS = \sqrt{\dfrac{Y_1^2 + Y_2^2 + \cdots + Y_n^2}{n}}$。

(4)歐洲常採用。

5. 粗糙度等級 (N)

(1)在數字之前加寫 “N” 字，如 N8、N9、N10……等。

(2)一般粗糙度等級與中心線平均粗糙度 (R_a) 加以對照，如表 12–3–4 所示。

(3)粗糙度等級 (N) 為 CNS 與 ISO 標準採用；常配合 R_a 查表使用。

①中國國家標準採用中心線平均粗糙度，數值之後不加單位亦不加註 “a” 字。

②表面粗糙度亦可用「粗糙度等級」標示，其數值之前須加寫一 “N” 字。粗糙度等級與中心線平均粗糙度 R_a 之對照表，如表 12–3–4 所示。

表 12-3-4　粗糙度等級與中心線平均粗糙度之對照

粗糙度等級	N12	N11	N10	N9	N8	N7	N6	N5	N4	N3	N2	N1	
中心線平均粗糙度 R_a (μm)	50	25	12.5	6.3	3.2	1.6	0.8	0.4	0.2	0.1	0.05	0.025	0.0125

註：R_a、R_{max} 與 R_z 三者間之關係為 $R_z \doteqdot R_{max} \doteqdot 4R_a$。

12－4 表面符號

1. 表面符號

(1)表面符號 (Surface Texture) 為表面情況之表示符號。

(2)表面符號用以標明其加工符號、粗糙程度、加工方法、基準長度、刀痕方向及加工裕度等。

2. 表面符號之標註

表面符號以基本符號為主體，在其上可標註下列六項：

(1)切削加工符號。

(2)表面粗糙度。

(3)加工方法之代字或表面處理。

(4)基準長度。

(5)刀痕方向或紋理符號。

(6)加工裕度。

以上各項之書寫位置，如無必要，不必加註，如圖 12–4–1 所示。

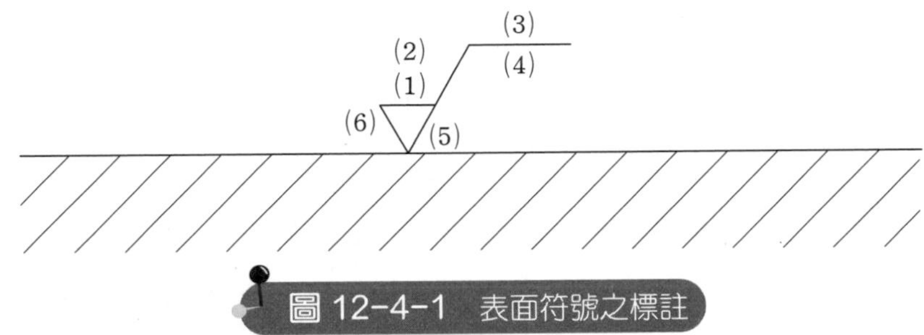

圖 12-4-1 表面符號之標註

3. 表面符號範例

如圖 12–4–2 所示。

(1)切削加工。

(2)粗糙度最大限界為 6.3 μm；粗糙度最小限界為 3.2 μm。

(3)加工方法為刨削。

(4)基準長度為 2.5 mm。

(5)刀痕之方向與其所指加工面之邊緣平行。

(6)加工裕度為 5 mm。

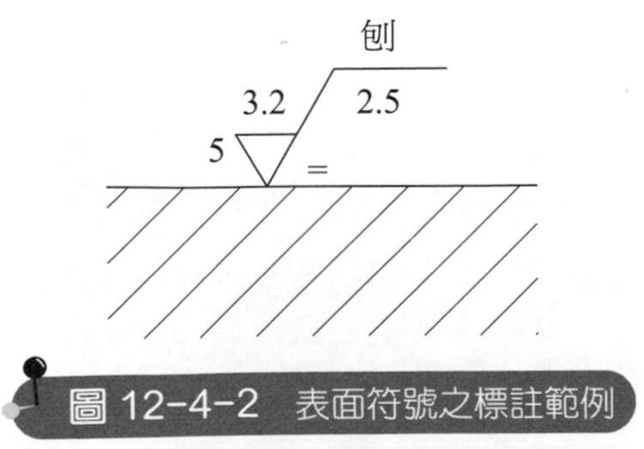

圖 12-4-2 表面符號之標註範例

4. CNS 舊的表面符號

由於仍有部分工廠採用 CNS 舊的表面符號，特別加以說明，如表 12-4-1 所示。

表 12-4-1　CNS 舊的表面符號

加工符號	名　稱	意　義	粗糙度 R_{max}	相當 R_a 值	R_a 表示法
	自然面	該表面所具之均勻度及光滑度，可採用普通無屑製造方法獲得者，例如鑄、鍛、軋、拉、氣焰與電弧切割等。		125 以上	125
～	光胚	該表面所具之均勻度及光滑度，可採用審慎無屑製造方法獲得者，例如潔淨鍛、潔淨鍛鑄、潔淨氣焰與電弧切割等。如該項條件未能滿足時，則須加工修正之，惟黑胚可依然殘留。	100～1000S	32～125	125 32
▽	粗切面	該表面經一次或多次起屑粗製工作者，如鉋、車、銑、磨、鑽、銼等，而其表面上所殘留之刀紋，能由觸覺及視覺辨別之。	35～100S	8.0～25	25 8.0
▽▽	細切面	該表面經一次或多次普通精製工作者，如鑽、車、銑、鉋、銼、紋等，而其表面上所留之刀痕，尚能為視覺所辨別。	12～25S	2.0～6.3	6.3 2.0
▽▽▽	精切面	該表面經一次或多次以上等精製工作者，如鉋、車、銑、精磨、刮、紋等。其表面成鏡面之光滑刀痕不能為目力所辨別。	1.5～6S	0.25～1.6	1.6 0.25
▽▽▽▽	超光面	指該表面之精製程度更甚於「精加工」者。又稱鏡面加工。	0.1～0.8S	0.01～0.20	0.20 0.01

註：S 即表面粗度單位，1S = 1 μm = 0.001 mm。

12－5 表面符號組成

1. 基本符號

(1)基本符號用以指出表面符號所標示之表面，並界定各項加註事項之位置，無任何加註之基本符號，毫無意義，不可使用。

⑵基本符號形狀：基本符號為與其所指之面之邊線成 60° 角之不等邊 V 字，其頂點必須與代表加工面之線或延長線接觸，如圖 12–5–1 所示。

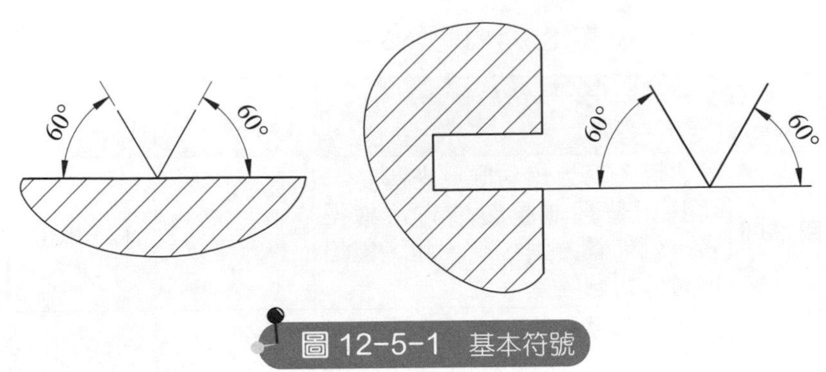

圖 12–5–1　基本符號

⑶基本符號分三類：

①必須切削之表面符號：若所指之面必須予以切削加工，則在基本符號上加一短橫線，自基本符號較短邊之末端畫起，圍成一等邊三角形，如圖 12–5–2 所示。

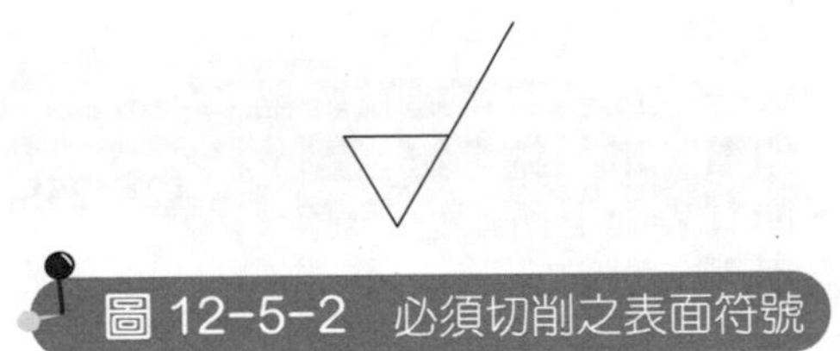
圖 12–5–2　必須切削之表面符號

②不得切削加工之表面符號：若所指之面不得予以切削加工，則在基本符號上面加一小圓與 V 字形之兩邊相切，圓之最高點與較短邊之末端對齊，如圖 12–5–3 所示。

圖 12–5–3　不得切削加工之表面符號

③不規定切削加工之表面符號：若基本符號下不加上列兩種切削加工符號之任何一種，則表示是否採用切削加工不予限定，由施工者自由選擇，但此種基本符號上至少必須加註表面粗糙度，如圖 12–5–4 所示。

圖 12-5-4　不規定切削加工之表面符號

2. 表面粗糙度

(1)表面粗糙度有：中心線平均粗糙度 R_a、最大高度 R_{max}、十點平均粗糙度 R_z 等三種表示法。

(2)各種不同加工方法及其表面粗糙度之關係，如表 12-5-1 所示。

表 12-5-1　各種不同加工方法及其表面粗糙度之關係

表面情況	基準長度 (mm)	說　明	表面粗糙度 (μm)		
			R_a	R_{max}	R_z
超光面	0.08	以超光製加工方法，加工所得之表面，其加工面光滑如鏡面。	0.010a	0.040S	0.040Z
			0.012a	0.050S	0.050Z
			0.016a	0.063S	0.063Z
			0.020a	0.080S	0.080Z
	0.25		0.020a	0.080S	0.080Z
			0.025a	0.100S	0.100Z
			0.032a	0.125S	0.125Z
			0.040a	0.16S	0.16Z
			0.050a	0.20S	0.20Z
			0.063a	0.25S	0.25Z
			0.080a	0.32S	0.32Z
			0.100a	0.40S	0.40Z
精切面	0.8	經一次或多次精密車、銑、磨、搪光、研光、擦光、抛光或刮、鉸、搪等有屬切削加工法所得之表面，幾乎無法以觸覺或視覺分辨出加工之刀痕，故較細切面光滑。	0.125a	0.50S	0.50Z
			0.160a	0.63S	0.63Z
			0.20a	0.80S	0.80Z
			0.25a	1.0S	1.0Z
			0.32a	1.25S	1.25Z
			0.40a	1.60S	1.60Z
			0.50a	2.0S	2.0Z
			0.63a	2.5S	2.5Z
			0.80a	3.2S	3.2Z
			1.00a	4.0S	4.0Z
			1.25a	5.0S	5.0Z
			1.60a	6.3S	6.3Z
			2.0a	8.0S	8.0Z

細切面	2.5	經一次或多次較精細車、銑、刨、磨、鑽、搪、鉸或銼等有屑切削加工所得之表面，以觸覺試之，似甚光滑，但由視覺仍可分辨出有模糊之刀痕，故較粗切面光滑。	2.5a 3.2a 4.0a 5.0a 6.3a 8.0a 10.0a	10.0S 12.5S 16S 20S 25S 32S 40S	10.0Z 12.5Z 16Z 20Z 25Z 32Z 40Z
粗切面	8	經一次或多次粗車、銑、刨、磨、鑽、搪或銼等有屑切削加工所得之表面，能以觸覺及視覺分辨出殘留有明顯刀痕。	12.5a 16.0a 20a 25a 32a 40a 50a 63a 80a	50S 63S 80S 100S 125S 160S 200S 250S 320S	50Z 63Z 80Z 100Z 125Z 160Z 200Z 250Z 320Z
光胚面	25 或 25 以上	一般鑄造、鍛造、壓鑄、輥軋、氣焰或電弧切割等無屑加工法所得之表面，必要時尚可整修毛頭，惟其黑皮胚料仍可保留。	100a 125a	400S 500S	400Z 500Z

(3)最大限界表面粗糙度寫法：用單一數值表示表面粗糙度之最大限界，如圖 12–5–5 所示。

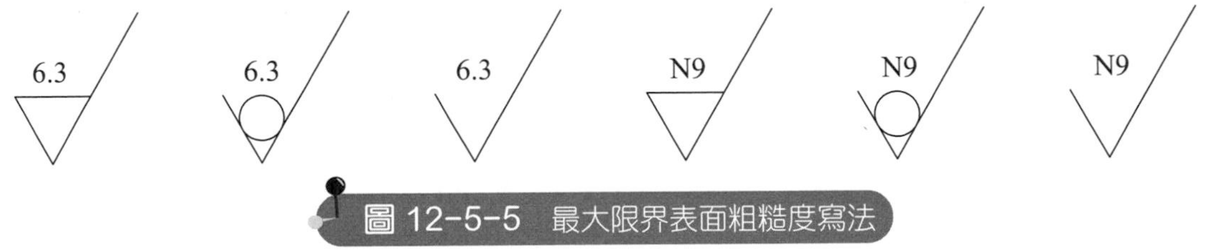

圖 12-5-5 最大限界表面粗糙度寫法

(4)上下限界面粗糙度寫法：用兩組數值上下並列，以表示粗糙度之最大限界及最小限界，如圖 12–5–6 所示。

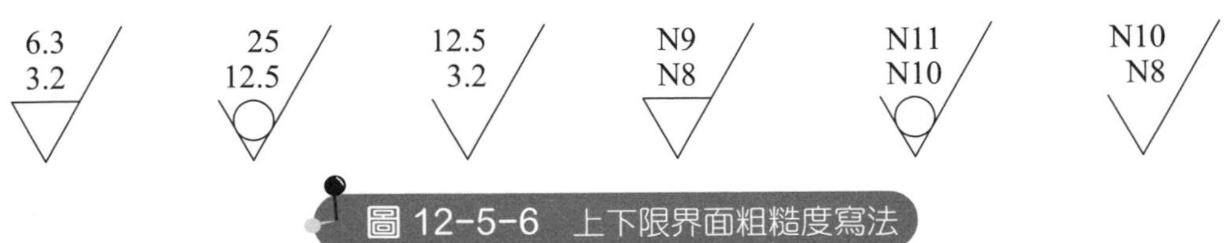

圖 12-5-6 上下限界面粗糙度寫法

3.加工方法之代字及表面處理

⑴書寫位置：如必要指定加工方法，則在基本符號長邊之末端加一短線，在其上方加註加工方法之代字，且該代字書寫時盡可能朝上呈水平書寫，如圖 12–5–7 所示。

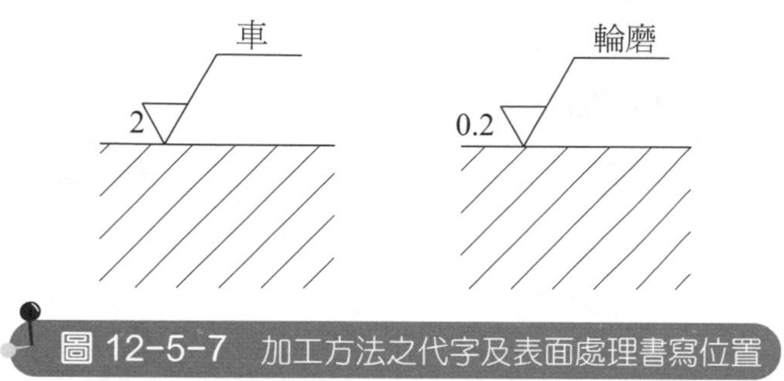

圖 12–5–7　加工方法之代字及表面處理書寫位置

⑵加工方法之代字：各種不同加工方法之代字標註如表 12–5–2 所示。

表 12–5–2　加工方法之代字

項目	加工方法	代字	項目	加工方法	代字
1	車削 (Turning)	車	21	落鎚鍛造 (Drop Forging)	落鍛
2	銑削 (Milling)	銑	22	壓鑄 (Die Casting)	壓鑄
3	刨削 (Planing, shaping)	刨	23	超光製 (Super Finsihing)	超光
4	搪孔 (Boring)	搪	24	鋸切 (Sawing)	鋸
5	鑽孔 (Drilling)	鑽	25	焰割 (Flame Cutting)	焰割
6	鉸孔 (Reaming)	鉸	26	擠製 (Extruding)	擠
7	攻螺紋 (Tapping)	攻	27	壓光 (Burnishing)	壓光
8	拉削 (Broaching)	拉	28	抽製 (Drawing)	抽製
9	輪磨 (Grinding)	輪磨	29	衝製 (Blanking)	衝製
10	搪光 (Honing)	搪光	30	衝孔 (Piercing)	衝孔
11	研光 (Lapping)	研光	31	放電加工 (E. D. M.)	放電
12	拋光 (Polishing)	拋光	32	電化加工 (E. C. M.)	電化
13	擦光 (Buffing)	擦光	33	化（學）銑 (C. Milling)	化銑
14	砂光 (Sanding)	砂光	34	化（學）切削 (C. Machining)	化削
15	滾筒磨光 (Tumbling)	滾磨	35	雷射加工 (Laser)	雷射
16	鋼絲刷光 (Brushing)	鋼刷	36	電化磨光 (E. C. G.)	電化磨
17	銼削 (Filing)	銼	37		
18	刮削 (Scraping)	刮	38		
19	鑄造 (Casting)	鑄	39		
20	鍛造 (Forging)	鍛	40		

(3)表面處理：機件上之某一部位須作表面處理者則用粗鏈線表示其範圍。將處理前之表面符號標註在原表面上，處理後之表面符號則標註在粗鏈線上，並註明表面處理方法，如圖 12–5–8 所示。

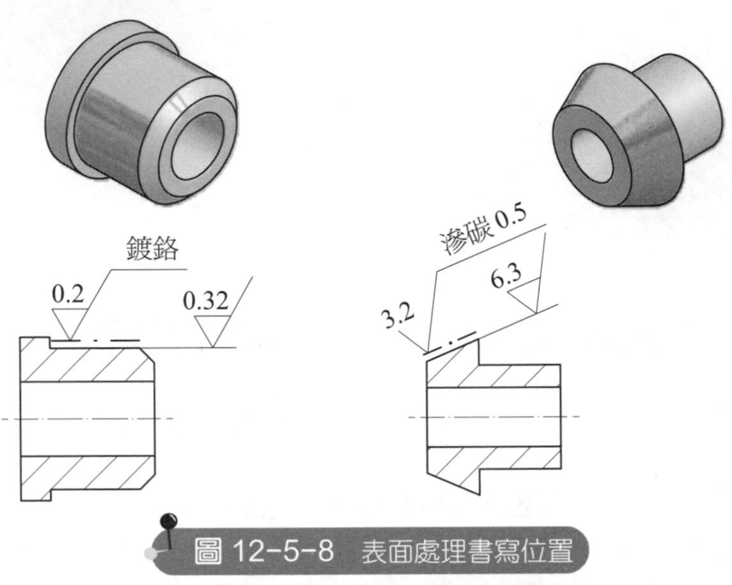

圖 12–5–8 表面處理書寫位置

4.基準長度

(1)基準長度主要表達選取粗糙度時之基準取樣長度。

(2)用數值表示各種不同加工方法所能達到之中心線平均粗糙度之最適宜的基準長度。

(3)基準長度寫法：基準長度書寫時必須與表面粗糙度對齊，如圖 12–5–9 所示。

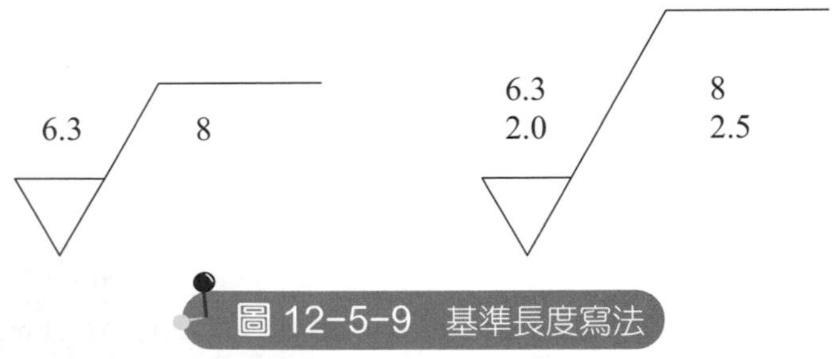

圖 12–5–9 基準長度寫法

(4)如表面粗糙度標明上下限界而兩限界之基準長度相同時，則僅寫一個且對齊表面粗糙度兩限界之中間，如圖 12–5–10 所示。

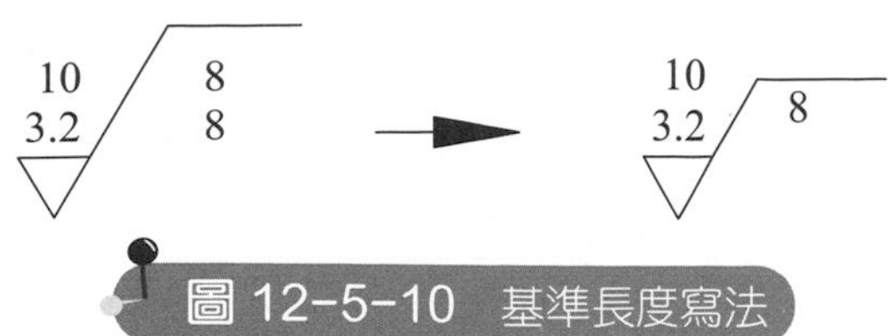

圖 12-5-10　基準長度寫法

(5)一般常用之基準長度，如表 12-5-3 所示。

表 12-5-3　一般常用之基準長度

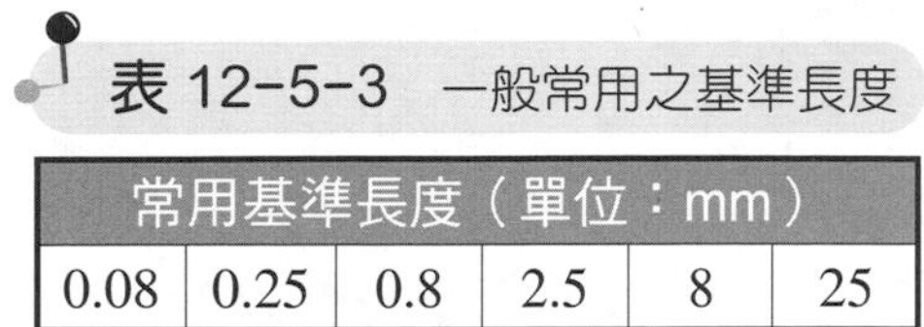

常用基準長度（單位：mm）					
0.08	0.25	0.8	2.5	8	25

(6)如採用表 12-5-3 中所示之基準長度時，均省略不寫，否則必須予以註明，如圖 12-5-11 所示。

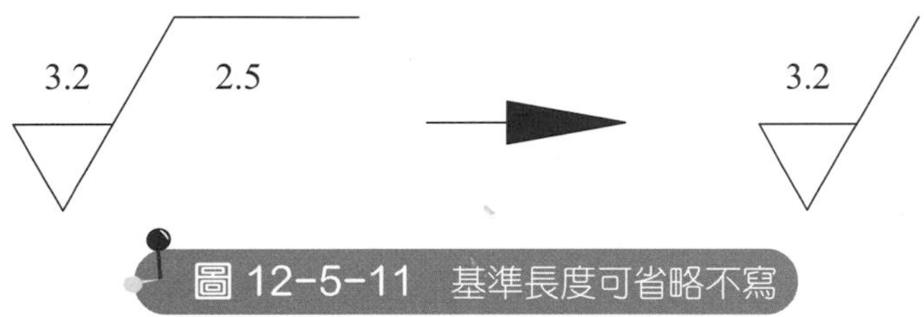

圖 12-5-11　基準長度可省略不寫

5. 刀痕方向或紋理符號

(1)切削加工之表面，若必須指定刀具之進給方法時，不論表面上能否看出刀痕，皆須加註刀痕方向符號，如非確有必要，不必指定。

(2)各種刀痕方向符號或紋理之種類，如表 12-5-4 所示。

表 12-5-4　各種刀痕方向符號

符號	說明
=	刀痕之方向與其所指加工面之邊緣平行。
⊥	刀痕之方向與其所指加工面之邊緣垂直。
×	刀痕之方向與其所指加工面之邊緣成兩方向傾斜交叉。
M	刀痕成多方向交叉或無一定方向。
C	刀痕成同心圓狀。
R	刀痕成放射狀。
P	刀痕成凸起的細粒狀。

⑶切削加工方法與刀痕符號之配合：刀痕方向符號僅用於必須切削加工之表面，其刀痕方向有多種可能，而必須指定為某一種者，如圖 12–5–12 所示。

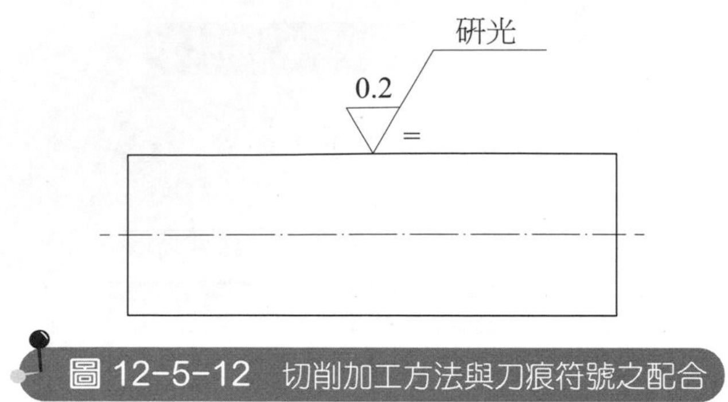

圖 12-5-12 切削加工方法與刀痕符號之配合

⑷刀痕方向若僅有一種可能，則不必加註，如圖 12–5–13 所示。

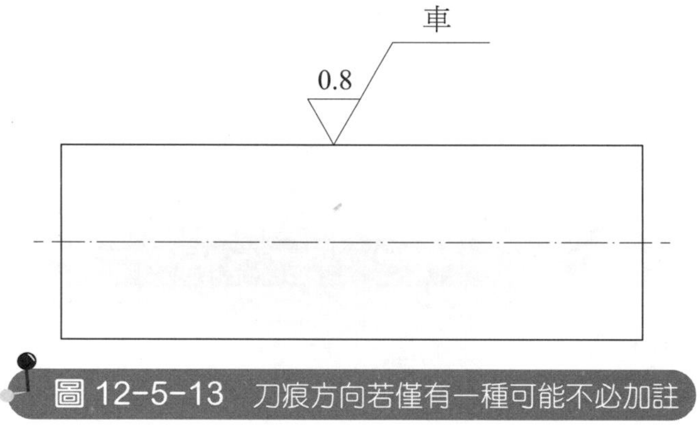

圖 12-5-13 刀痕方向若僅有一種可能不必加註

6. 加工裕度

⑴加工裕度之數值（其單位為 mm）指表面加工時所預留材料之大約厚度。

⑵加工裕度加註方法，如圖 12–5–14 所示。

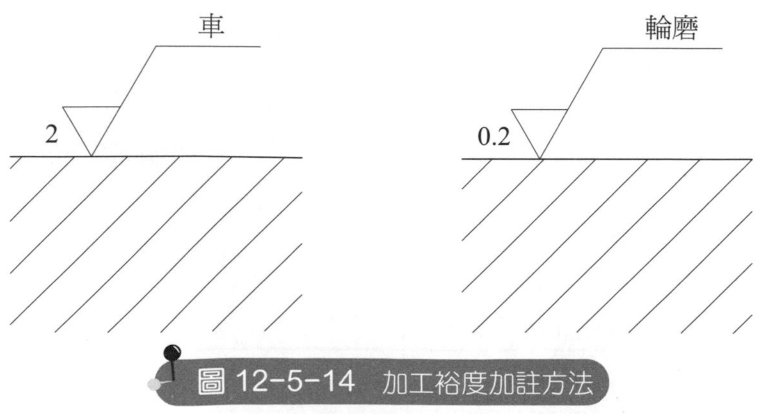

圖 12-5-14 加工裕度加註方法

12－6 表面符號標註方法

1.標註位置

(1)表面符號以標註在機件工作圖之各加工面上為原則，同一機件上不同表面之表面符號，可分別標註在不同視圖上，但不得遺漏或重複，如圖 12–6–1 所示。

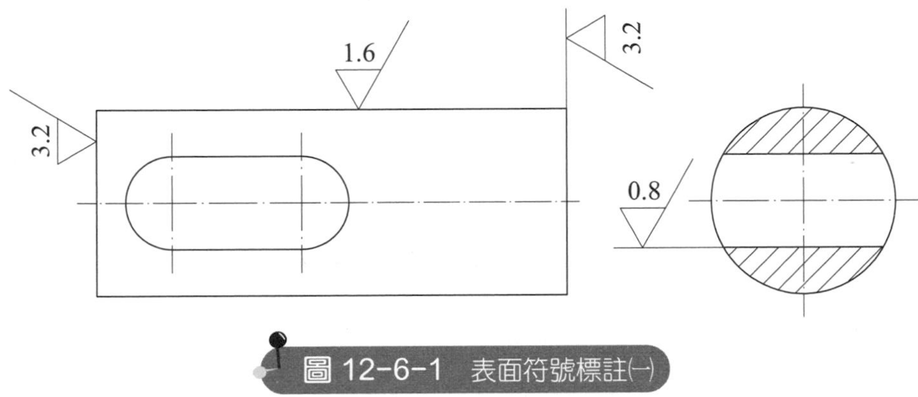

圖 12-6-1　表面符號標註(一)

(2)表面符號應標註於圖形之輪廓線外，如圖 12–6–2 所示。

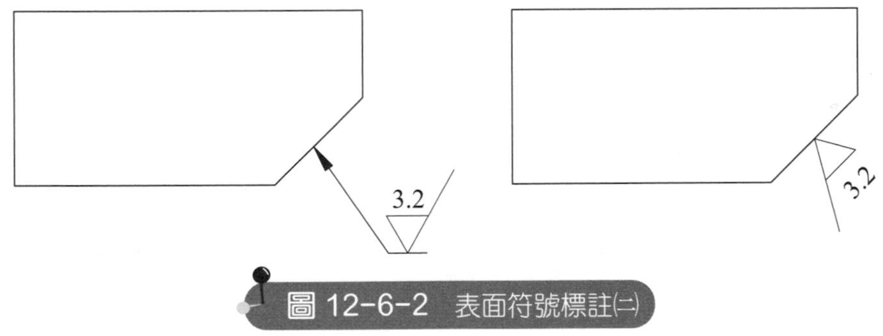

圖 12-6-2　表面符號標註(二)

(3)表面符號應標註於孔或槽內，如圖 12–6–3 所示。

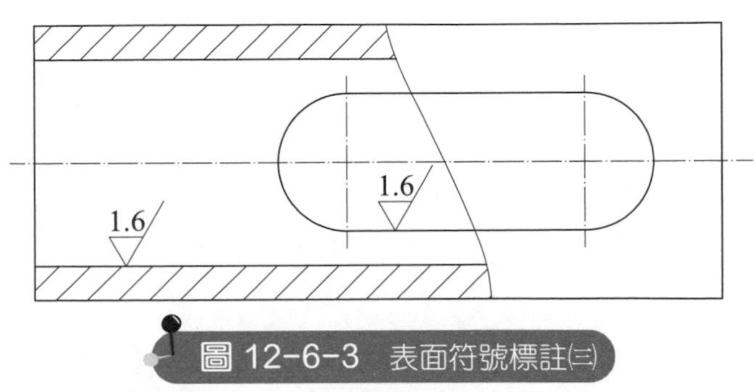

圖 12-6-3　表面符號標註(三)

⑷表面符號應標註於最易識別之視圖上以免混淆，如圖 12-6-4 所示。

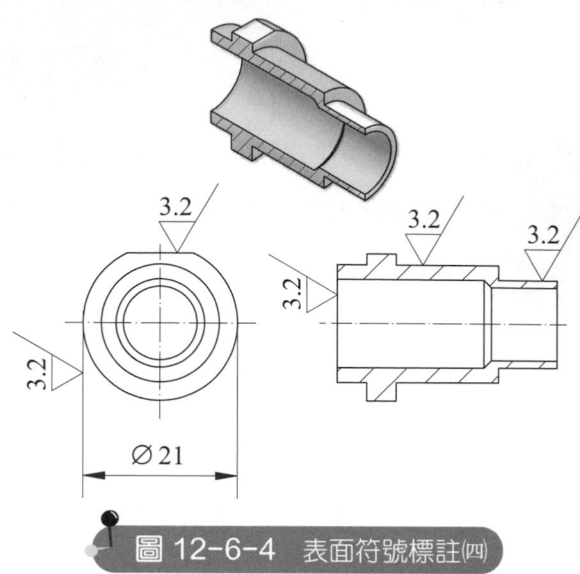

圖 12-6-4 表面符號標註(四)

⑸圓柱、圓錐或孔之表面符號應標註在其任一邊或其延長線上，不可重複，以標註在非圓形視圖上為原則，如圖 12-6-5 所示。

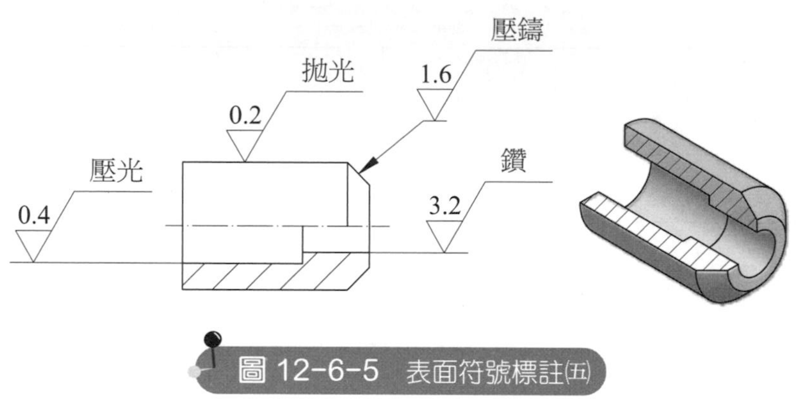

圖 12-6-5 表面符號標註(五)

⑹圓柱、圓錐或圓孔等之表面符號，必要時亦可標註在其圓形視圖上，如圖 12-6-6 所示。

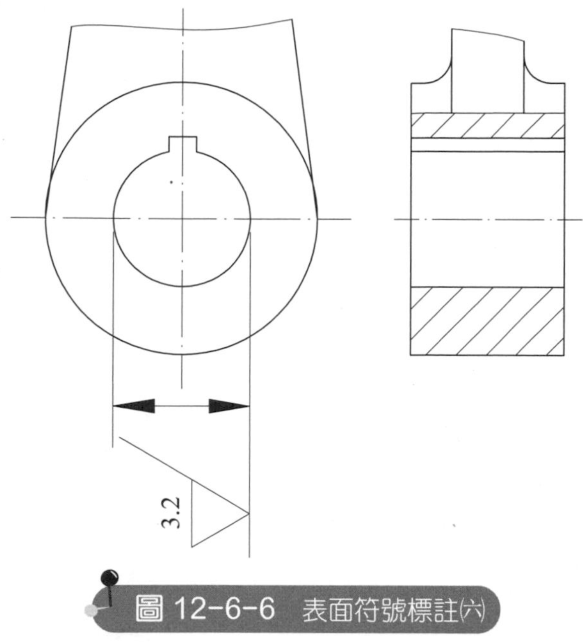

圖 12-6-6　表面符號標註(六)

2. 標註方向

(1)表面符號之標註原則，以朝上及朝左兩種方向為原則，如圖 12-6-7 及圖 12-6-8 所示。

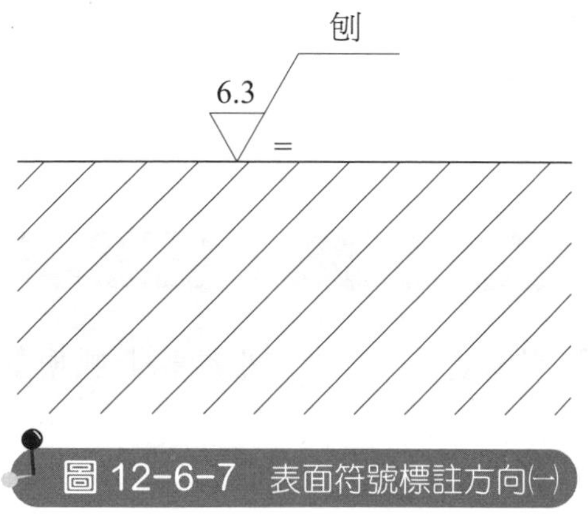

圖 12-6-7　表面符號標註方向(一)

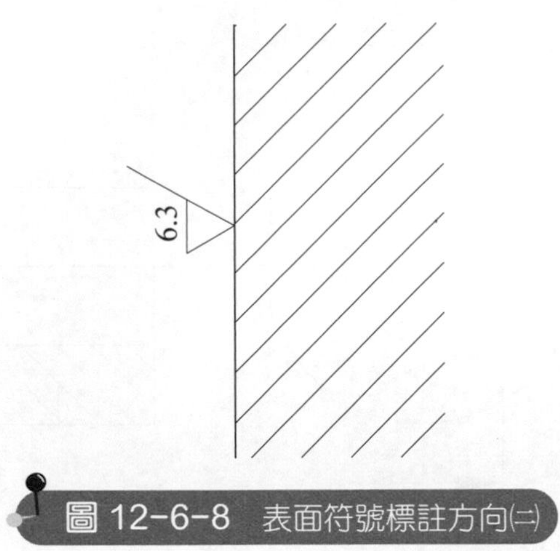

圖 12-6-8　表面符號標註方向(二)

(2)惟若表面符號不帶文字及數字，則可畫在任何方向，如圖 12–6–9 所示。

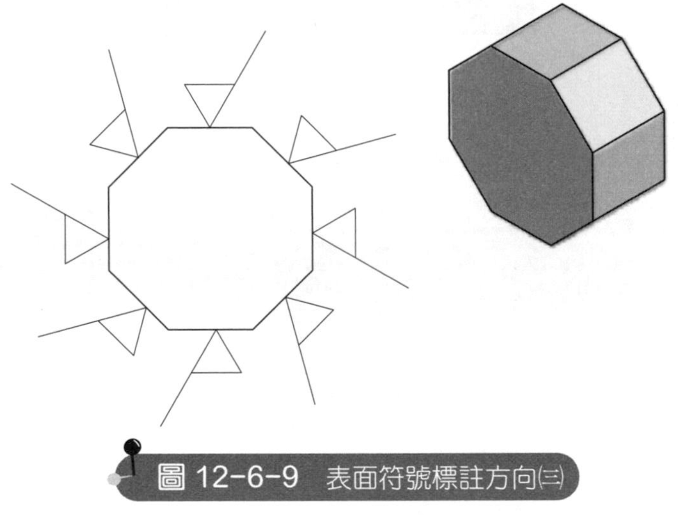

圖 12-6-9　表面符號標註方向(三)

(3)若表面符號僅含表面粗糙度時，該數字必須朝上或朝左，如圖 12–6–10 所示。

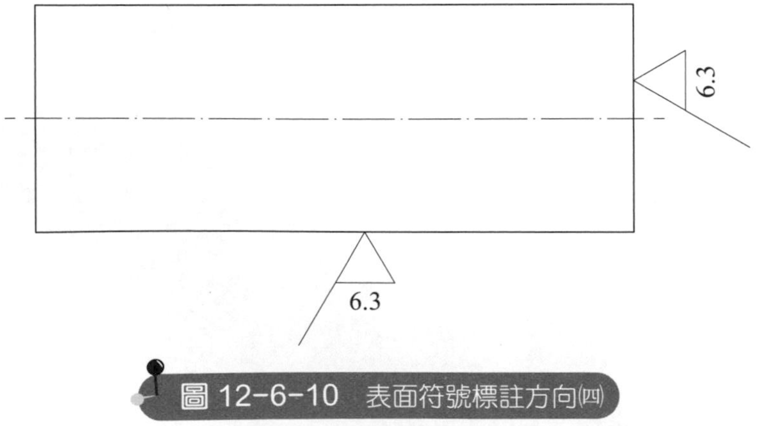

圖 12-6-10　表面符號標註方向(四)

(4)若表面之傾斜方向或地位不利時，可用指線引出，而將表面符號標註於指線尾端之橫線上，如圖 12–6–11 所示。

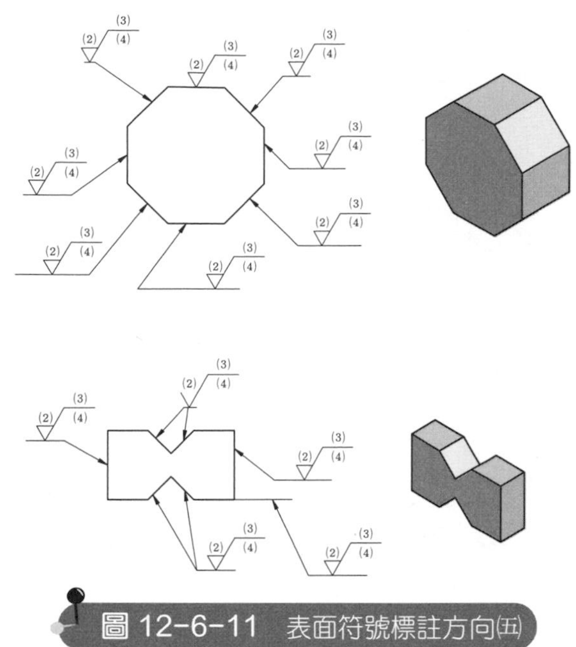

圖 12-6-11　表面符號標註方向(五)

(5)非平面之加工面：若代表加工面之線為曲線（包含圓弧），可選擇適當之位置標註表面符號，如圖 12–6–12 所示。

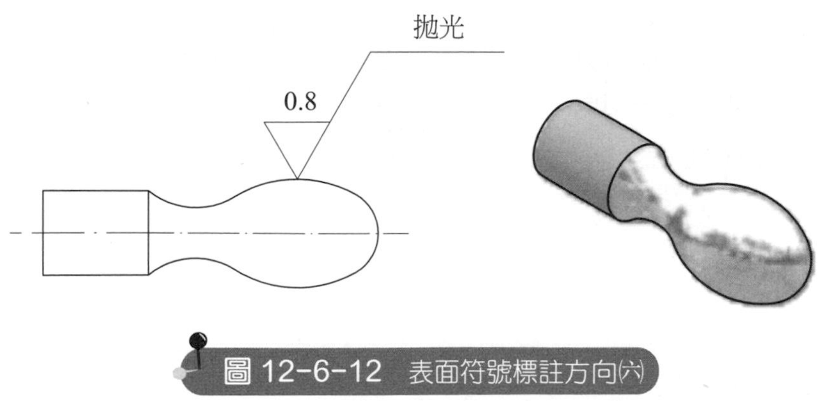

圖 12-6-12　表面符號標註方向(六)

3. 表面符號標註之省略（合用或公用）

(1)合用之表面符號標註法：表面符號完全相同之二個或二個以上之加工面，可用一個指線分出二個或二個以上之加工面，可用一個指線分出二個或二個以上之指示端，分別指在不同之加工面上，並將相同之表面符號標註在指線上，如圖 12–6–13 所示。

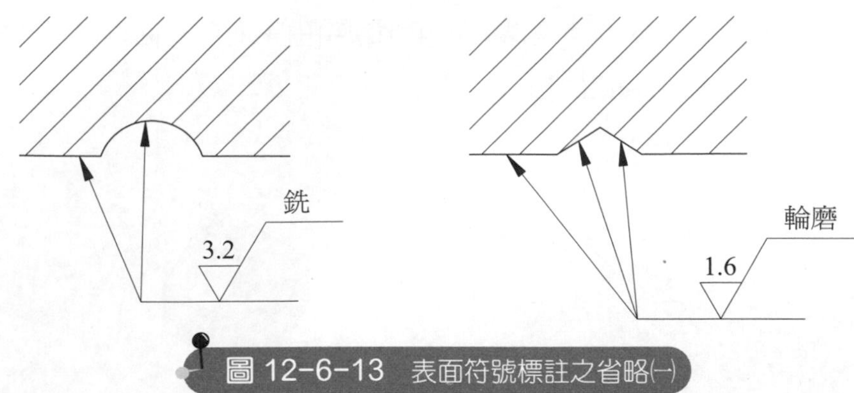

圖 12-6-13　表面符號標註之省略(一)

(2)若指線之指示端不便直接指在加工面上時，可指在加工面之延長線上，如圖 12-6-14 所示。

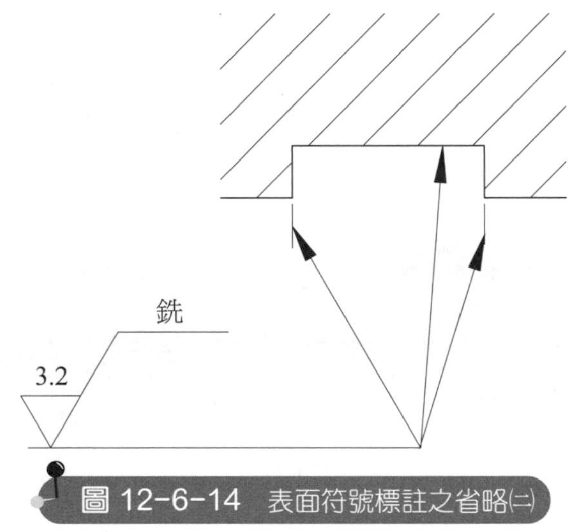

圖 12-6-14　表面符號標註之省略(二)

(3)各部位表面符號完全相同者：同一機件上，各部位之表面符號完全相同，而無例外情形者，可將其表面符號標註於該機件之視圖外件號之右側，如圖 12-6-15 所示。

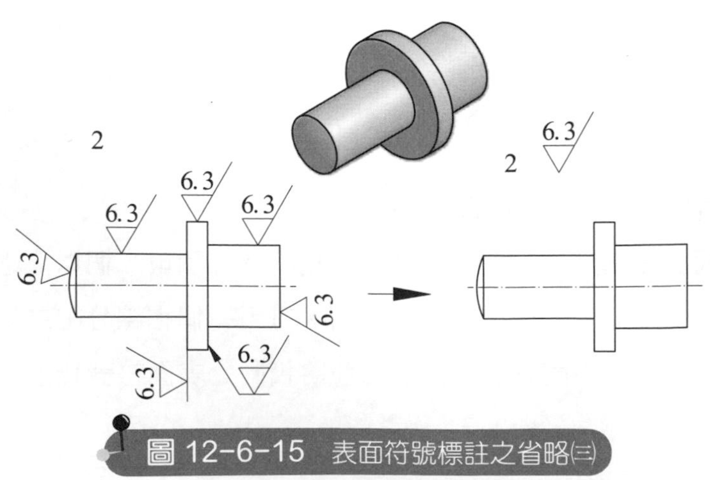

圖 12-6-15　表面符號標註之省略(三)

⑷大部分相同，有少數例外者：同一機件上除少數部位外，其大部分之表面符號均相同者，則將相同之表面符號標註於視圖外件號之右側。少數例外之表面符號仍分別標註在各視圖中各相關之加工面上，並依照其粗糙度之粗細（由粗至細）向右順序標註在公用表面符號之後，兩端加括弧，如圖 12–6–16 所示。

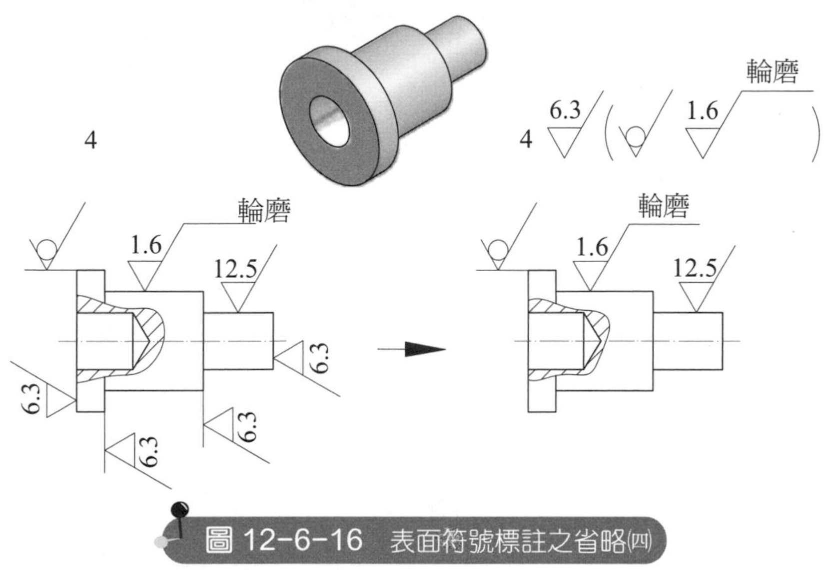

圖 12-6-16　表面符號標註之省略㈣

⑸分段不同加工之表面符號標註法：機件上之同一部位，須分段作不同情況之加工者，則以細實線隔開，用兩個不同之表面符號分別標註，如圖 12–6–17 所示。

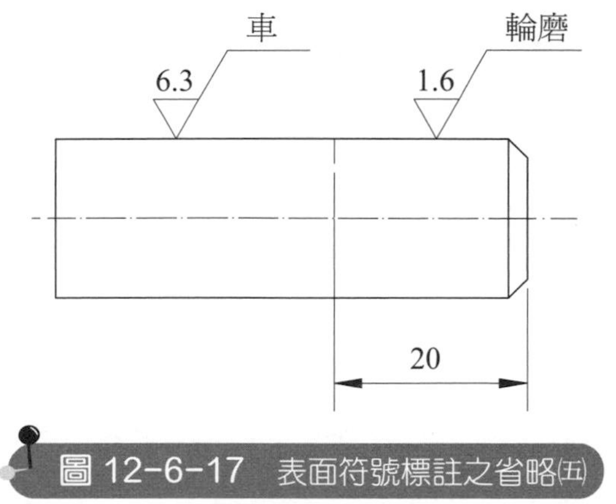

圖 12-6-17　表面符號標註之省略㈤

⑹使用代號之標註方法：表面符號較多時，可以用代號分別標註在各加工表面上或其延長線上，而將各代號與其所代表之實際表面符號並列在適當位置，如圖 12–6–18 所示。

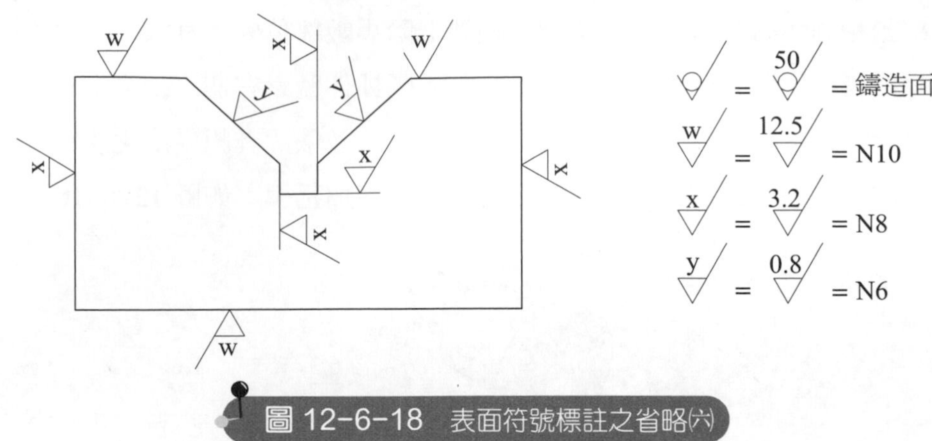

圖 12-6-18 表面符號標註之省略(六)

(7)表面符號標註避免事項：標註表面符號時應選擇恰當位置，避免與其他線條交叉，或使其他線條切斷讓開，如圖 12–6–19 所示。

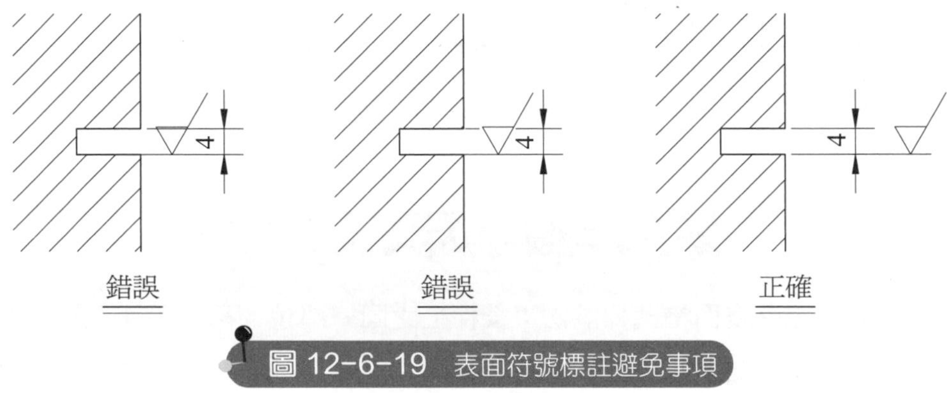

圖 12-6-19 表面符號標註避免事項

12－7 常用機件之表面符號標註法

1.螺紋之表面符號

(1)螺紋繪成螺紋輪廓者，其螺紋之表面符號應標註在螺紋之節線上，或其延長線上，如圖 12–7–1 所示。

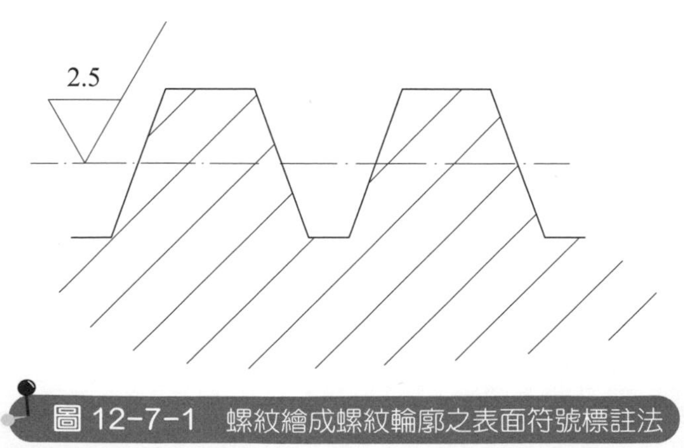

圖 12-7-1 螺紋繪成螺紋輪廓之表面符號標註法

⑵螺紋以習用畫法繪成者，其表面符號標註在外螺紋之大徑線上，或內螺紋之小徑線上，如圖 12–7–2 所示。

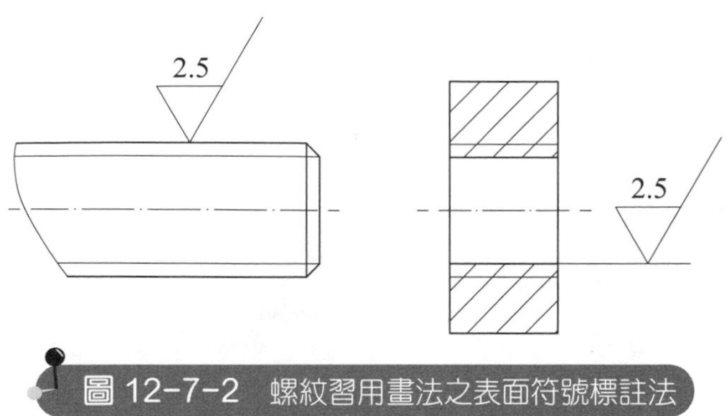

圖 12-7-2　螺紋習用畫法之表面符號標註法

2. 齒輪齒廓面之表面符號標註方法

⑴各種齒輪之輪齒，如繪製其實際形狀者，則其表面符號標註在節圓、節線或其延長線上，如圖 12–7–3 所示。

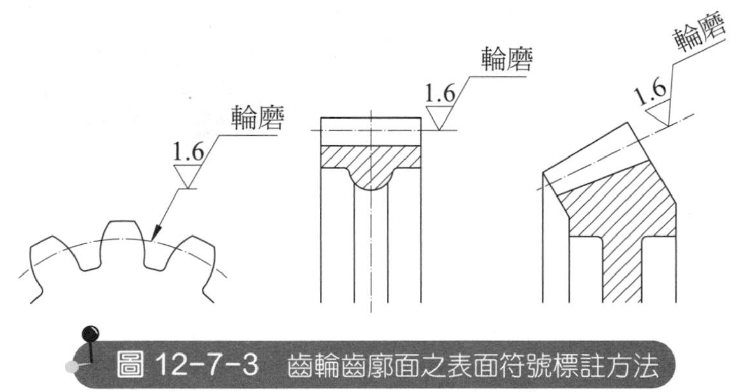

圖 12-7-3　齒輪齒廓面之表面符號標註方法

⑵齒輪以習用畫法繪製，其表面符號應標註在節圓、節線或其延長線上，如圖 12–7–4 所示。

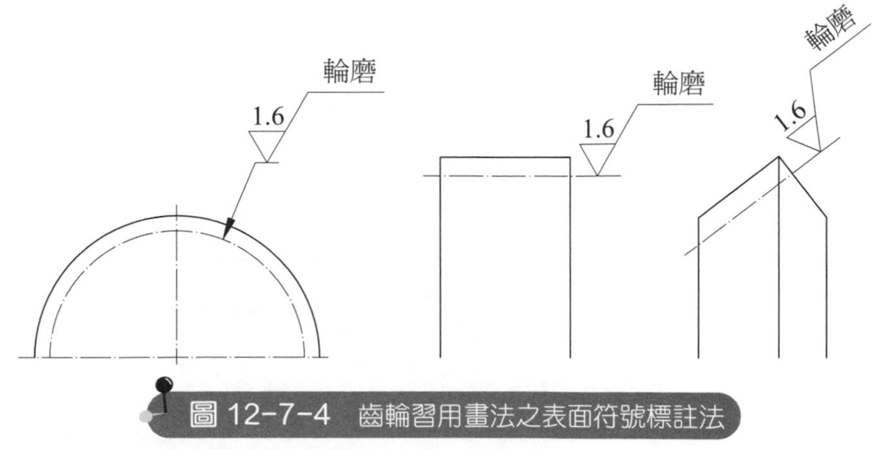

圖 12-7-4　齒輪習用畫法之表面符號標註法

習 題

PART A：表面符號（比例 1:1）

按題目完成圖形並標註尺寸及判斷加工面

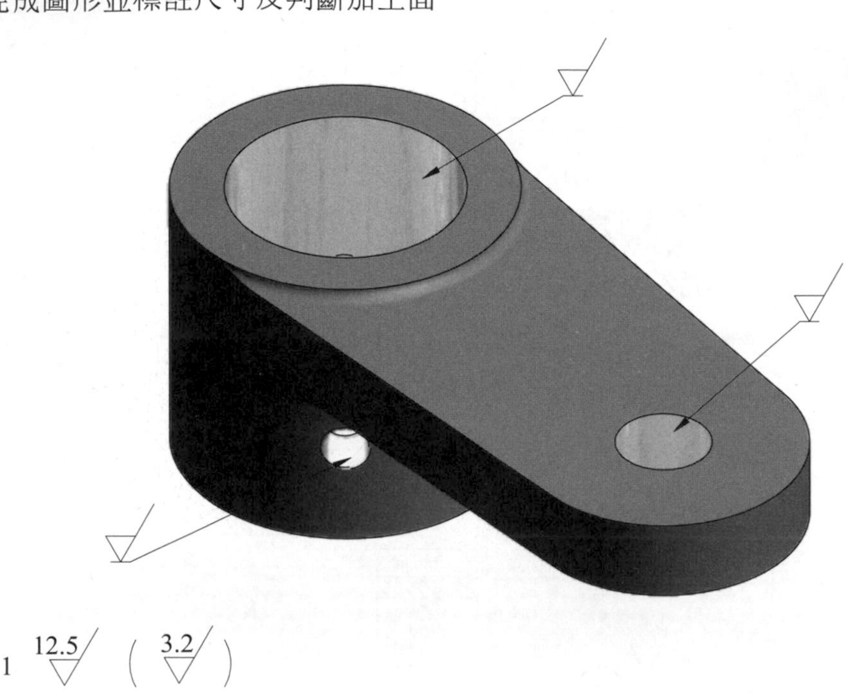

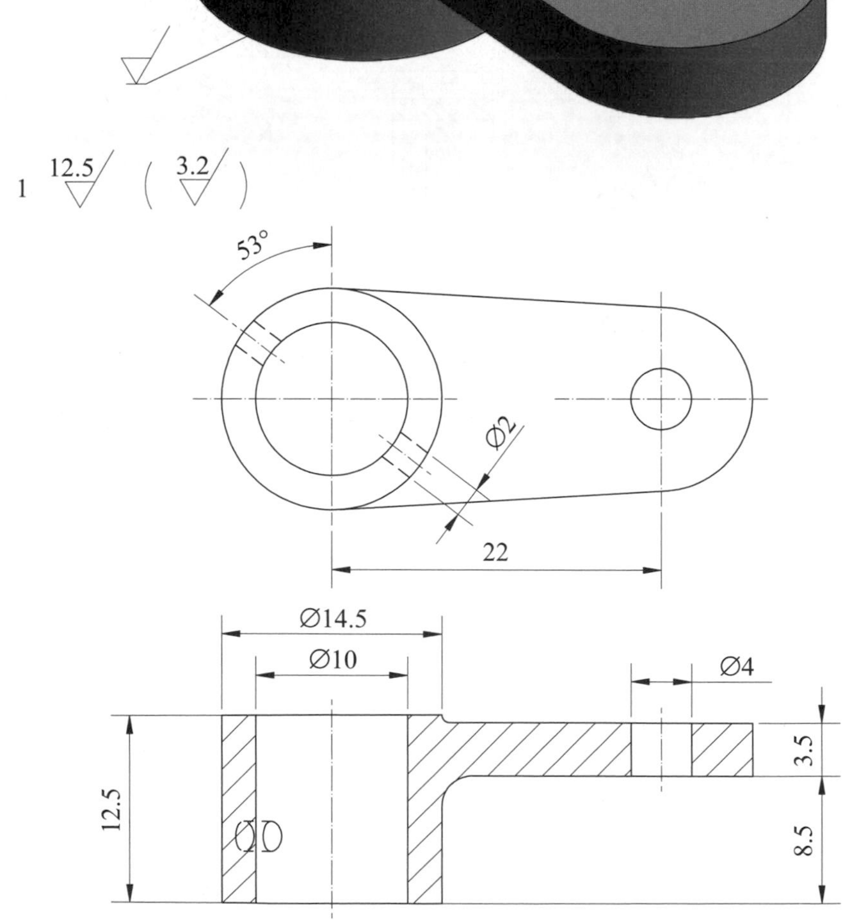

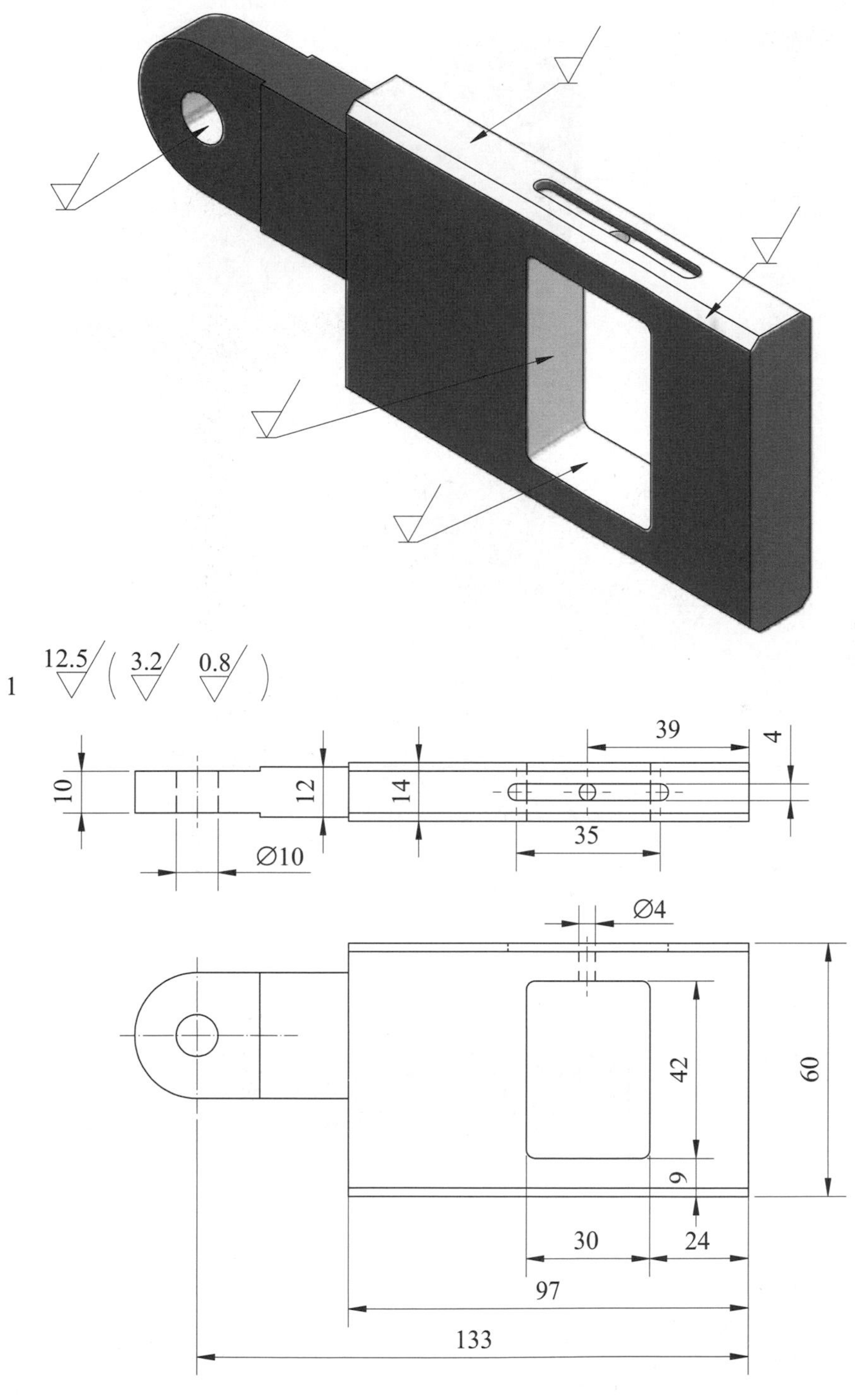
1
12.5 (3.2 0.8)
39
4
10
12
14
35
Ø10
Ø4
42
60
9
30
24
97
133

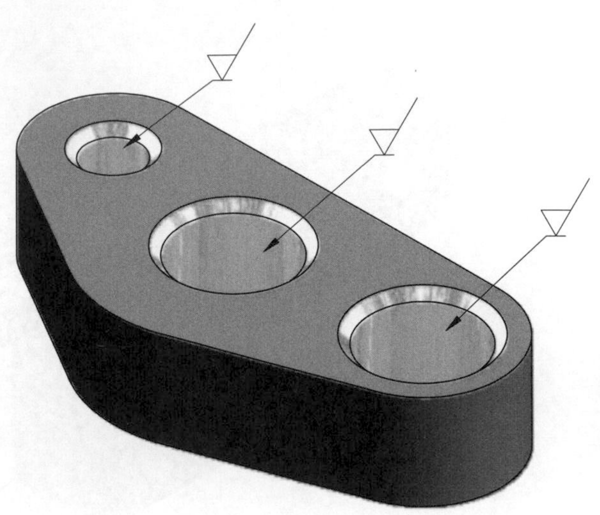

1 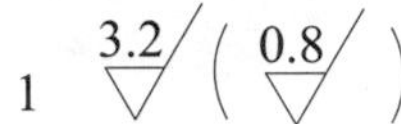

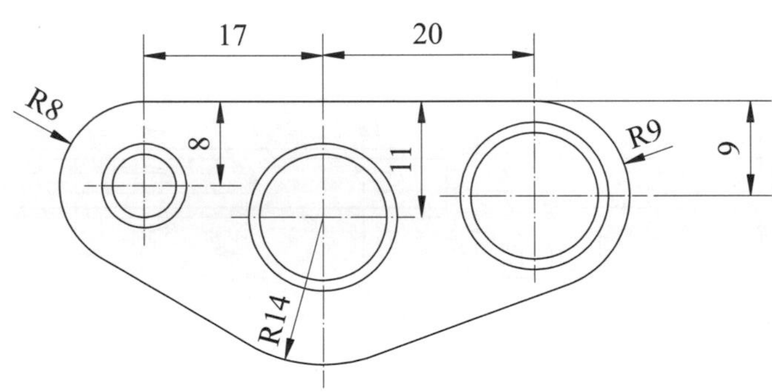

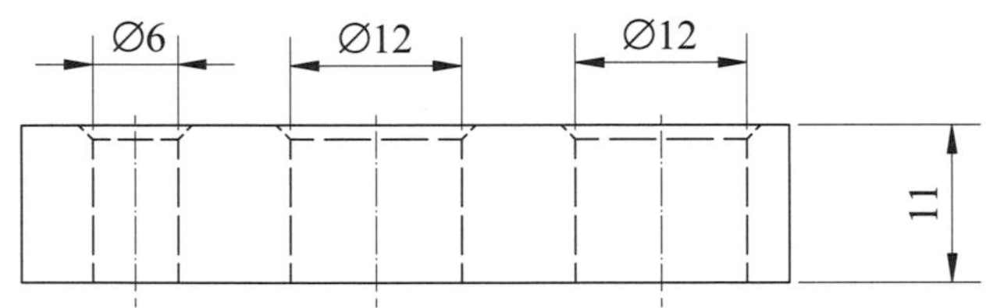

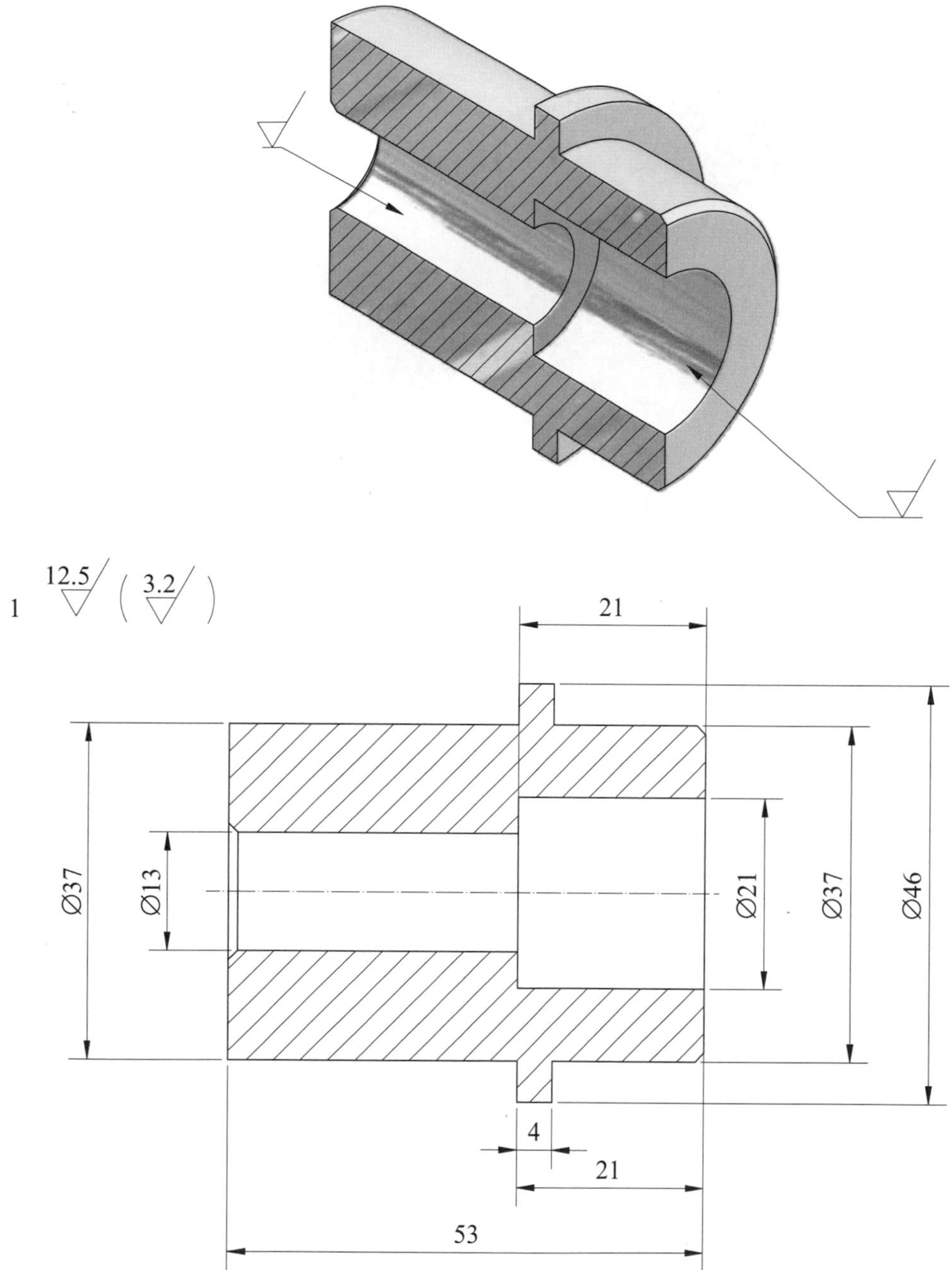
1
12.5
(3.2)
21
Ø37
Ø13
Ø21
Ø37
Ø46
4
21
53

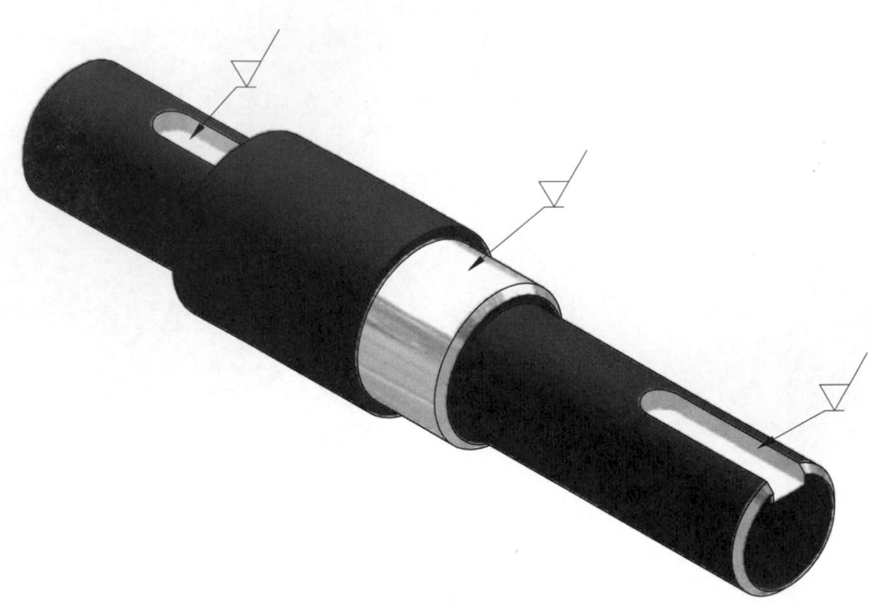

1 $\overset{12.5}{\nabla}$ ($\overset{3.2}{\nabla}$ $\overset{0.8}{\nabla}$)

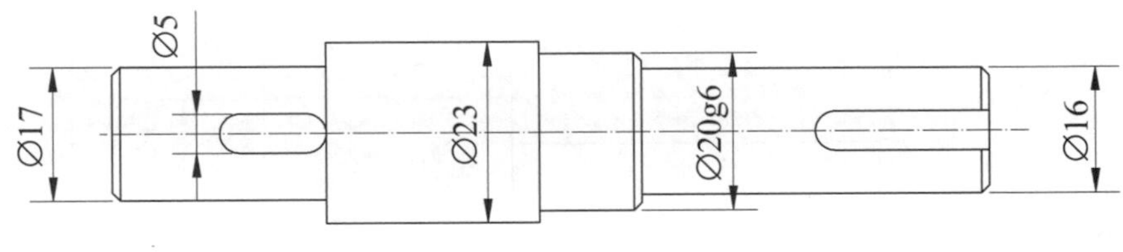

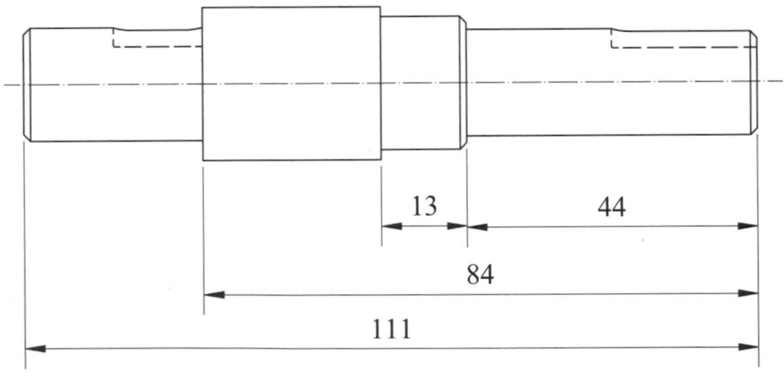

1 12.5 (3.2)

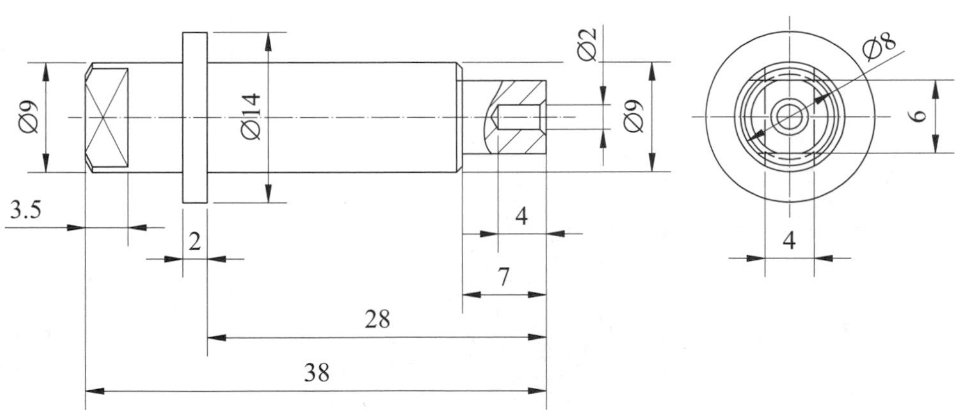

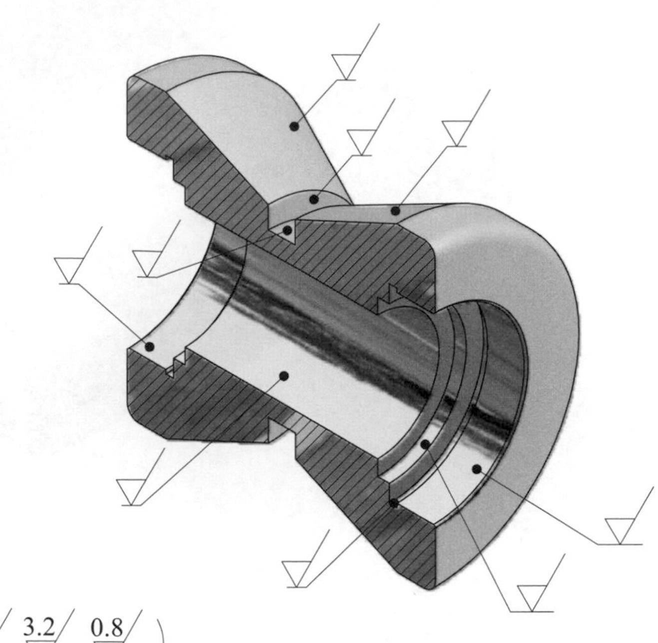

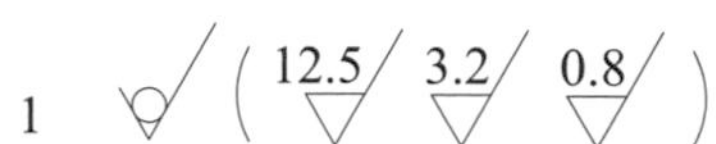
1
12.5
3.2
0.8

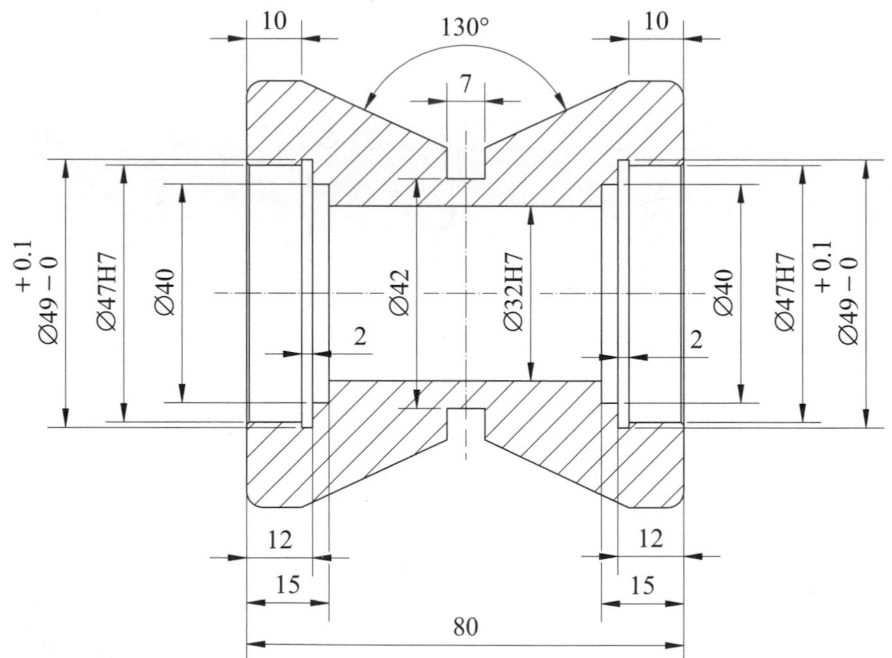
10
130°
10
7
Ø49 +0.1 −0
Ø47H7
Ø40
Ø42
Ø32H7
Ø40
Ø47H7
Ø49 +0.1 −0
2
2
12
12
15
15
80

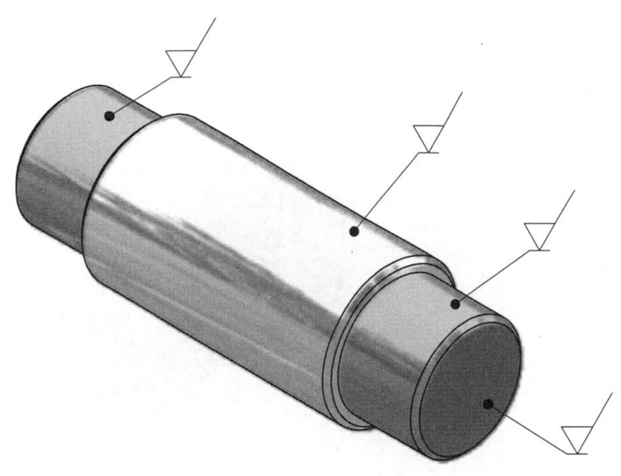

1　12.5▽ (3.2▽ 0.8▽)

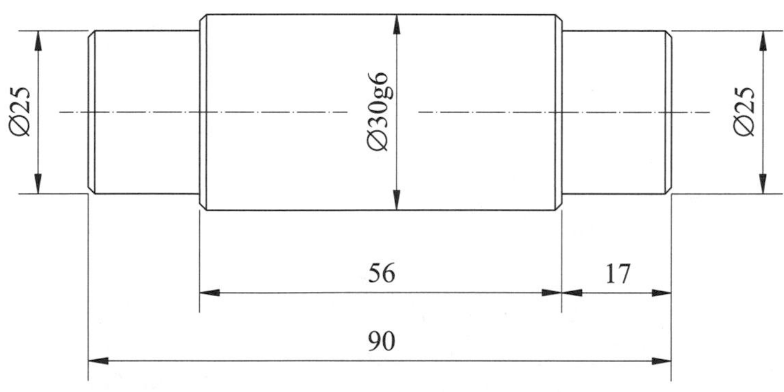

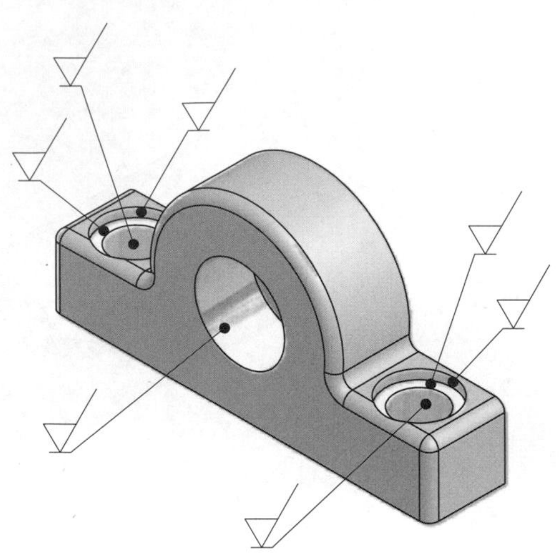

1　50 (12.5　3.2)

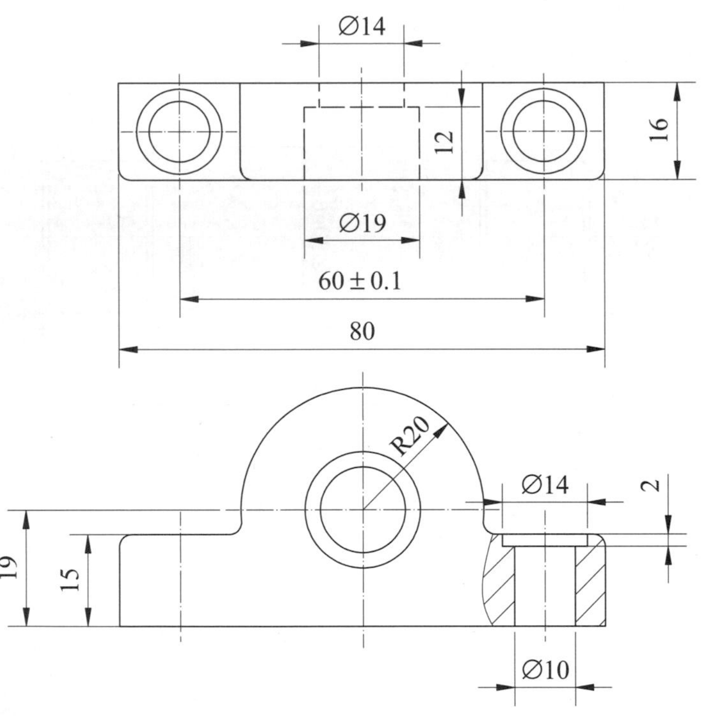

1 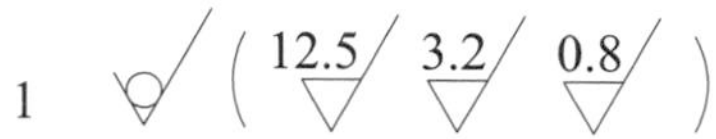

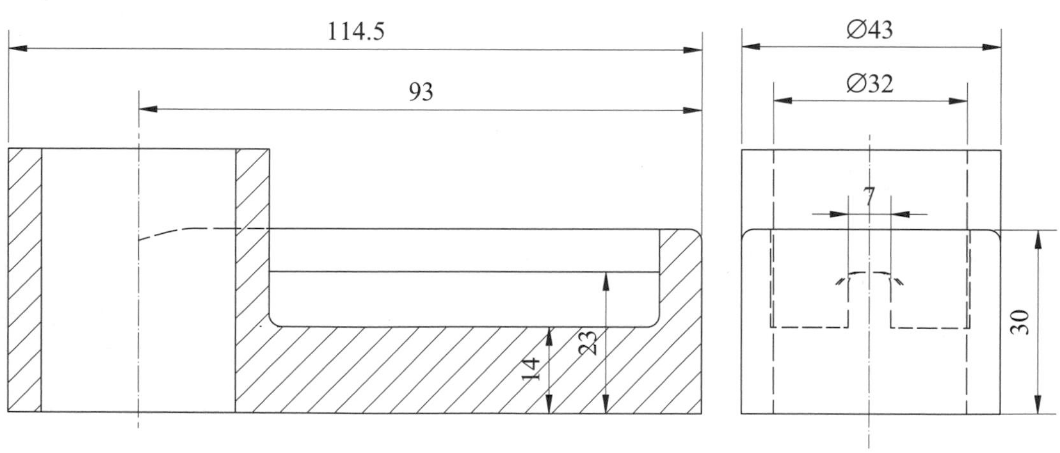

PART B

1. 何謂表面粗糙度？特性為何？
2. 表面粗糙度相關名稱中，何謂粗糙度 (Roughness)、波紋 (Waviness)、外形 (Form)、方位刀痕 (Lay)、中心線 (Center line)、平均線？
3. 何謂最大高度 (R_{max})？特點為何？
4. 何謂十點平均粗糙度 (R_z)？特點為何？
5. 何謂中心線平均粗糙度 (R_a)？特點為何？
6. 何謂平方根平均值（平均平方根）(RMS)？特點為何？
7. 何謂粗糙度等級 (N)？特點為何？
8. 試述表面符號之標註項目。
9. 說明表面基本符號標註之意義。
10. 試述刀痕方向或紋理符號有哪些？
11. 試述表面符號標註位置注意事項。
12. 試述表面符號標註方向之注意事項。
13. 試述螺紋之表面符號標註方法。
14. 試述齒輪齒廓面之表面符號標註方法。

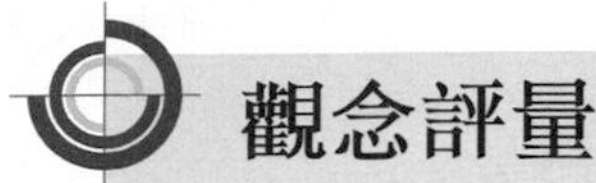

觀念評量

(　) 1. 加工符號是用以表示機件之

(A)表面粗度　(B)材質　(C)組織　(D)熱處理。

(　) 2. 在表面符號 (a, b, c, d, e) 中，下列何者為 “a” 所標示的內容？

(A) 6.3 μm　(B)⊥　(C) 0.8 mm　(D)加工表面符號。

(　) 3. 關於表面符號，下列敘述何者<u>不正確</u>？

(A)無任何加註之基本符號毫無意義　(B)符號形狀為一成 60° 角等邊 V 字　(C)基本符號之頂點必須與所指表面之邊線接觸之　(D)表面符號以基本符號為主。

(　) 4. 下列敘述何者<u>不正確</u>？

(A)表面粗糙度等級 N9 等於 $R_a = 6.3\ \mu m$　(B)表示不需切削加工　(C)加工刀痕成同心圓狀以 C 符號表示　(D)齒輪之表面粗糙度符號標註在齒之表面。

(　) 5. 表面符號 “⊥” 表示

(A)刀痕方向與所指加工面邊緣平行　(B)刀痕成同心圓狀　(C)刀痕成放射狀　(D)刀痕方向與所指加工面邊緣垂直。

(　) 6. 下列正確的表面符號為

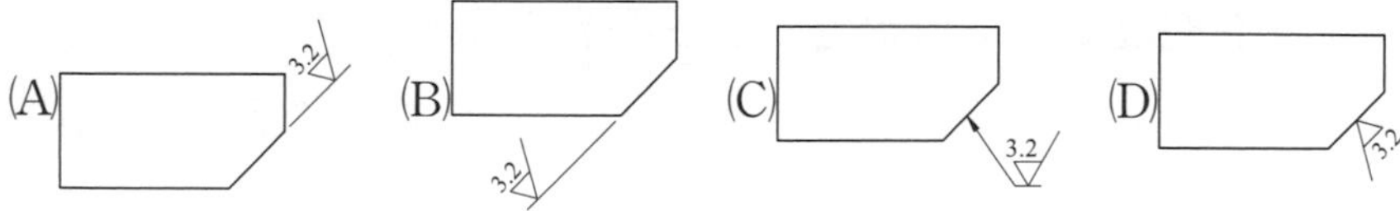

(　) 7. 齒輪表面之加工符號，應該畫在何處？

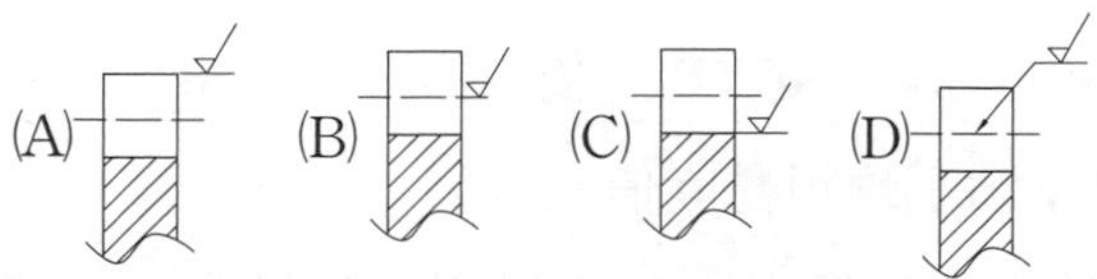

(　) 8. 下列之表面符號及尺度表示法，哪一項正確？

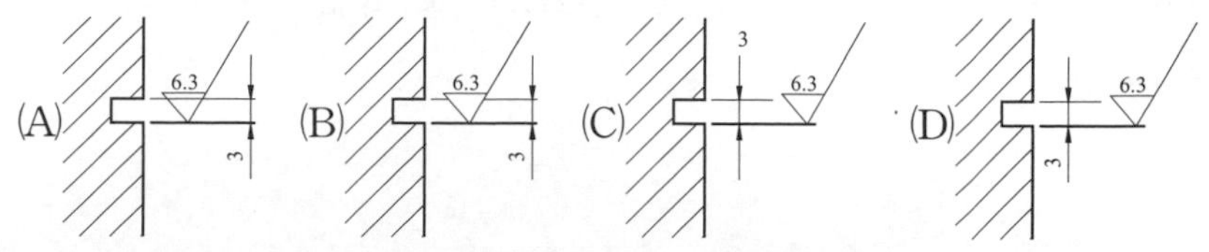

( ) 9. 6.3 3.2 0.2 2.5 左圖所示之加工符號，下列敘述何者不正確？

(A)表面最大粗糙度不得大於 6.3 μm (B)測量表面粗糙度時之取樣長度為 2.5 mm (C)加工裕度為 0.2 mm (D)工件之厚度為 3.2 mm。

( ) 10.機件某面的表面粗糙度值標註為 0.2 6.3 ，數值 6.3 的意義為下列何者？

(A)最小界限 6.3 (B)最大界限 6.3 (C)介於 6.3±0.5 範圍內 (D)介於 6.3±0.5 範圍內。

( ) 11.表面符號如下圖所示，下列敘述何者不正確？

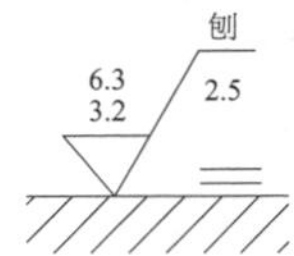

(A)刀痕之方向與其所指加工面之邊緣平行 (B)加工裕度為 3.2 mm (C)粗糙度最大限界為 6.3 μm (D)基準長度為 2.5 mm。

( ) 12.下列各圖之表面符號標註，何者正確？

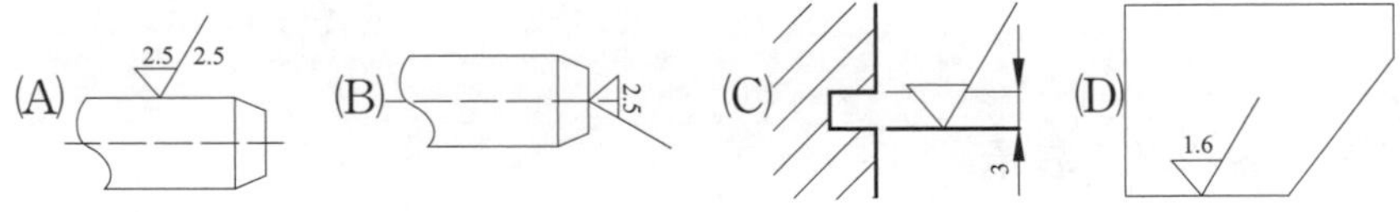

( ) 13.粗糙度表示法為 R_a，其計算方法為

(A)平方根平均值法 (B)算術平均（中心線平均）值法 (C)十點平均粗糙度法 (D)最大高度法。

( ) 14.有關表面粗糙度，下列敘述何者不正確？

(A) R_a 為中心線(或稱算術)平均粗糙度值 (B) R_{max} 為最大粗糙度值 (C) R_z 為十點平均粗糙度值 (D) $R_a \doteqdot R_{max} \doteqdot 4R_z$。

( ) 15.有關 CNS 工程製圖中有關表面粗糙度之規定，下列敘述何者不正確？

(A) CNS 規定採用中心線平均粗糙度（R_a）值 (B) $R_{max} \doteqdot 4R_a$ (C) N9 $\doteqdot R_a$ 6.3 μm (D) R_{max} 為最大十點平均粗糙度值。

( ) 16.最大粗糙度 R_{max}，中心線平均粗糙度 R_a，十點平均粗糙度 R_z 之關係為

(A) $4R_{max} \doteqdot 4R_a \doteqdot R_z$ (B) $4R_{max} \doteqdot R_a \doteqdot R_z$ (C) $R_{max} \doteqdot 4R_a \doteqdot R_z$ (D) $R_{max} \doteqdot 4R_a \doteqdot 4R_z$。

(　) 17.下列何者不是表面粗度的計算方式？

(A)最小高度法 (R_{min})　(B)最大高度法 (R_{max})　(C)算術平均值法 (R_a)　(D)十點平均高法 (R_z)。

(　) 18.某工件經研磨後表面檢測，得到的表面粗度值為 0.25R_a，則此表面的最大粗度為

(A) 0.25 μm　(B) 0.5 μm　(C) 0.75 μm　(D) 1 μm。

(　) 19.如圖為某機構中 5 號機件之前視圖表面符號的標註情況，如欲以省略方式表示，則在視圖外的標註部分，下列何者為最正確的表示法？

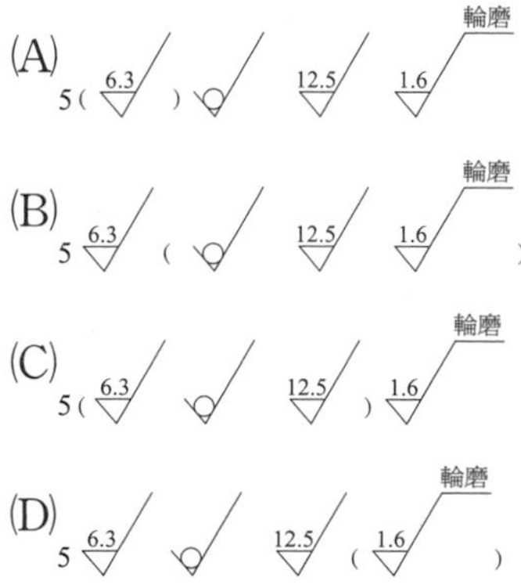

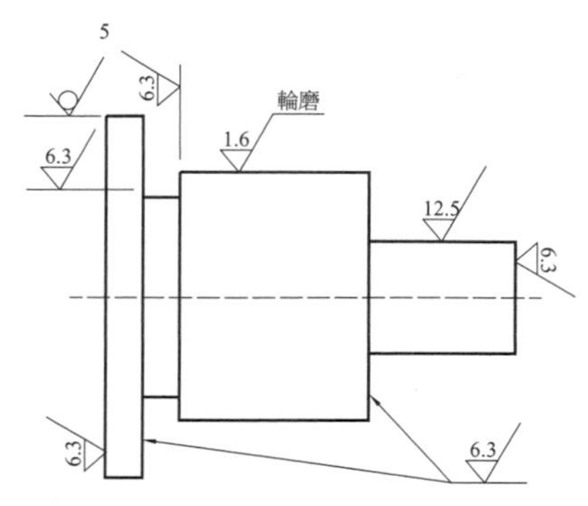

(　) 20.下列有關表面粗糙度的敘述，何者不正確？

(A)表面粗糙度是指工件表面凹凸不平之程度　(B) CNS 採用中心線平均粗糙度 (R_a) 來表示加工表面粗糙度之等級　(C)最大粗糙度 (R_{max}) 數值約為十點平均粗糙度 (R_z) 數值之 2 倍　(D)十點平均粗糙度 (R_z) 數值約為中心線平均粗糙度 (R_a) 數值之 4 倍。

Memo

公差與配合

13-1 公　差

1. 公差相關名稱釋義

(1)尺寸：以長度單位表示數值之數字。

(2)基本尺寸：界限尺寸所依據訂定的尺寸。

(3)界限尺寸：係工件加工後其尺寸允許之最大及最小量，即合格尺寸需在其兩者之間。

(4)最大限界尺寸：係工件加工後尺寸之最大允許量。

(5)最小限界尺寸：係工件加工後尺寸之最小允許量。

(6)實際尺寸：係工件實際測量尺寸。

(7)偏差：一尺寸（實際尺寸，界限尺寸）與對應基本尺寸之代數差。

(8)上偏差：最大尺寸與對應基本尺寸之代數差。CNS 代號：孔的上偏差為 ES，軸的上偏差為 es。

(9)下偏差：最小尺寸與對應基本尺寸之代數差。CNS 代號：孔的下偏差為 EI，軸的下偏差為 ei。

(10)實際偏差：實際尺寸與對應基本尺寸之代數差。

(11)零線：在說明界限與配合中，用以為偏差參考基準之直線，亦即偏差為零之直線，代表基本尺寸，繪製時，習慣將正偏差在零線上方，負偏差在零線下方。

(12)公差：係工件尺寸所允許之誤差，即最大尺寸與最小尺寸的數字差，即上偏差與下偏差的代數差。公差為絕對值，無正負號，公差觀念之說明，如圖 13-1-1 所示。

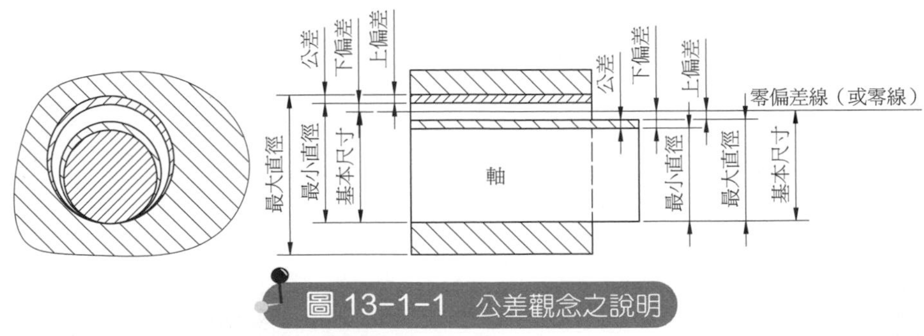

圖 13-1-1　公差觀念之說明

2. 公差相關名稱舉例說明

例如：$20^{+0.3}_{-0.2}$；完工尺寸 20.2, 19.9。

(1)基本尺寸：20。

(2)最大尺寸：20.3。

(3)最小尺寸：19.8。

(4)上偏差：0.3。

(5)下偏差：–0.2。

(6)公差：0.5。

(7)實際尺寸：20.2, 19.9。

(8)實際偏差：0.2, –0.1。

3. 公差標註法

(1)單向公差：係由基本尺寸於同側加或減一雙量所成之公差。

例如：$25^{+0.03}_{+0.01}$、$25^{-0.03}_{-0.05}$、$25^{\ 0}_{-0.05}$、$25^{+0.05}_{\ 0}$。

(2)雙向公差：係由基本尺寸於兩側同時加或減而得之公差。

例如：$25^{+0.03}_{-0.01}$、25 ± 0.02。

4. 通用公差與專用公差

(1)通用公差：係指圖面上僅註入基本尺寸，而在標題欄內或近處有說明公差之數值非特定用於某尺寸，而通用於任何圖上所記之尺寸者，即圖上未標註公差者為通用公差。

(2)專用公差：係專為製造某一尺寸而允許之差異，而公差在圖上與該尺寸數字並列者。

5. 公差等級標準制度

(1)根據國際標準 (ISO) 公差大小，將公差分為 20 級，由 IT01、IT0、IT1、IT2、IT3 …… 至 IT18。係依公差大小排列，以 IT01 級所示公差最小，IT18 級公差最大，某一級之公差大小又按基本尺寸之大小而變化。

(2)中國國家標準 (CNS) 根據國際標準 (ISO) 公差大小 500 公厘以下分 20 等級，即 IT01、IT0、IT1 至 IT18；500 至 3150 公厘則分 13 等級，即 IT6 至 IT18。

(3)各項公差數值，如表 13–1–1 所示。

表 13-1-1 公差數值

級別 / 基本尺寸	IT01	IT0	IT1	IT2	IT3	IT4	IT5	IT6	IT7	IT8	IT9	IT10	IT11	IT12	IT13	IT14	IT15	IT16	IT17	IT18
～ 3	0.3	0.5	0.8	1.2	2	3	5	7	9	14	25	40	60	100	140	250	400	600	1000	1400
3～ 6	0.4	0.6	1	1.5	2.5	4	5	8	12	18	30	48	75	120	180	300	480	750	1200	1800
6～ 10	0.4	0.6	1	1.5	2.5	4	6	9	15	22	36	58	90	150	220	360	580	900	1500	2200
10～ 18	0.5	0.8	1.2	2	3	5	8	11	18	27	43	70	110	180	270	430	700	1100	1800	2700
18～ 30	0.6	1	1.5	2.5	4	6	9	13	21	33	52	84	130	210	330	520	840	1300	2100	3300
30～ 50	0.6	1	1.5	2.5	4	7	11	16	25	39	62	100	160	250	390	620	1000	1600	2500	3900
50～ 80	0.8	1.2	2	3	5	8	13	19	30	46	74	120	190	300	460	740	1200	1900	3000	4600
80～ 120	1	1.5	2.5	4	6	10	15	22	35	54	87	140	220	350	540	870	1400	2200	3500	5400
120～ 180	1.2	2	3.5	5	8	12	18	25	40	63	100	160	250	400	630	1000	1600	2500	4000	6300
180～ 250	2	3	4.5	7	10	14	20	29	46	72	115	185	290	460	720	1150	1850	2900	4600	7200
250～ 315	2.5	4	6	8	12	16	23	32	52	81	130	210	320	520	810	1300	2100	3200	5200	8100
315～ 400	3	5	7	9	13	18	25	36	57	89	140	230	360	570	890	1400	2300	3600	5700	8900
400～ 500	4	6	8	10	15	20	27	40	63	97	155	250	400	630	970	1550	2500	4000	6300	9700
500～ 630								44	70	110	175	280	440	700	1100	1750	2800	4400		
630～ 800								50	80	125	200	320	500	800	1250	2000	3200	5000		
800～1000								56	90	140	230	360	560	900	1400	2300	3600	5600		
1000～1250								66	105	165	260	420	660	1060	1650	2600	4200	6600		
1250～1600								78	125	196	310	500	780	1250	1950	3100	5000	7800		
1600～2000								92	150	230	370	600	920	1500	2300	3700	6000	9200		
2000～2500								110	175	280	440	700	1100	1750	2800	4400	7000	11000		
2500～3150								135	210	330	540	860	1350	2100	3300	5400	8600	13500		

6. 公差等級之選擇

公差等級的選擇，如表 13–1–2 所示。

表 13–1–2　公差等級的選擇

樣規類	01 級	超高級標準樣規類。
	0 級	高級標準樣規類。
	1 級	標準樣規。
	2 級	高級樣規、精規塊規。
	3 級	中級樣規、刀口平尺。
	4 級	一般樣規，研磨或超光製造等特別高級加工，與滾動軸承有關之高級製品。
要配合	5 級	滾動軸承的加工、精密研磨、精密搪孔、精車削或鉸孔。
	6 級	研磨、精密車削、鏇孔或鉸孔等加工。
	7 級	高級車削、拉削、搪孔、鉸孔等加工。
	8 級	兩心工作的車削、鉸孔及六角車床或自動車床之製品。
	9 級	六角車床或自動車床等中級的製品。
	10 級	銑銷、刨削、一般車削或精密鑽孔等加工。
不配合	11 級	粗車削、銑削、鉋削、衝製及擠製等加工。
	12 級	抽拉管、滾壓製品。
	13 級	模鑄法、殼模法及橡膠型衝壓。
	14 級	模鑄法、殼模法及橡膠型衝壓。
	15 級	抽拉、鍛造及殼模法。
	16 級	砂模鑄造及火焰切割。

註：初次加工為不配合機件之用。

7. 公差區域

⑴公差區域係指公差自基本尺寸偏上或偏下之區域位置，以英文字母代表。大寫字母表示孔之公差位置，而小寫字母表示軸之公差位置。

⑵公差區域有 28 種，按字母次序排列缺少 I、L、O、Q、W；i、l、o、q、w；增加 CD、EF、FG、JS、ZA、ZB、ZC；cd、ef、fg、js、za、zb、zc。

⑶公差區域之範圍，如圖 13–1–2 所示。

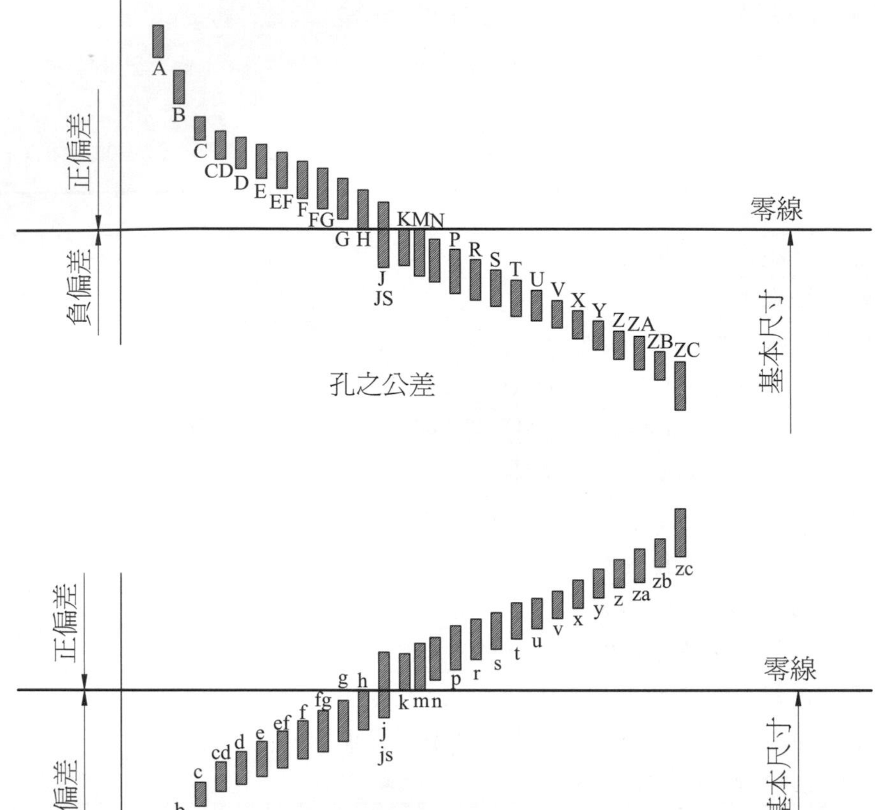

圖 13-1-2　公差區域之範圍

8. 公差尺寸之標註

(1) Ø30H8，表示 Ø 為直徑，30 為基本尺寸，H 公差（偏差）區域，8 為公差等級。

(2) $\varnothing 30^{+0.5}_{-0.1}$，Ø 為直徑，30 為基本尺寸，+0.5 為上偏差，－0.1 為下偏差。

(3)採用公差符號之標註法。正公差：常用於孔件；負公差：常用於軸件。

(4)採用公差符號再加註界限尺寸，界限尺寸須用括弧分隔，僅供作參考之用。

(5)採用偏差標註法，此法常作為機械加工之用。

(6)採用上下界限標註法，將上界限尺寸寫在上方，下界限尺寸寫在下方。

(7)當上下偏差相同時，以單一公差數字標示，此常為機械加工所使用。

(8)當上偏差或下偏差為 “0” 時，則以 “0” 取代原有之正負數字。

(9)公差尺寸之標註方式如圖 13–1–3 所示。

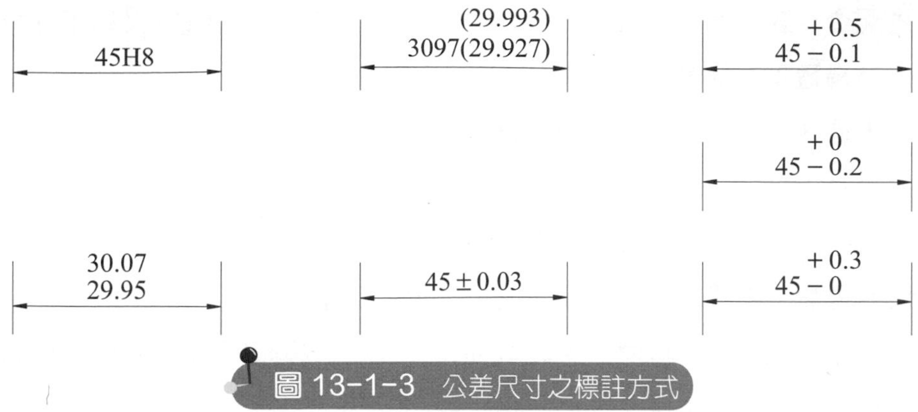

圖 13-1-3　公差尺寸之標註方式

9.組合件之公差標註法

⑴組合件之公差標註法乃是將孔件之公差符號標在上方，而將軸之公差符號標在下方。

⑵組合件允許標註方式有下列四種，如圖 13–1–4 所示。

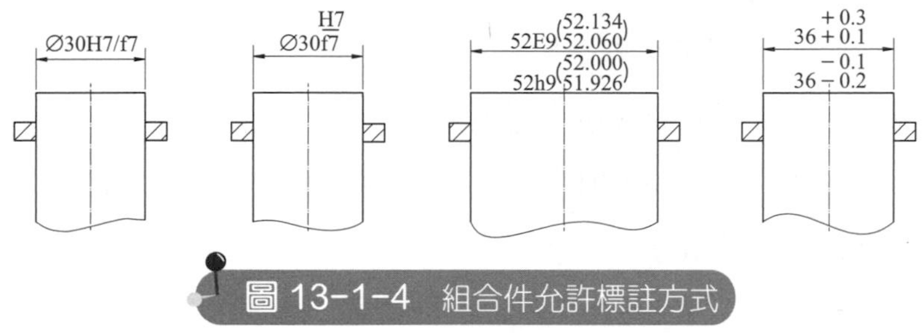

圖 13-1-4　組合件允許標註方式

13-2 配　合

1.配合相關名詞

⑴配合：係相配二機件，二者尺寸間產生之差異關係。

⑵配合的變異數：係相配二機件公差之算術和。

⑶軸：習慣上為表示工件有外部特徵，包含非圓柱形工件在內。

⑷孔：習慣上為表示工件有內部特徵，包含非圓孔形工件在內。

⑸間隙配合：當孔大於其配合軸時，孔與軸之尺寸差異為正值，又稱餘隙配合。

①最小間隙：孔之最小尺寸與軸之最大尺寸之差。

②最大間隙：孔之最大尺寸與軸之最小尺寸之差。

(6)過盈配合：當軸大於其配合孔時，孔與軸之尺寸差異為負值，又稱干涉或緊度。

①最小過盈：孔之最大尺寸與軸之最小尺寸之差。

②最大過盈：孔之最小尺寸與軸之最大尺寸之差。

(7)過渡配合：裝配可能為有餘隙或有干涉之配合。

①最大間隙：孔之最大尺寸與軸之最小尺寸之差。

②最大過盈：孔之最小尺寸與軸之最大尺寸之差。

(8)裕度：裕度又稱容差或許差，配合件在最大材料極限所期望之差異，即配合件間最小餘隙或最大緊度。裕度 = 最小孔徑 − 最大軸徑。

(9)配差：當兩工件配合後尺寸之差異稱之為配差。配差變化總量為孔公差與軸公差之和。

2.配合種類

(1)間隙（鬆、滑動）：規定之界限尺寸於配合時，有餘隙存在，乃軸之尺寸較孔稍小之情況。會有最大間隙、最小間隙產生。

(2)過盈（緊、干涉）：規定之界限尺寸於配合時，有緊度存在，乃孔之尺寸較軸稍小之情況。會有最大過盈、最小過盈產生。

(3)過渡（靜、精密）：規定之界限尺寸於配合時，可能產生緊度配合或餘隙配合，即軸在極大孔內有餘隙存在，在極小孔內可有緊度存在。會有最大間隙、最大過盈產生。

3.配合範列

以基孔制為例，如表 13–2–1 所示。

表 13–2–1　配合範列

配合＼情況	孔	軸	情況
間隙	$25^{+0.02}_{0}$	$25^{-0.02}_{-0.04}$	最大間隙 = 孔大 − 軸小 = 0.02 − (− 0.04) = 0.06 最小間隙 = 孔小 − 軸大 = 0 − (− 0.02) = 0.02
過盈	$25^{+0.02}_{0}$	$25^{+0.06}_{+0.04}$	最大過盈 = 孔小 − 軸大 = 0 − 0.06 = − 0.06 最小過盈 = 孔大 − 軸小 = 0.02 − 0.04 = − 0.02
過渡	$25^{+0.02}_{0}$	$25^{+0.02}_{-0.04}$	最大間隙 = 孔大 − 軸小 = 0.02 − (− 0.04) = 0.06 最大過盈 = 孔小 − 軸大 = 0 − 0.02 = − 0.02

4.配合的制度

⑴基軸制 (h)：係指在同一等級公差內，軸之公差不變，而與各種不同大小之孔相配合者，有 h_4～h_9 等六種。基軸制即上偏差為 0 的軸，即最大尺寸為基本尺寸。基軸制中軸與孔配合之公差位置，如圖 13–2–1 所示。

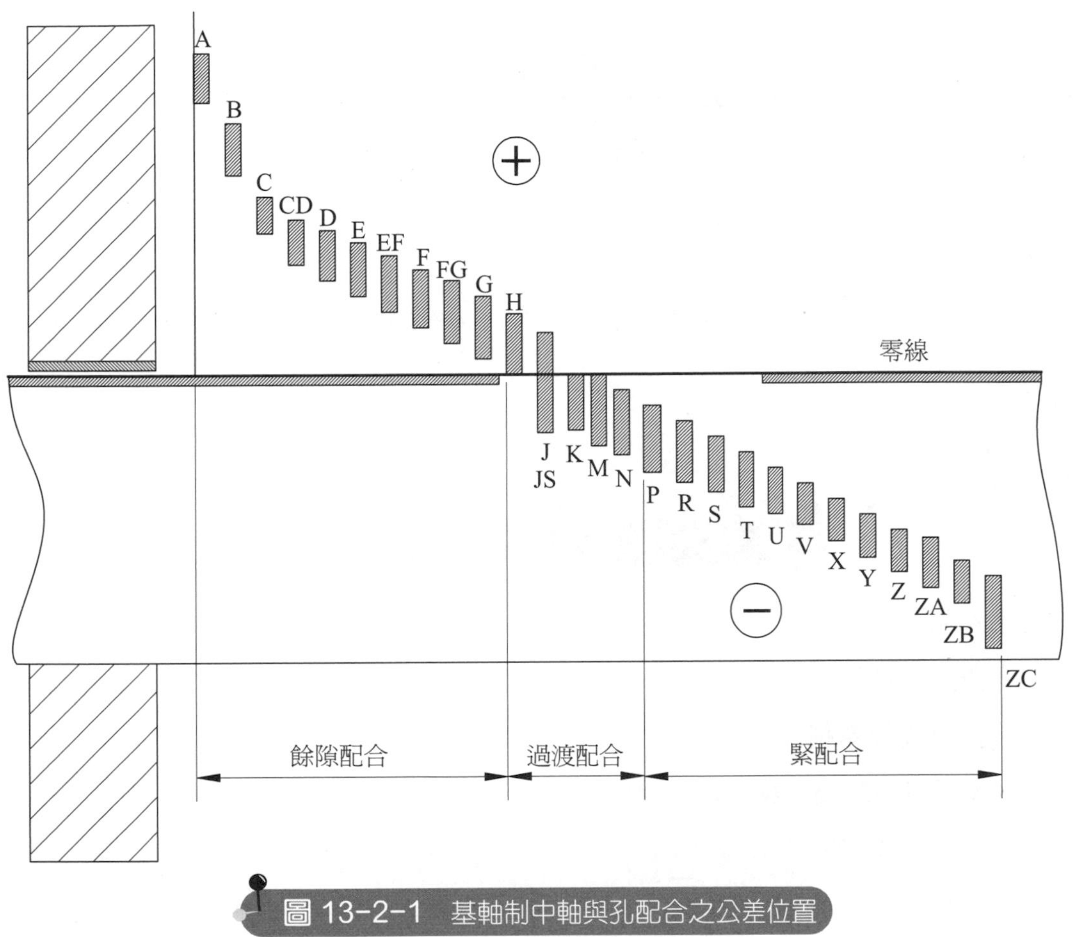

圖 13–2–1　基軸制中軸與孔配合之公差位置

⑵基孔制 (H)：係指在同一等級公差內，孔之公差不變，而與各種不同大小之軸相配合者，有 H_5～H_{10} 等六種。基孔制即下偏差為 0 的孔，即最小尺寸為基本尺寸，一般工業界採用基孔制為原則。基孔制中孔與軸配合之公差位置，如圖 13–2–2 所示。

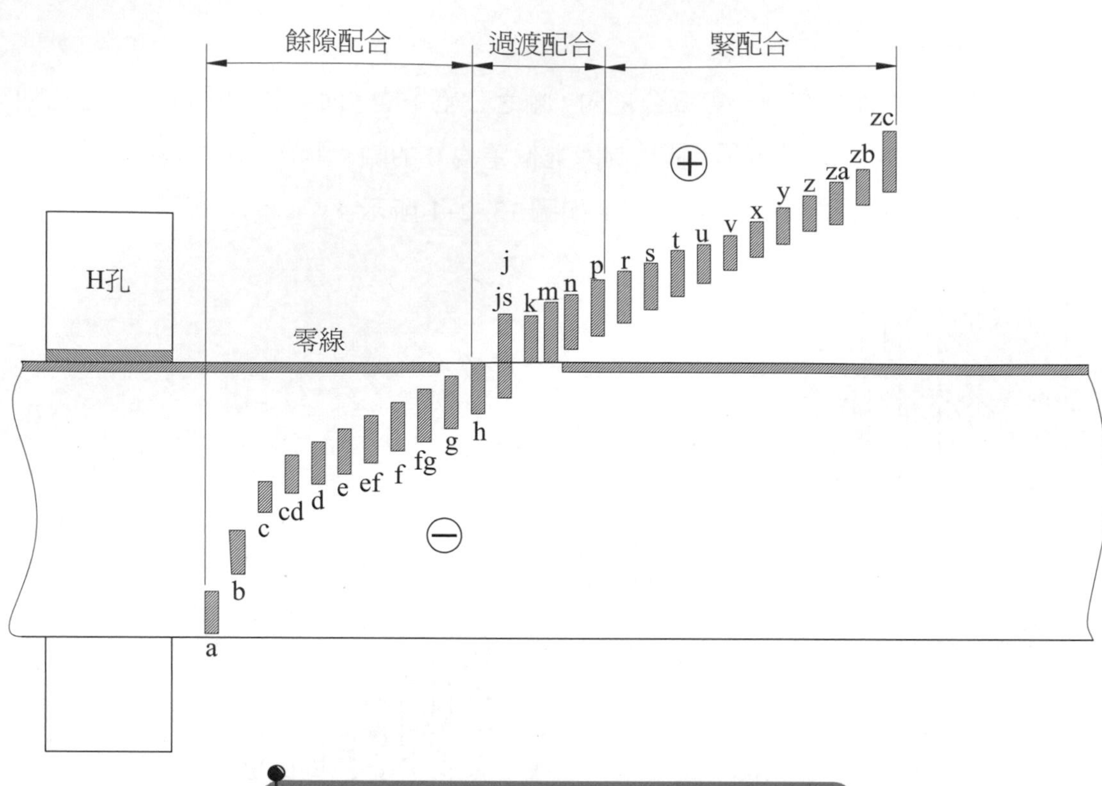

圖 13-2-2 基孔制中孔與軸配合之公差位置

5.配合符號

⑴先標註配合件共有之基本尺寸，其後接寫孔之公差符號，再接寫軸之公差符號，且軸一般較為精密。

⑵例如 ∅30G7/h6，表示直徑 30 孔公差 9 級配合軸公差 6 級。

6.配合種類的判別

⑴基軸制 (h)：

常用基軸制配合種類判別，如表 13–2–2 所示。

⑵基孔制 (H)：

常用基孔制配合種類判別，如表 13–2–3 所示。

表 13-2-2　常用基軸制配合種類

基軸	孔之種類與等級																
	間隙配合						過渡配合				過盈配合						
	B	C	D	E	F	G	H	JS	K	M	N	P	R	S	T	U	X
h4							5	5	5	5							
h5							6	6	6	6	6	6					
h6					6	6	6	6	6	6	6	6					
				(7)	7	7	7	7	7	7	7	(7)	7	7	7	7	7
h7				7	7	(7)	7	(7)	(7)	(7)	(7)	(7)	(7)	(7)			
					8		8										
h8			8	8	8		8										
			9	9			9										
h9			8	8			8										
		9	9	9			9										
	10	10	10														

表 13-2-3　常用基孔制配合種類判別

基準孔	軸之種類與等級																
	間隙配合						過渡配合				過盈配合						
	b	c	d	e	f	g	h	js	k	m	n	p	r	s	t	u	x
H5						4	4	4	4	4							
H6						5	5	5	5	5							
					6	6	6	6	6	6	6	6					
H7				(6)	6	6	6	6	6	6	6	6	6	6	6	6	6
				7	7	(7)	7	7	(7)	(7)	(7)	(7)	(7)	(7)	(7)	(7)	(7)
H8				6	7		7										
				8	8		8										
			9	9													
H9			8	8			8										
		9	9	9			9										
H10	9	9	9														

註：表中附有括弧者盡可能不使用。

7.配合種類簡易的判別

如表 13–2–4 所示。

表 13-2-4 配合種類簡易的判別

	基孔制 (H)	基軸制 (h)
間隙配合	H/a～g	A～G/h
過盈配合	H/p～zc	P～ZC/h
過渡配合	H/h～n	H～N/h

8.配合等級之選擇

(1)選擇公差之精密度等級須視工作之情況而定，不必隨意選擇高精密度公差，以免使生產成本提高。

(2)配合時孔軸通常採用同級公差，但在某些情況也可使軸之等級較孔之等級少一級。

13–3 幾何公差

1.幾何公差

(1)一種幾何形態之外形或其所在位置之公差。

(2)對於某一公差區域，該形態或其位置必須介於此區域之內。

(3)幾何公差符號如表 13–3–1 所示。

2.幾何公差區域

(1)一個圓內之面積或一圓柱體內之體積。

(2)兩個等間距曲線間或兩平行直線間之面積。

(3)兩個等間距曲面間或兩平行平面間之空間。

(4)一個平行六面體內之體積。

3.基準形態

(1)以一個基準面或基準線，各種幾何公差皆以該面或該線為基準。

(2)一般以已加工過之平面或圓形物件之中心為基準面或基準線。

4.最大實體狀況 (MMC)

(1)係指機件擁有最大材料量時之極限尺寸。

表 13-3-1　幾何公差符號

形態	公差類別	公差性質	符號
單一形態	形狀公差（六種）	真直度	—
		真平度	▱
		真圓度	○
		圓柱度	⌭
單一或相關形態		曲線輪廓度	⌒
		曲面輪廓度	⌓
相關形態	方向公差（三種）	垂直度	⊥
		平行度	//
		傾斜度	∠
	定位公差（三種）	位置度	⌖
		同心度	◎
		對稱度	⌯
	偏轉公差（二種）	圓偏轉度	↗
		總偏轉度	⌰

(2)軸之最大極限尺寸或孔之最小極限尺寸，因擁有最大材料量，此兩極限尺寸即稱為最大實體狀況。

(3)以符號Ⓜ表示之。

5. **幾何公差一般原則**

(1)長度或角度之公差有時無法達到管制某種幾何形態之目的，即須註明幾何公差。幾何公差與長度或角度公差，兩者相互抵觸時，應以幾何公差為準。

(2)對於機件之功能及互換性有嚴格要求時，方有註明幾何公差之必要。

(3)即使未標註長度或角度公差，亦可使用幾何公差。

(4)某一幾何公差可能自然限制第二種幾何形狀之誤差，若此兩種幾何公差之公差區域相同時，則不必標註第二種幾何公差，如第二種之公差區域較小時，則不可省略。

(5)限制平行度公差時，亦同時限定了該平面之真平度誤差。

(6)限制垂直度公差時，亦同時限定了該平面之真平度誤差。

(7)限定對稱度公差時，亦同時限定了真平度與平行度誤差。

(8)限定同心度公差時，亦同時限定了真直度與對稱度誤差。

13-4 幾何公差標註法

1. 公差方框

(1)幾何公差的標註是寫在一個長方形框格內，框格為細實線。

(2)方框再分若干小格，由左至右依序填入下列各項，如圖 13–4–1 所示。

2. 公差方框填入項目

(1)第一格：內填入幾何公差符號。

(2)第二格：內填入公差數值，其單位即製圖所使用之長度單位 mm，不必另行註明，若公差區域為圓形或圓柱，則應在此數值前加一 "∅" 符號。

(3)第三格：內填入字母來識別基準面或線(單個或多個)，而該基準面或線係用字母識別，例如 A 表示以 A 為基準面。

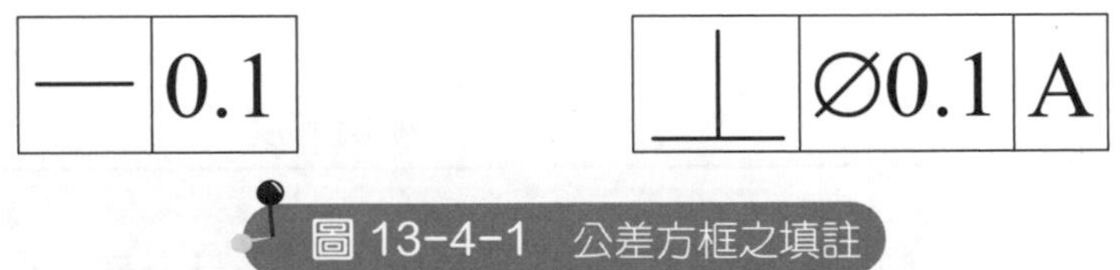

圖 13-4-1 公差方框之填註

3. 符號大小

幾何公差符號之大小及粗細與尺寸標註數字高成正比。

4. 引線

(1)公差方框與所欲管制之幾何形態間用一帶有箭頭之引線相連。

(2)如箭頭指在一個表面之輪廓線或其延長線，而正對在一個尺寸線上時，則該公差係對該尺寸所標註之形態部分之中心軸線而言，如圖 13–4–2 所示。引線之箭頭亦可與尺寸線合用。

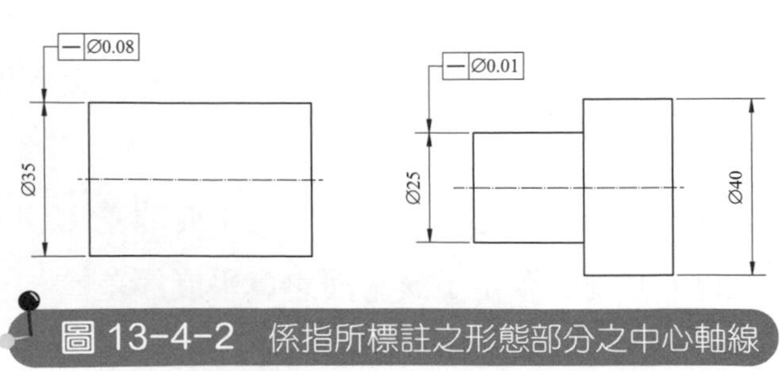

圖 13-4-2 係指所標註之形態部分之中心軸線

⑶如箭頭指在一個表面之輪廓線或其延長線而不正對在尺寸線上時，則該公差係對該輪廓或該表面而言，如圖 13–4–3 所示。

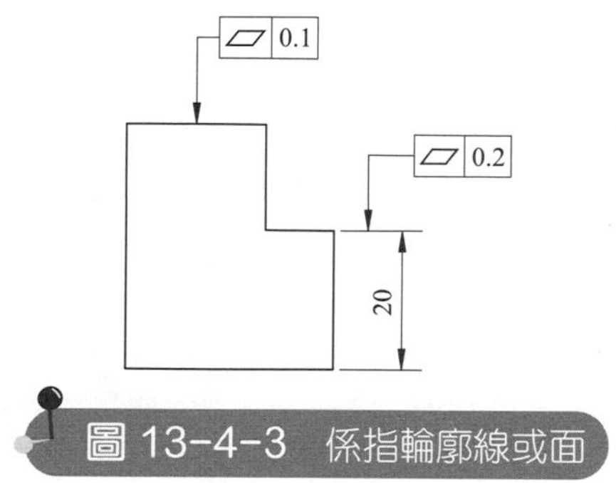

圖 13-4-3　係指輪廓線或面

⑷如箭頭指在一中心軸線上，則該公差係對以該軸線為中心線的所有幾何形態而言，如圖 13–4–4 所示。

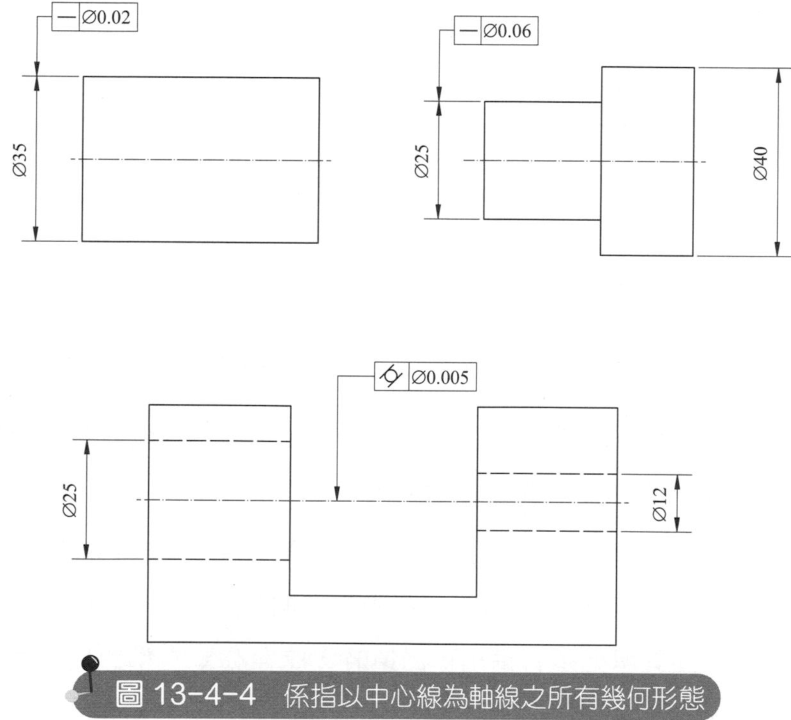

圖 13-4-4　係指以中心線為軸線之所有幾何形態

5.基準線與基準面

⑴基準線或基準面係為公差尺寸引為基準者，自基準線或基準面所引出之引線，在其引出處用一塗黑正三角形表示之，三角形底邊位置有下列情形。

①黑三角形底邊在一輪廓線或其延長線上，而不正對在尺寸線時，則該輪廓線或面，即為該公差之基準面，如圖 13–4–5 所示。

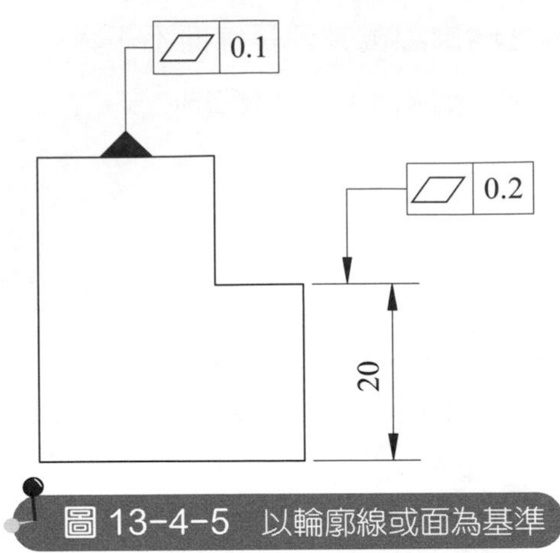

圖 13-4-5　以輪廓線或面為基準

②黑三角形底邊在一輪廓線或其延長線上，而對正一尺寸線時，則該尺寸所標註之形態之中心線，即為該公差之基準線，如圖 13–4–6 所示。黑三角形亦可代替一尺寸箭頭。

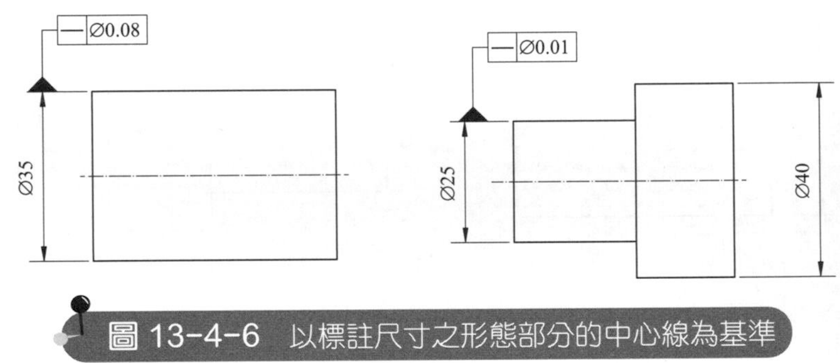

圖 13-4-6　以標註尺寸之形態部分的中心線為基準

③黑三角形底邊在一中心線上，則以該中心線為軸線之所有幾何形態之共同中心軸線，即為基準線，如圖 13–4–7 所示。

⑵基準線或基準面若與公差方框相距甚遠，不適用同一引線相連接時，則可用一大寫英文字母加一方框以識別該基準線或基準面，如圖 13–4–8 所示。

⑶基準線或基準面若與公差方框相距甚遠時，應在公差方框之最右側之方格內填入該字母，如圖 13–4–9 所示。

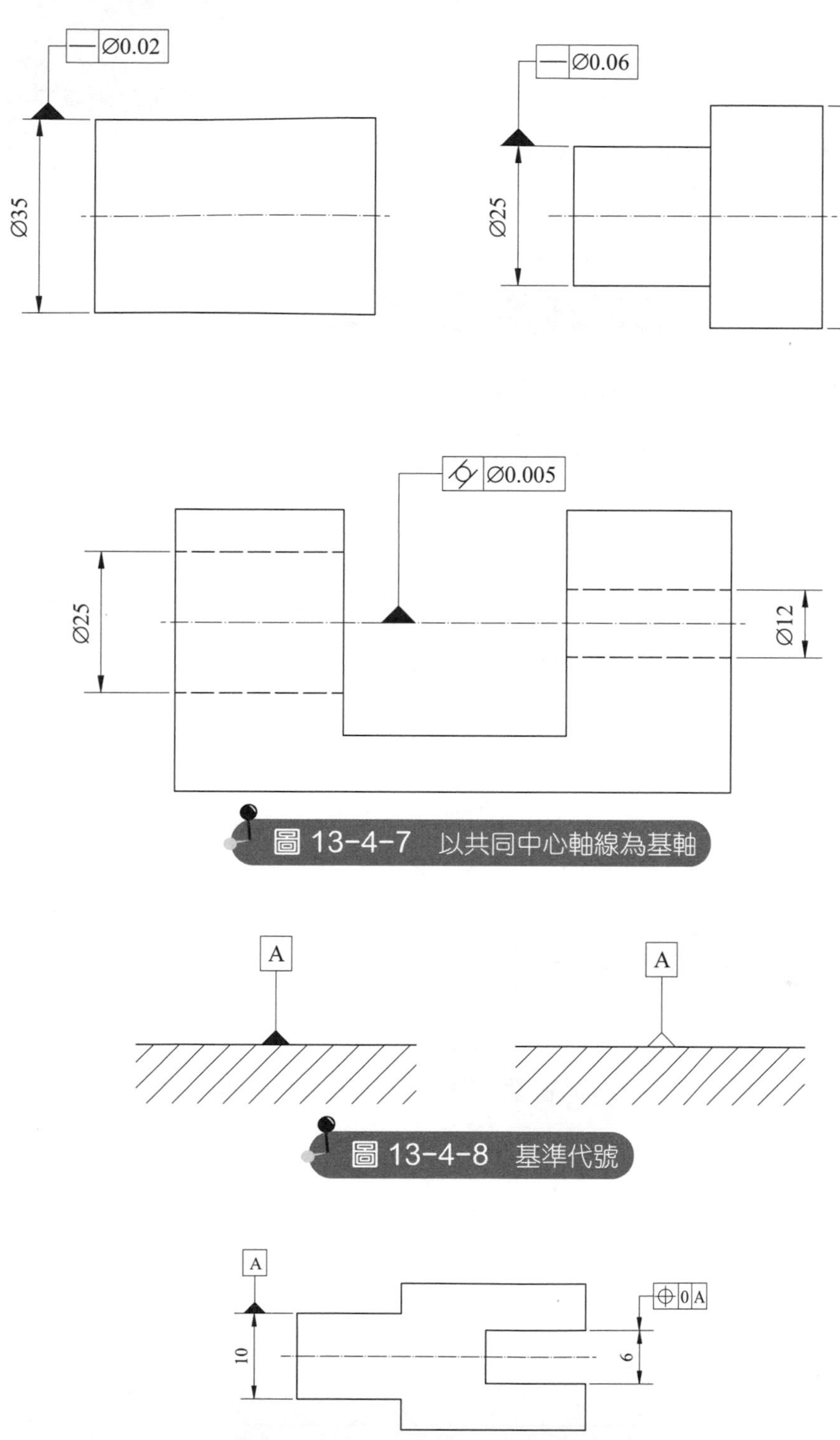

圖 13-4-7　以共同中心軸線為基軸

圖 13-4-8　基準代號

圖 13-4-9　公差方框填入基準代號

6. 多重基準

(1)如果一個共同基準是由兩個基準面（或基準線）組合而成，則在兩基準字母間用一個短橫線聯絡之，如圖 13–4–10 所示。

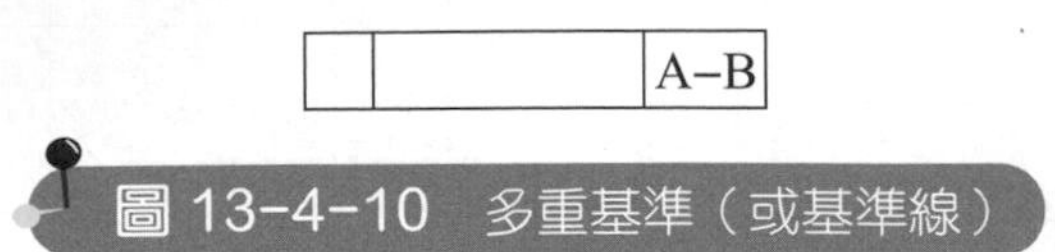

圖 13-4-10 多重基準（或基準線）

(2)如果一組基準面（或基準線）之作用，有其先後順序，即應將方框中之各字母依順序自左至右寫出，但用豎線間隔之，尤以當各基準面不盡能用 Ⓜ 符號為然，圖 13–4–11 所示。

圖 13-4-11 一組基準面（或基準線）

(3)如果一組基準面無先後順序時，則方框中各字母間即不加隔線，如圖 13–4–12 所示。

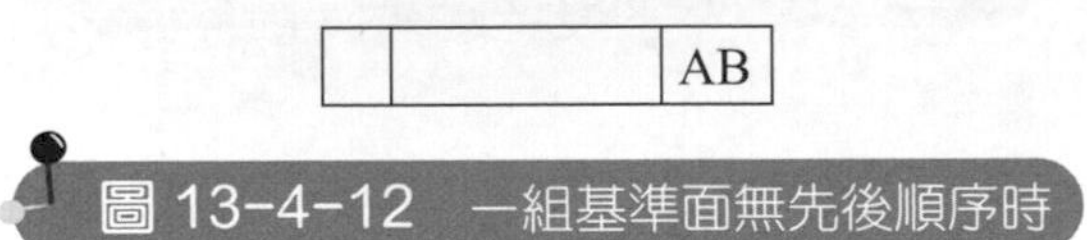

圖 13-4-12 一組基準面無先後順序時

7. 指定範圍內之公差

(1)如某一公差只適用於某一指定範圍內標註之，如圖 13–4–13 所示。

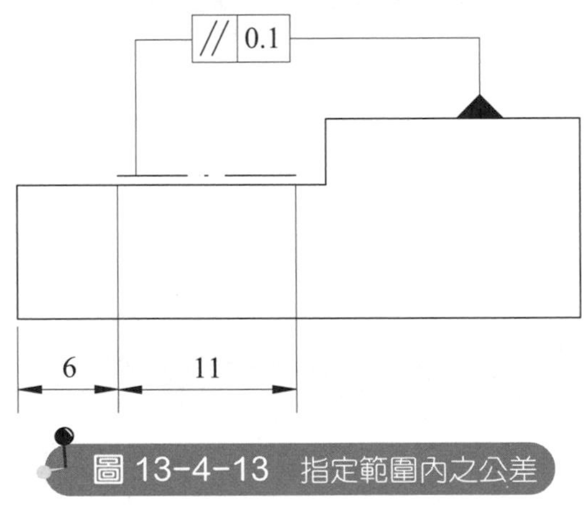

圖 13-4-13 指定範圍內之公差

⑵如某一公差數值限定在一定長度內，而該長度可在被管制形態內之任一部位時標註之，如圖 13–4–14 所示。此乃表示該平面與基準面 B 之平行度誤差在該平面上任一方向之任一段 100 單位長度以內之平行度誤差不得超過 0.1 個單位。

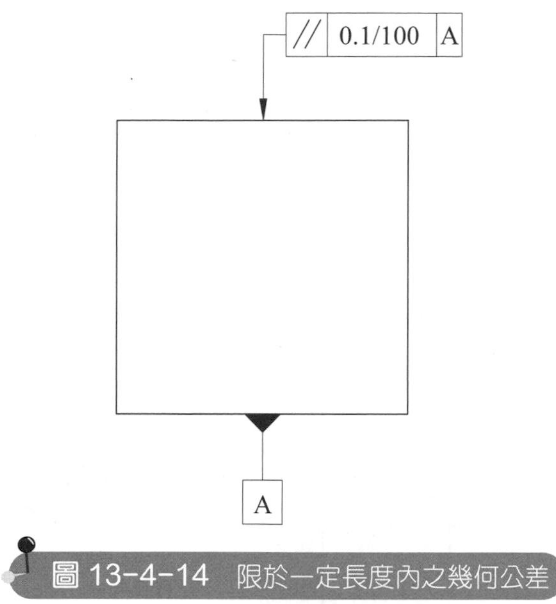

圖 13-4-14　限於一定長度內之幾何公差

⑶如在整個形態之公差以外，更加以一個同類公差，且較嚴格限定於一定長度內，此後一公差應寫在前者之下方，如圖 13–4–15 所示。此乃表示整個平面之平行度公差為 0.1，但在任一方向任一段 100 單位長度以內之平行度誤差不得超過 0.05 單位。

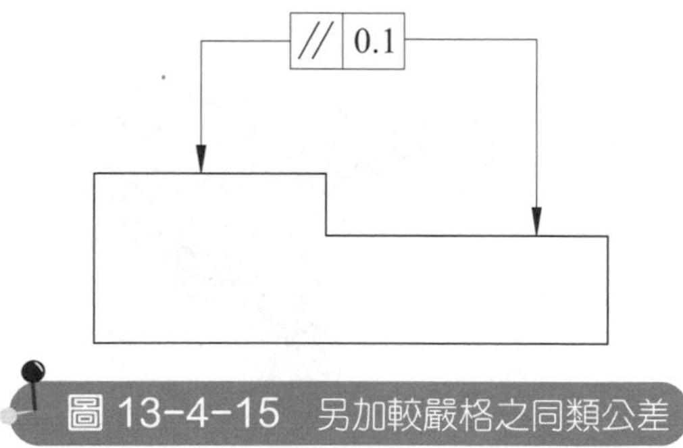

圖 13-4-15　另加較嚴格之同類公差

8. **最大實體狀況符號之標註**

⑴如係應用於公差數值，寫在其後標註，如圖 13–4–16（左）所示。

⑵如係應用於基準形態，寫在基準字母之後標註，如圖 13–4–16（中）所示。

⑶如係應用於公差數值及基準形態標註，如圖 13–4–16（右）所示。

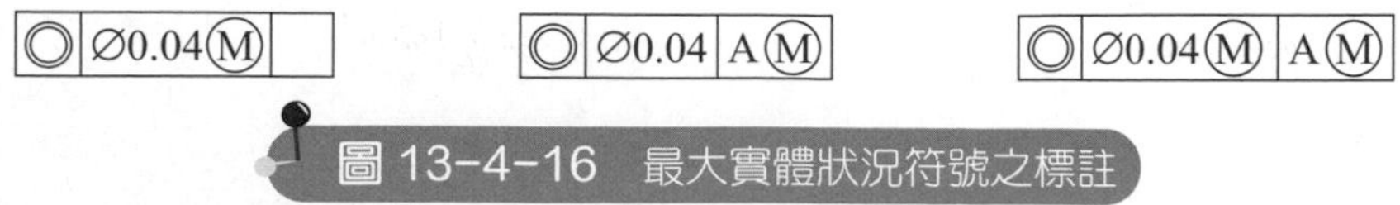

圖 13-4-16　最大實體狀況符號之標註

9. 幾何公差標註說明

名稱	公差標註	說明圖例	備註
真直度	表面上一元線之真直度 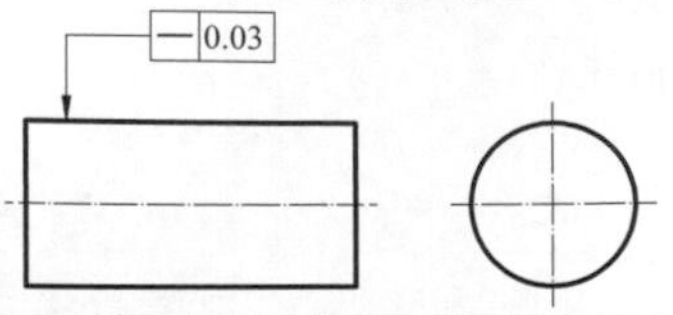 — 0.03	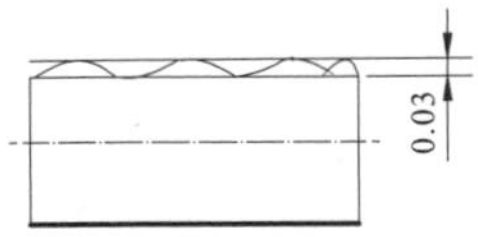 0.03	圓柱體表面上任一元線須介於兩相距 0.03 之平行線之間
	旋轉體中心軸線之真直度 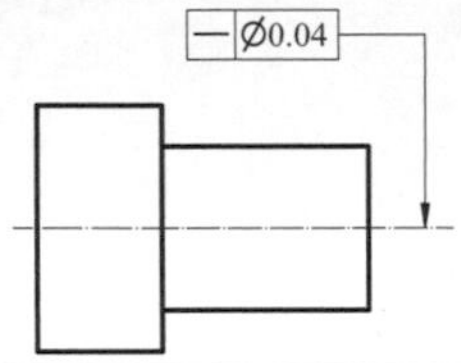 — Ø0.04	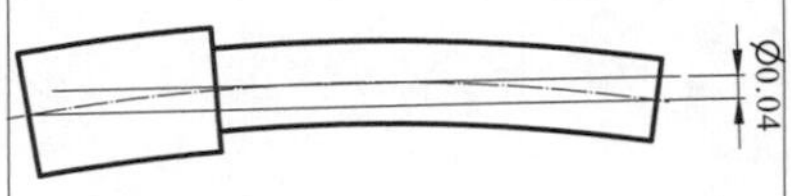 Ø0.04	兩圓柱部分全部軸線須在一直徑為 0.04 之圓柱形區域內
真平度	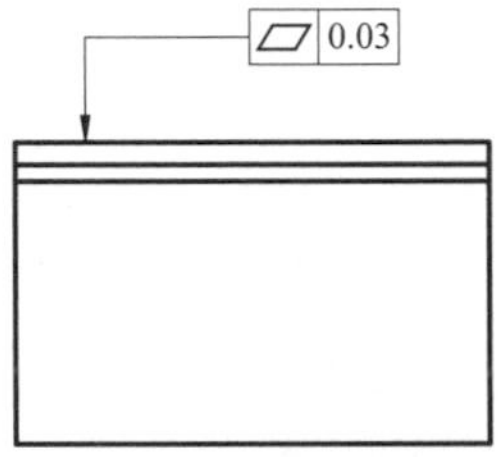 ▱ 0.03	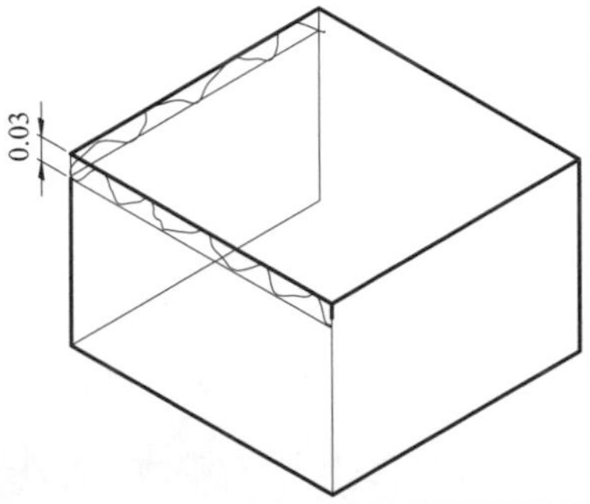 0.03	平面須介於兩相距 0.03 之平行平面之間
真圓度	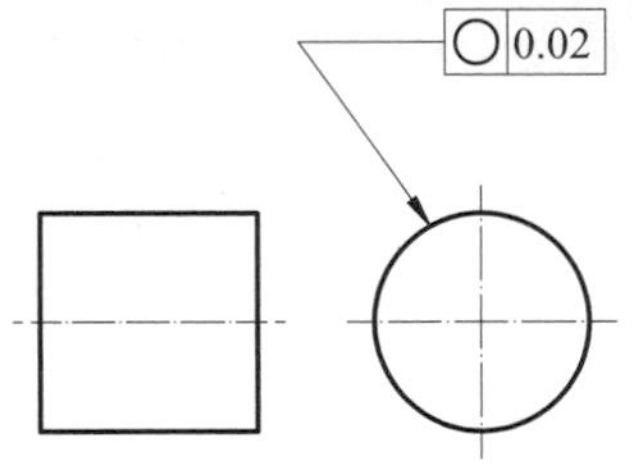 ○ 0.02	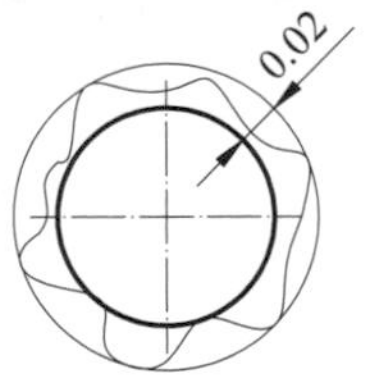 0.02	任一與軸線正交之斷面上，其周圍須介於同平面相距 0.02 之同心圓之間
圓柱度	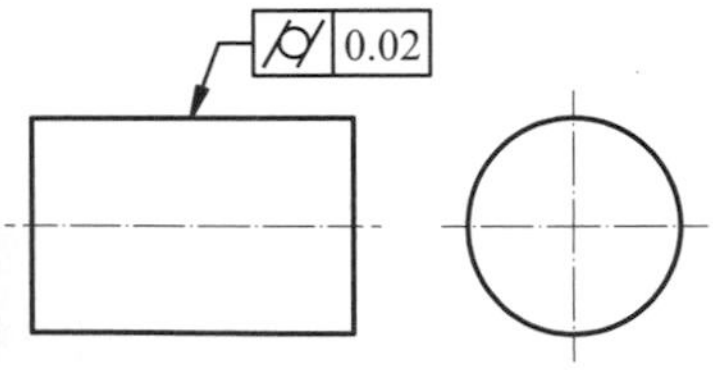 ⌭ 0.02	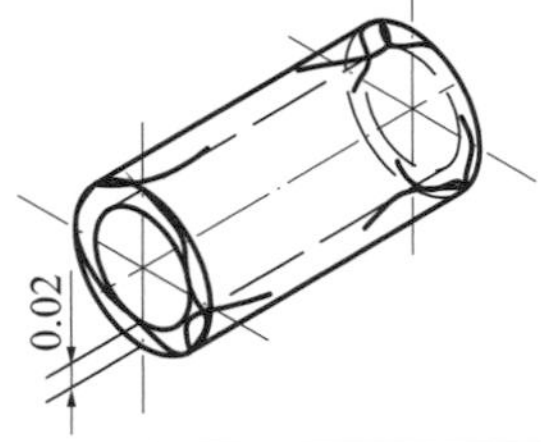 0.02	圓柱之表面須介於兩共軸線而相距 0.02 之圓柱面之間
曲線輪廓度	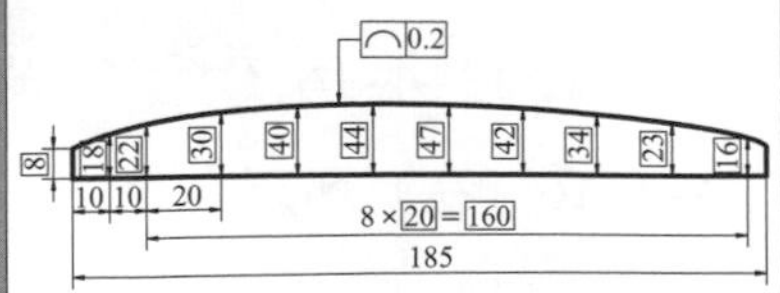 ⌒ 0.2 8 18 22 30 40 44 47 42 34 23 16 10 10 20 8×20=160 185	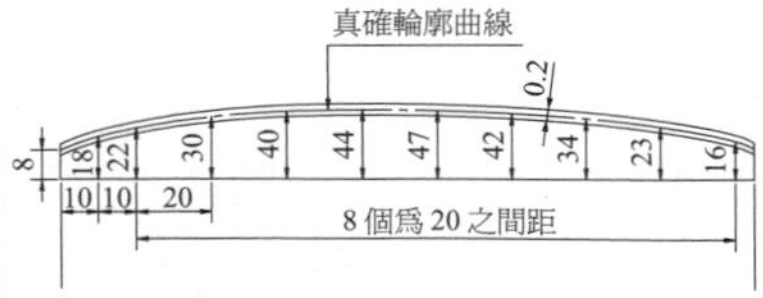 真確輪廓曲線 0.2 8 18 22 30 40 44 47 42 34 23 16 10 10 20 8 個爲 20 之間距	實際輪廓曲線須介於兩曲線之間，此兩曲線乃以真確輪廓曲線上之各點為圓心，以公差數值為直徑所作之甚多小圓之兩包絡線

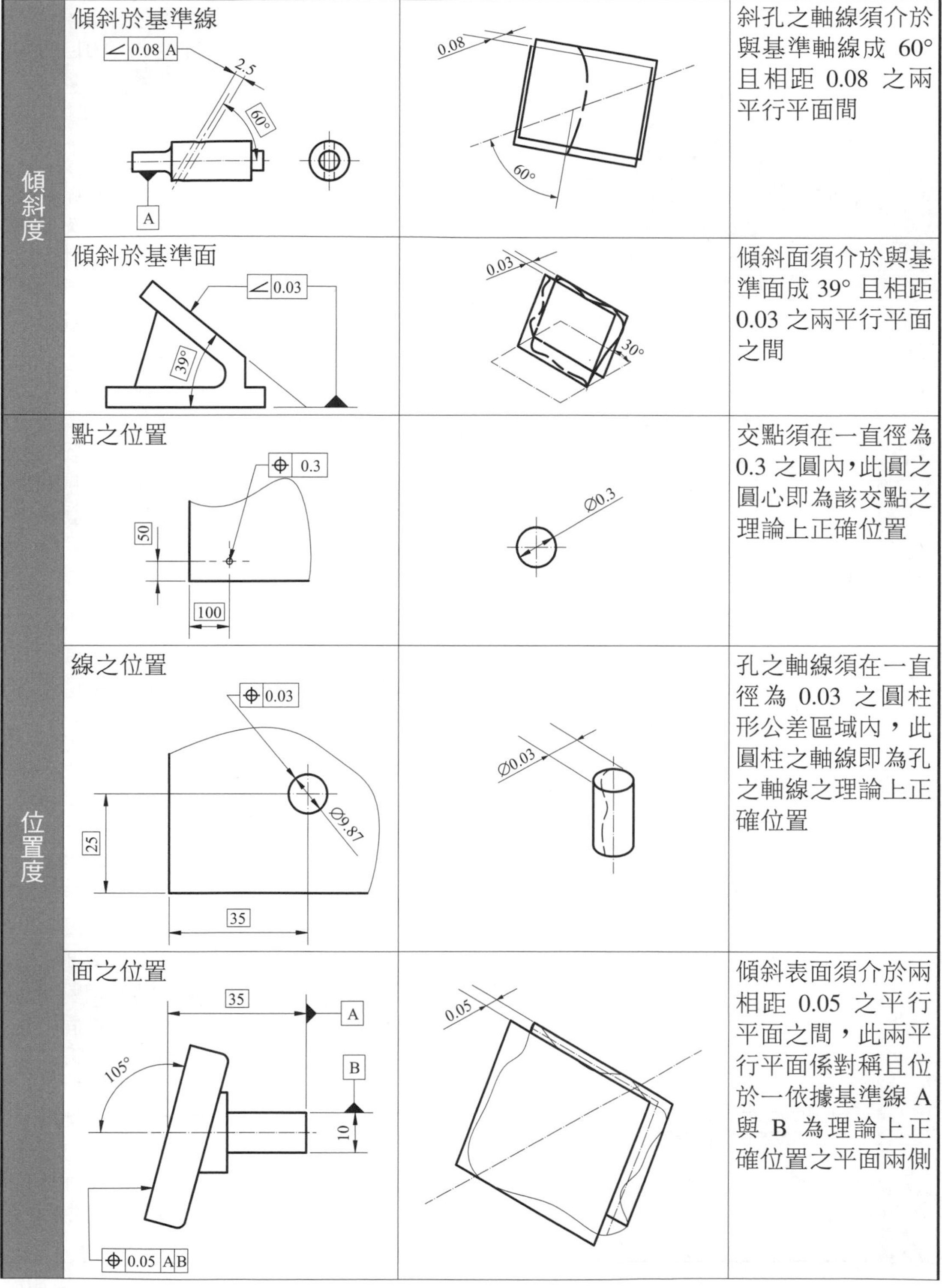

類別	項目	公差區域	說明
傾斜度	傾斜於基準線		斜孔之軸線須介於與基準軸線成 60° 且相距 0.08 之兩平行平面間
	傾斜於基準面		傾斜面須介於與基準面成 39° 且相距 0.03 之兩平行平面之間
位置度	點之位置		交點須在一直徑為 0.3 之圓內，此圓之圓心即為該交點之理論上正確位置
	線之位置		孔之軸線須在一直徑為 0.03 之圓柱形公差區域內，此圓柱之軸線即為孔之軸線之理論上正確位置
	面之位置		傾斜表面須介於兩相距 0.05 之平行平面之間，此兩平行平面係對稱且位於一依據基準線 A 與 B 為理論上正確位置之平面兩側

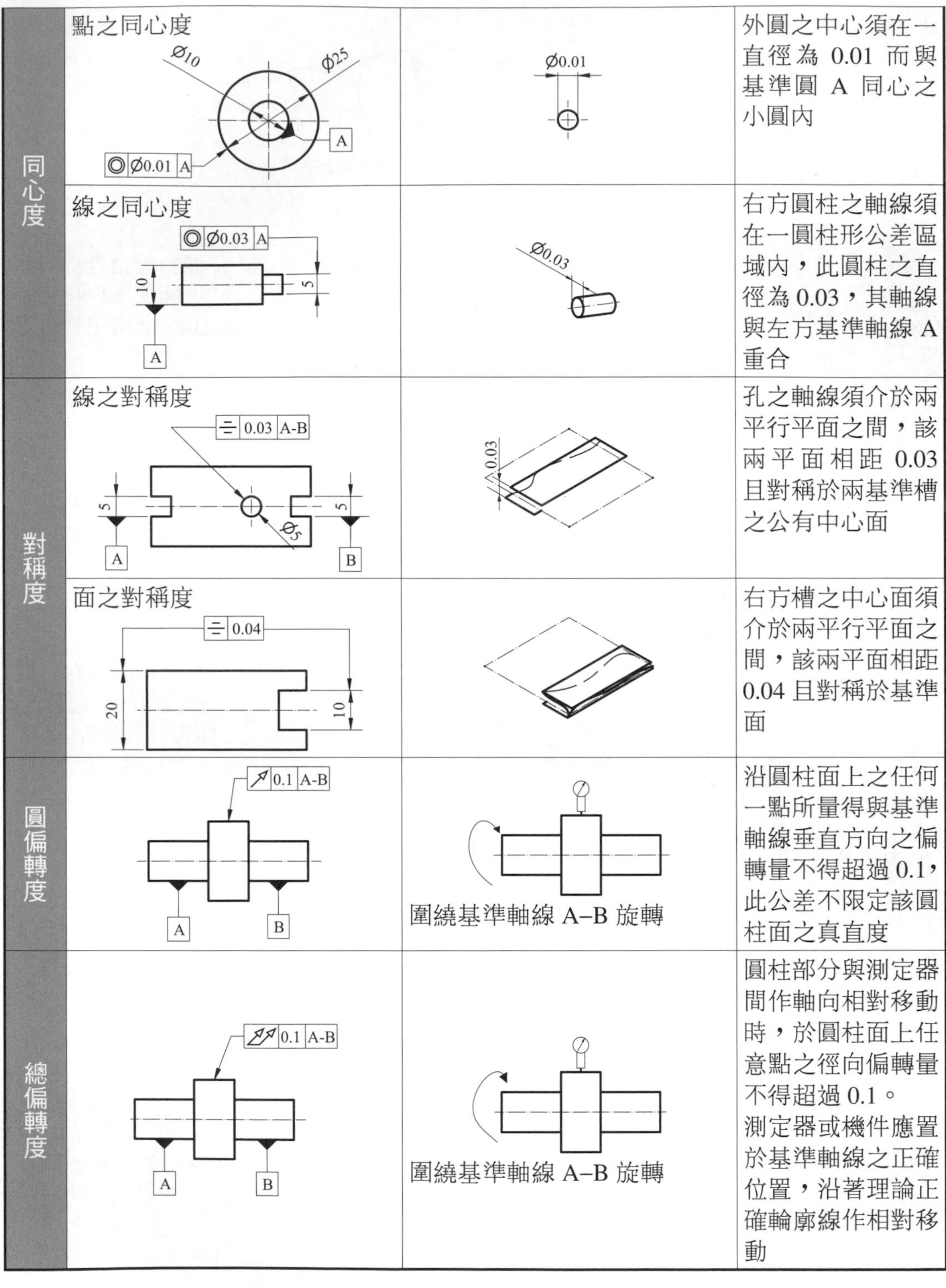

類別	圖例	公差區域	說明
同心度	點之同心度 Ø10 Ø25 ◎ Ø0.01 A　A	Ø0.01	外圓之中心須在一直徑為 0.01 而與基準圓 A 同心之小圓內
	線之同心度 ◎ Ø0.03 A　10　5　A	Ø0.03	右方圓柱之軸線須在一圓柱形公差區域內，此圓柱之直徑為 0.03，其軸線與左方基準軸線 A 重合
對稱度	線之對稱度 ⌯ 0.03 A-B　5　5　Ø5　A　B	0.03	孔之軸線須介於兩平行平面之間，該兩平面相距 0.03 且對稱於兩基準槽之公有中心面
	面之對稱度 ⌯ 0.04　20　10		右方槽之中心面須介於兩平行平面之間，該兩平面相距 0.04 且對稱於基準面
圓偏轉度	↗ 0.1 A-B　A　B	圍繞基準軸線 A–B 旋轉	沿圓柱面上之任何一點所量得與基準軸線垂直方向之偏轉量不得超過 0.1，此公差不限定該圓柱面之真直度
總偏轉度	⌰ 0.1 A-B　A　B	圍繞基準軸線 A–B 旋轉	圓柱部分與測定器間作軸向相對移動時，於圓柱面上任意點之徑向偏轉量不得超過 0.1。 測定器或機件應置於基準軸線之正確位置，沿著理論正確輪廓線作相對移動

習　題

1. 何謂尺寸、基本尺寸、界限尺寸、最大限界尺寸、最小限界尺寸、實際尺寸？
2. 何謂偏差、上偏差、下偏差、實際偏差、零線、公差？
3. 尺寸 $30^{+0.2}_{-0.3}$；完工尺寸 30.2, 29.9，說明基本尺寸、最大尺寸、最小尺寸、上偏差、下偏差、公差、實際尺寸、實際偏差值。
4. 何謂單向公差？何謂雙向公差？
5. 試述公差等級標準制度。
6. 試述公差區域。
7. 何謂配合、間隙配合、過盈配合、過渡配合、裕度、配差？
8. 試述配合種類。
9. 如下表配合範列，請寫出配合情況數值。

配合＼情況	孔	軸	配合情況數值
間隙	$25^{+0.02}_{0}$	$25^{-0.02}_{-0.04}$	最大間隙＝＿＿＿＿ 最小間隙＝＿＿＿＿
過盈	$25^{+0.02}_{0}$	$25^{+0.06}_{+0.04}$	最大過盈＝＿＿＿＿ 最小過盈＝＿＿＿＿
過渡	$25^{+0.02}_{0}$	$25^{+0.02}_{-0.04}$	最大間隙＝＿＿＿＿ 最大過盈＝＿＿＿＿

10. 試述配合的制度。
11. 試述配合種類簡易的判別。
12. 常用之幾何公差符號有哪些？
13. 試述幾何公差標註一般原則。
14. 試述公差方框填入項目有哪些？
15. 試述真直度的標註，請舉例說明。
16. 試述真平度的標註，請舉例說明。
17. 試述真圓度的標註，請舉例說明。

18.試述圓柱度的標註，請舉例說明。

19.試述曲線輪廓度的標註，請舉例說明。

20.試述傾斜度的標註，請舉例說明。

21.試述位置度的標註，請舉例說明。

22.試述同心度的標註，請舉例說明。

23.試述對稱度的標註，請舉例說明。

24.試述圓偏轉度的標註，請舉例說明。

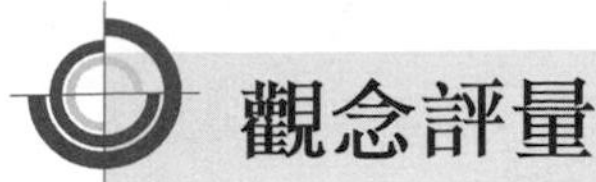

觀念評量

( ) 1. 若尺度標註為 ∅25h8，下列敘述何者正確？
(A)它是孔的公差 (B)它的公差比 ∅35h8 的公差為小 (C)它的公差比 ∅25h9 的公差為大 (D)它所表示的直徑將是大於或等於 25。

( ) 2. 餘隙配合時，孔最大極限尺寸與軸最小極限尺寸之差為
(A)最小干涉 (B)最大干涉 (C)最小餘隙 (D)最大餘隙。

( ) 3. 干涉配合時，孔最大極限尺寸與軸最小極限尺寸之差為
(A)最小干涉 (B)最大干涉 (C)最小餘隙 (D)最大餘隙。

( ) 4. 基孔中孔尺寸為 $35^{+0.016}_{\ \ 0}$，軸尺寸為 $35^{+0.013}_{+0.002}$，則此裕度為
(A) −0.013 (B) 0.013 (C) 0.018 (D) 0.029 mm。

( ) 5. 有一軸之直徑為 30.00 ± 0.03，若欲改為基孔制，則正確的表示方法為
(A) $30^{+0.06}_{\ \ 0}$ (B) $30.03^{\ \ 0}_{-0.06}$ (C) $29.97^{+0.06}_{\ \ 0}$ (D) $30^{\ \ 0}_{-0.06}$。

( ) 6. 有一軸之直徑為 ∅30.00 ± 0.03，若欲改為基軸制，則正確的表示方法為
(A) $30^{+0.06}_{\ \ 0}$ (B) $30.03^{\ \ 0}_{-0.06}$ (C) $29.97^{+0.06}_{\ \ 0}$ (D) $30^{\ \ 0}_{-0.06}$。

( ) 7. 在公差配合制度中，基孔制之基本尺寸為
(A)孔的最小尺寸 (B)孔的最大尺寸 (C)軸的最小尺寸 (D)軸的最大尺寸。

( ) 8. 基本尺寸 25 mm，孔之公差 0.021 mm，軸之公差 0.013 mm，最大配合餘隙為 0.019 mm，最大配合過盈（干涉）為 0.015 mm，求在基孔制上孔及軸的尺寸範圍分別為
(A) $25^{+0.021}_{\ \ 0}$，$25^{+0.015}_{+0.002}$ (B) $25^{+0.006}_{-0.015}$，$25^{\ \ 0}_{-0.013}$
(C) $25^{\ \ 0}_{-0.013}$，$25^{+0.006}_{-0.015}$ (D) $25^{+0.021}_{\ \ 0}$，$25^{+0.015}_{-0.002}$。

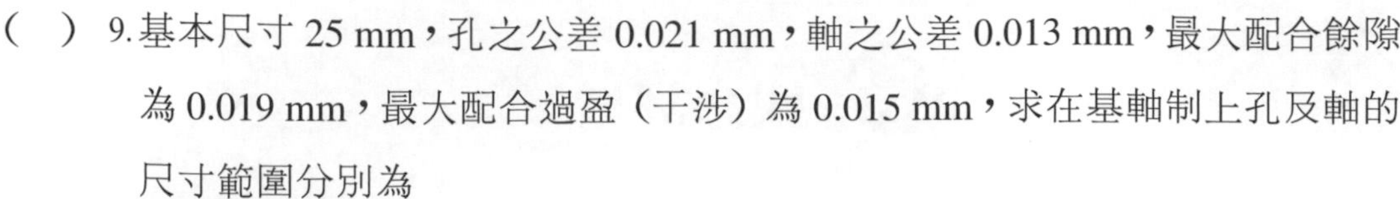

(　) 9.基本尺寸 25 mm，孔之公差 0.021 mm，軸之公差 0.013 mm，最大配合餘隙為 0.019 mm，最大配合過盈（干涉）為 0.015 mm，求在基軸制上孔及軸的尺寸範圍分別為

(A) $25^{+0.021}_{0}$，$25^{+0.015}_{+0.002}$　(B) $25^{+0.006}_{-0.015}$，$25^{0}_{-0.013}$

(C) $25^{0}_{-0.013}$，$25^{+0.006}_{-0.015}$　(D) $25^{+0.021}_{0}$，$25^{+0.015}_{-0.002}$。

(　) 10.若孔尺寸為 ∅30H8，軸尺寸為 ∅30f8，則兩者的配合為
(A)餘隙　(B)緊　(C)過盈　(D)過渡　配合。

(　) 11.若孔尺寸為 ∅30H8，軸尺寸為 ∅30n8，則兩者的配合為
(A)留隙　(B)緊　(C)過盈　(D)過渡　配合。

(　) 12.如二機件採基孔制配合時，下列敘述何者正確？
(A) ∅50H7/m6 是干涉配合　(B) ∅50H7/js6 是餘隙配合　(C) ∅50H7/g6 是餘隙配合　(D) ∅50H7/s6 是過渡配合。

(　) 13.下列敘述何者正確？
(A) ∅8H7 和 ∅8h7 所指意義相同　(B) ∅20H7 孔的 7 級公差為 0.021，則孔徑 19.98 已在範圍內　(C)干涉係指軸徑大於孔徑時，稱之　(D)公差愈小，代表精度愈差，生產成本可以降低。

(　) 14.有關公差配合，下列敘述何者不正確？
(A) CNS 中標準公差等級愈大，公差值愈小　(B)干涉配合中軸件尺度大於孔件尺度　(C)一軸件與數孔件配合宜使用基軸制　(D) IT5～IT10 常用於一般機件配合公差。

(　) 15.有關過渡配合，下列敘述何者正確？
(A)有最大干涉和最小餘隙　(B)有最小干涉和最大餘隙　(C)有最大干涉和最大餘隙　(D)有最小餘隙和最大餘隙。

(　) 16.一軸之尺寸 $35^{0}_{-0.01}$，孔 $35^{+0.03}_{+0.01}$ 配合，其最大餘隙為
(A) 0　(B) 0.03　(C) 0.04　(D) 0.02。

(　) 17.當孔徑為 $50^{+0.030}_{-0.000}$ mm，軸徑為 $50^{+0.106}_{+0.087}$ mm，則最小干涉為

(A) 0.029 mm　(B) 0.057 mm　(C) 0.076 mm　(D) 0.106 mm。

(　) 18.孔之尺寸為 $25^{+0.04}_{-0.02}$，軸之尺寸為 25 ± 0.01，下列敘述何者正確？

(A)此種配合為過盈配合 (Tight Fit)　(B)其最大留隙（或最大餘隙）為 0.05 mm　(C)其最小留隙（或最小餘隙）為 0.01 mm　(D)其最大過盈（或最大干涉量）為 0.05 mm。

(　) 19.已知孔的尺度為 $\varnothing 300 \pm 0.016$，軸的尺度為 $\varnothing 300 \pm 0.026$，關於兩者的配合情況，下列敘述何者正確？

(A)最大餘隙量為 0.052 mm　(B)最大干涉量（或過盈量）為 0.042 mm

(C)最小餘隙量為 0.032 mm　(D)最小干涉量（或過盈量）為 0.020 mm。

(　) 20.若孔尺度及公差為 $32^{+0.112}_{+0.050}$，軸尺度及公差為 $32^{\;0}_{-0.062}$，則兩者配合的最小餘隙為下列哪一數值？

(A) 0.050　(B) 0.062　(C) 0.112　(D) 0.174。

(　) 21.下列何種公差方框為正確寫法？

(A) | Ø0.1 | ⊥ | A |　(B) | A | Ø0.1 | ⊥ |　(C) | ⊥ | Ø0.1 | A |

(D) | A | Ø0.1 | B |

(　) 22.下列公差符號何者<u>不屬於</u>形狀公差？

(A)◎　(B)▱　(C)○　(D)⌒

(　) 23.下列幾何公差符號中何者屬於定位公差？

(A)⌓　(B)⌒　(C)⌭　(D)◎

(　) 24.下列幾何公差符號，何者屬於方向公差？

(A)▱　(B)○　(C)⌖　(D)∥

(　) 25.有關機械製圖的幾何公差表示法，下列敘述何者正確？

(A)幾何公差方框中，第一格填入基準面　(B)幾何公差方框中，第二格填入公差數值　(C)幾何公差方框中，第三格填入幾何公差符號　(D)幾何公差方框中，第一格寬度約為高度的兩倍。

Memo

徒手畫與實物測繪

14-1 徒手畫概述

1. 徒手畫

⑴只用到紙、筆和橡皮擦，不用到丁字尺、圓規、三角板等其他製圖儀器，運用徒手繪製技巧所畫出之圖稱為徒手畫，如圖 14-1-1 所示。

⑵徒手畫和儀器畫所依據之繪圖原理和表達之目的完全相同，只是所使用之繪圖工具不同，畫圖上之技巧也略有差別。

⑶徒手畫是用目測物體之大小，以適當之比例繪出形狀投影視圖或立體圖。

⑷徒手畫出圖之線條不可能和儀器畫的一樣精美，尺寸上亦不會很準確。

⑸徒手畫之線條粗細要依規定比例畫出。

⑹徒手畫之線條用途要依規定用途畫出。

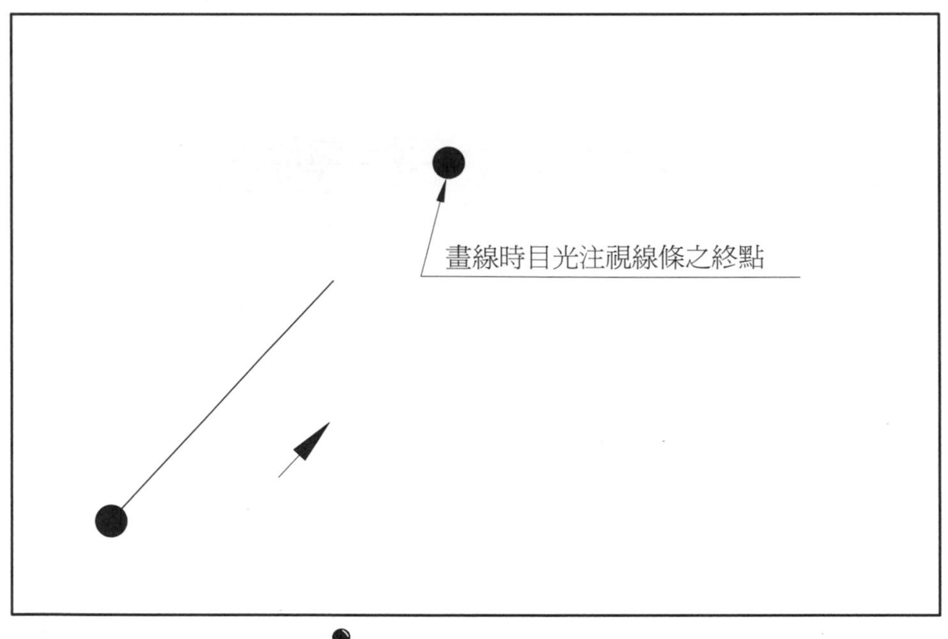

圖 14-1-1 徒手畫

2. 徒手畫目的

⑴新產品或新設計之初始階段，都須以徒手畫來記錄和表達設計人員之初步構想。

⑵要使徒手畫之草圖線條、圓弧、曲線等清晰具美感，易於閱讀，則須有適當之要領和純熟之技巧，故徒手畫在製圖教學中為不可忽略之一部分。

14－2 線條之徒手畫畫法

1. 線條之徒手畫畫法要點

(1)徒手畫所用之筆，一般採用硬度 HB 或 F 之筆，筆端削成錐形尖端，依各種不同線條之粗細繪出。

(2)初學者在練習繪製線條時，可利用方格紙或三角格紙搭配練習。

(3)徒手畫時，手的肌肉要放鬆，手輕握筆，距筆尖約 25～35 mm，運筆的力量要均勻，才可繪出均實之線條。

2. 直線徒手畫法

(1)徒手畫繪製線條時，應先將欲畫之線條兩端點定出，在繪製時目光注視該線所要到之終點，太長的線條分成數小段畫，再將其連接，如圖 14–2–1 所示。

(2)繪製水平線時由左向右。

(3)垂直線則由上往下繪製。

(4)若線條傾斜時，如傾斜之角度偏向水平線，則由左向右畫。

(5)若傾斜角度偏向垂直線，則由上往下繪製。

(6)亦可將圖紙旋轉，使線條成水平線或垂直線繪製。

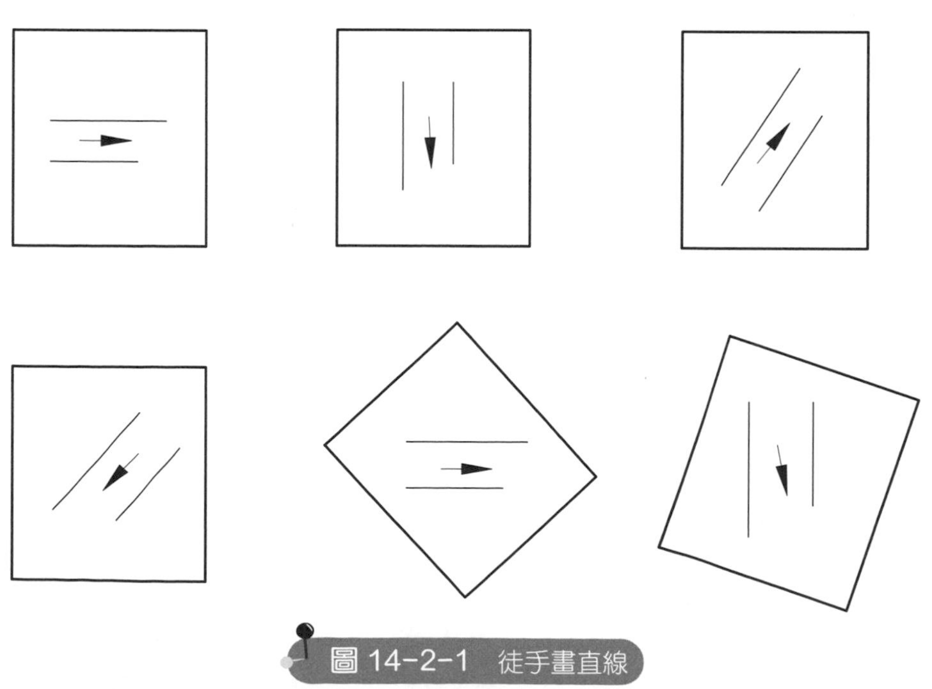

圖 14-2-1　徒手畫直線

3. 小圓徒手畫法

⑴畫小圓時，先將兩垂直相交之中心線畫出，交點即為圓心，通過中心點另添兩條 45° 之斜線，在中心線和斜線上，將圓之半徑定出，經過這些點慢慢的圈出圓形，如圖 14–2–2 所示。

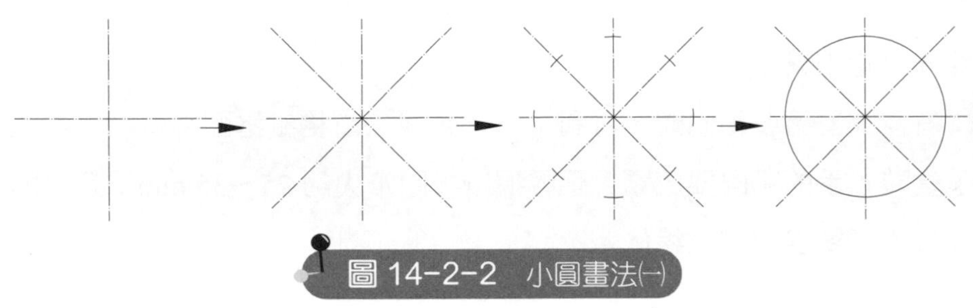

圖 14-2-2　小圓畫法㈠

⑵另一種徒手畫小圓的方法，則是先以圓弧之直徑為長度，畫一外切正方形，連接正方形之對角線，則交點即為圓心，將正方形之切點找出，及其對角線定圓之半徑，經過這些點慢慢圈出圓形，如圖 14–2–3 所示。

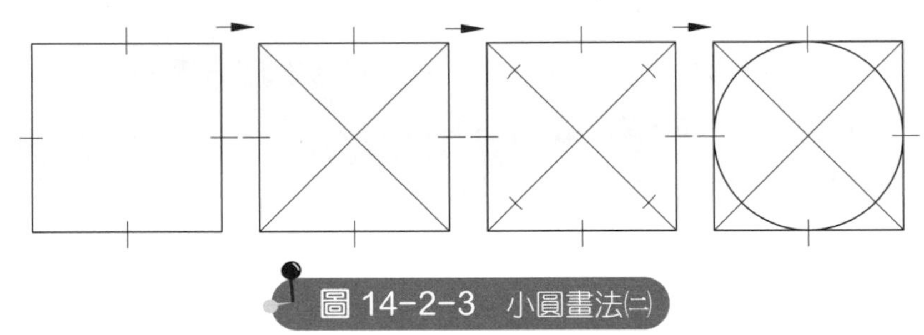

圖 14-2-3　小圓畫法㈡

4. 大圓徒手畫法

⑴利用兩支鉛筆，一支為圓心，與另一支鉛筆張大至圓之半徑大小，慢慢旋轉圖紙即可畫出大圓，如圖 14–2–4 所示。

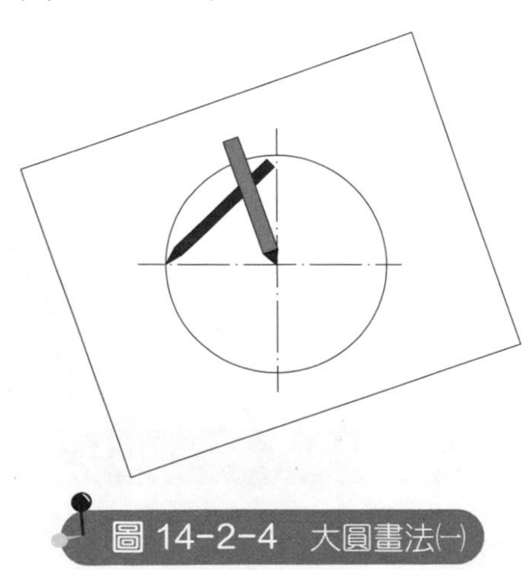

圖 14-2-4　大圓畫法㈠

⑵將兩垂直相交之中心線畫出，交點即為圓心，以小指或無名指指向圓心，和鉛筆間取適當長度為半徑，慢慢旋轉圖紙，則畫出大圓，如圖 14–2–5 所示。

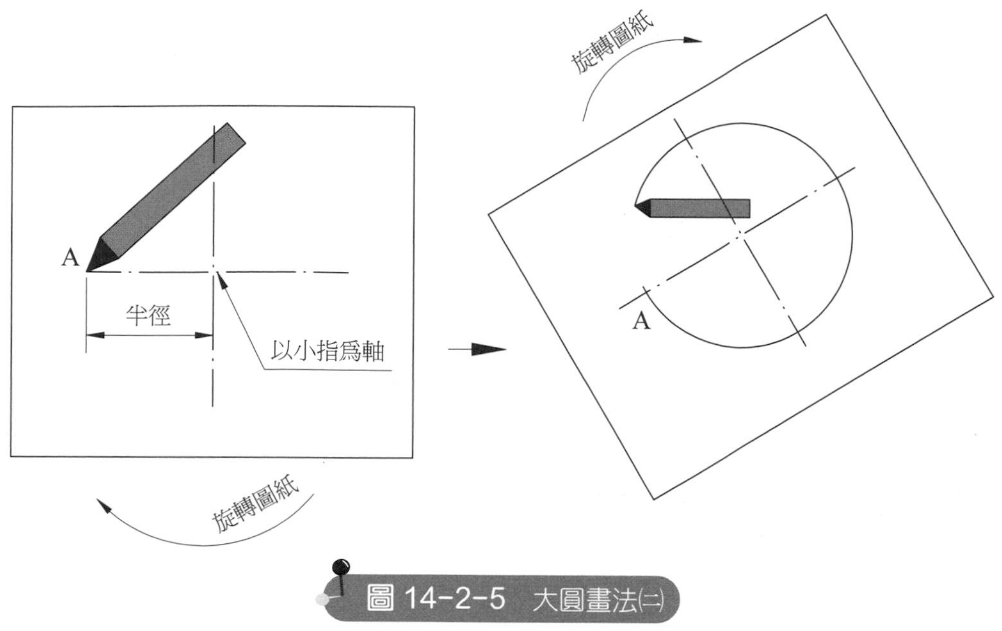

圖 14-2-5　大圓畫法㈡

5. 圓弧徒手畫法

⑴圓弧之畫法與畫圓相似，先定出兩條互相垂直相交之中心線，交點即為圓心，如圖 14–2–6 所示。

⑵若有必要時，則多加畫斜線，在這些中心線和斜線上定出圓之半徑大小，連接這些點，慢慢的圈出圓弧。

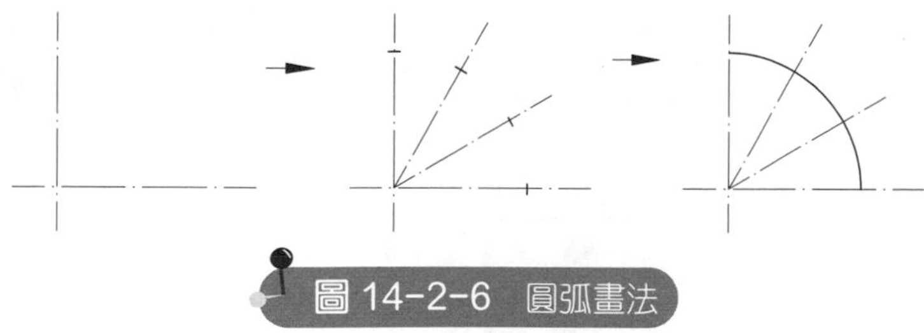

圖 14-2-6　圓弧畫法

6. 橢圓徒手畫法

⑴繪製橢圓時，先將橢圓之長短軸定出，且依據長短軸長繪出對稱矩形，兩長短軸之端點，慢慢將圓弧畫出，則所形成之曲線即為橢圓，如圖 14–2–7 所示。

⑵若要繪製等角橢圓，則在中心線上定出半徑，並依半徑大小將菱形畫出，最後過各半徑端點，將各點慢慢連接成橢圓。

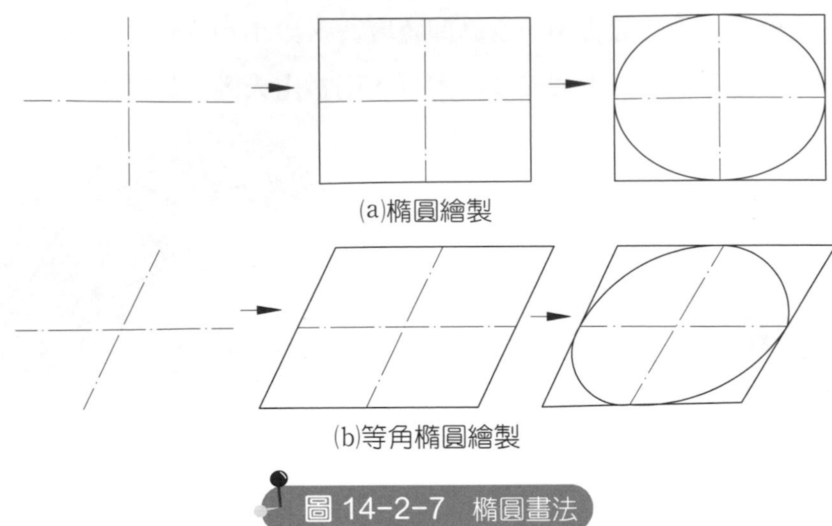

(a)橢圓繪製

(b)等角橢圓繪製

圖 14-2-7 橢圓畫法

14-3 立體圖之徒手畫畫法

1. 立體圖

⑴所謂立體圖是一個長方體的寬、高、深能在同一個視圖表達出，且其中任兩方向的線長，不在同一直線上，即能表達出立體圖的感覺。

⑵立體圖的種類依據投影之原理而有所分別，如表 14-3-1 所示。

表 14-3-1 立體圖之種類

投影原理	立體圖種類	立體圖示	投影原理	立體圖種類	立體圖示
正投影	等角圖		透視投影	一點透視圖	

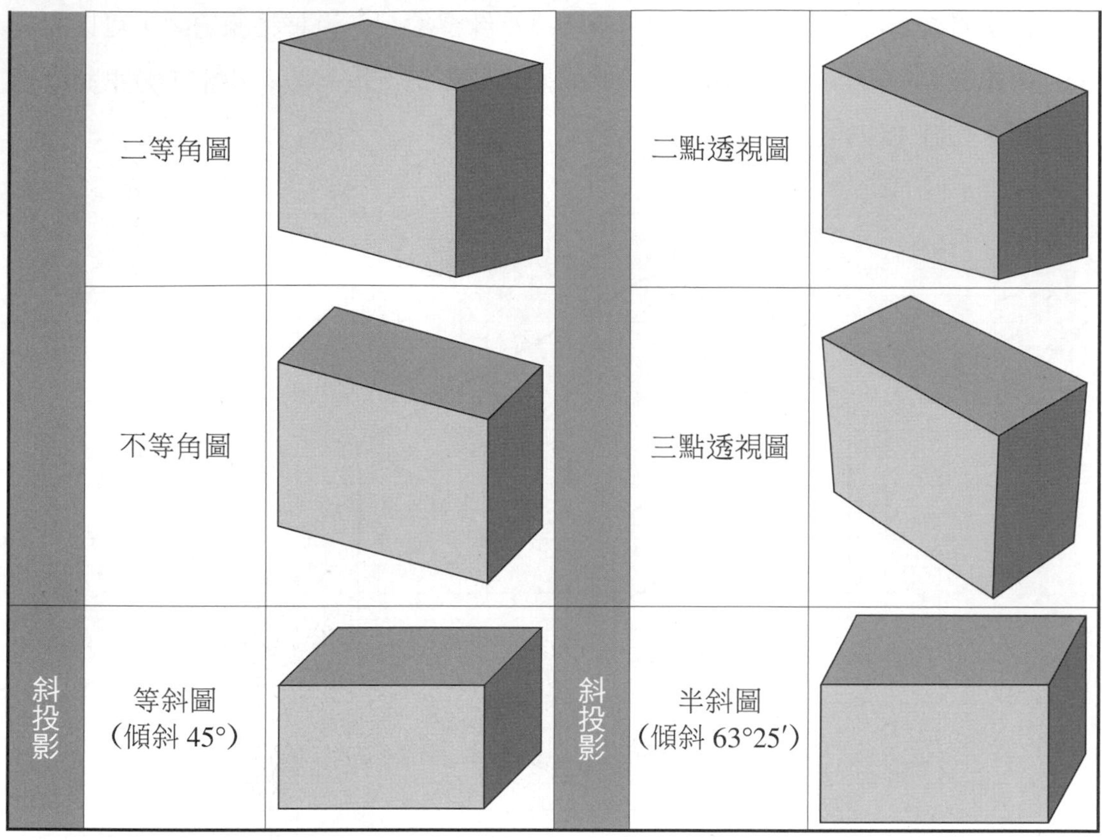

	二等角圖			二點透視圖	
	不等角圖			三點透視圖	
斜投影	等斜圖 (傾斜 45°)		斜投影	半斜圖 (傾斜 63°25′)	

2. **立體圖之徒手畫畫法**

⑴徒手畫能繪製各種立體圖，但通常以繪製等角立體圖居多，如圖 14–3–1 所示。

⑵繪製等角立體圖時，先畫出三條相交於一點，且互相夾 120° 的等角軸。

⑶在繪製立體圖前，應先考慮立體圖之正面，並確定物體寬度、高度和深度分別所屬之等角軸，依據物體之全寬、全高和全深，畫出包著此物體之方箱，再估計物體各邊細節之線長長度比，逐步完成各細節。

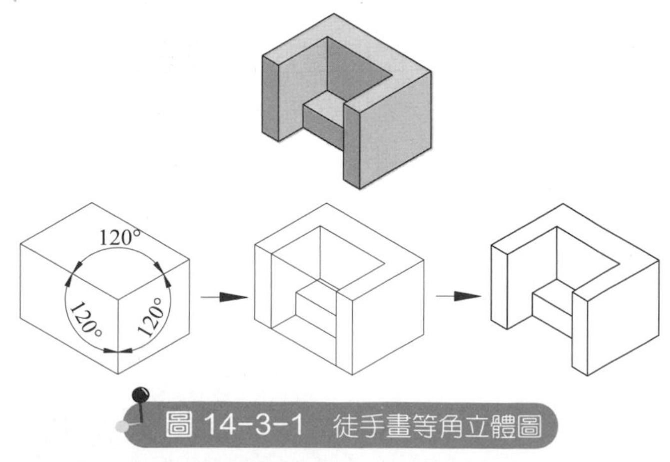

圖 14–3–1　徒手畫等角立體圖

(4)初學者繪製等角圖時，可以利用方格紙來練習繪圖，沿著格線繪製，可以使等角線或等角軸線不致偏轉，而且物體之外形線長可以格數來決定，效果非常理想，如圖 14–3–2 所示。

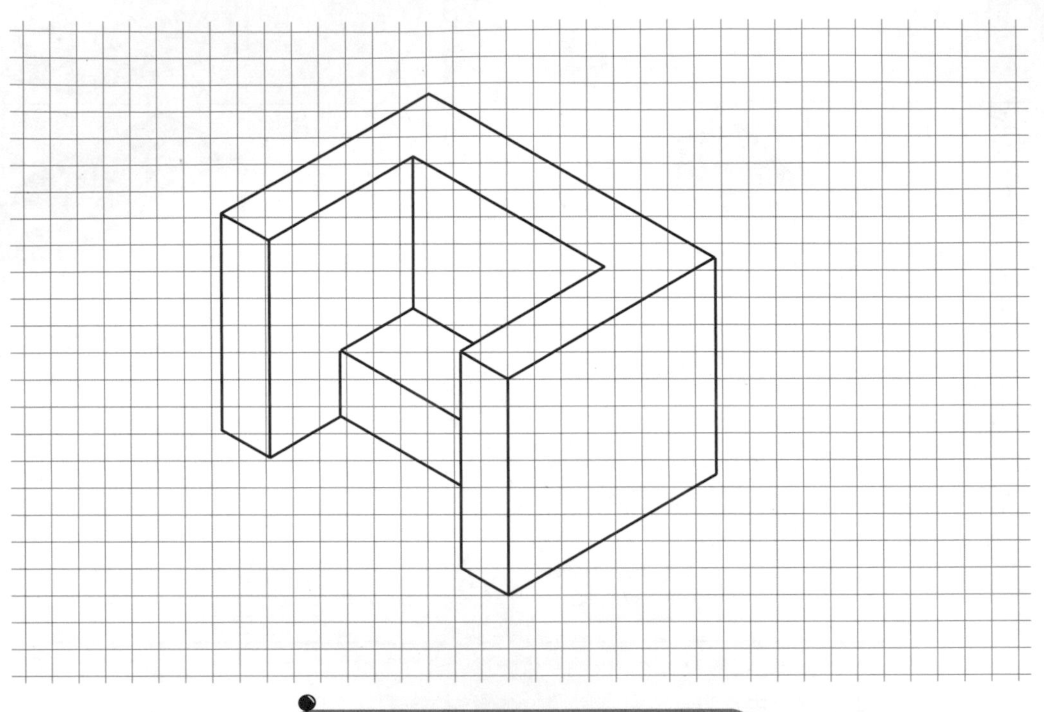

圖 14–3–2 利用方格紙畫等角圖

14－4 平面圖之徒手畫畫法

平面圖之徒手畫畫法要點

(1)徒手畫繪製平面圖時，首先需要考慮物體之正面，選用較能清楚表達物體形狀之視圖，決定圖面布圖，根據物體的全高、全寬和全深，以底圖畫出各視圖之最大外形尺寸，如圖 14–4–1 所示。

(2)接著定中心、畫中心線、圓和圓弧部分等，逐步將物體之外形繪出，則完成所需之視圖。雖然是利用徒手畫繪製，但線條之粗細、畫法還是要注意。

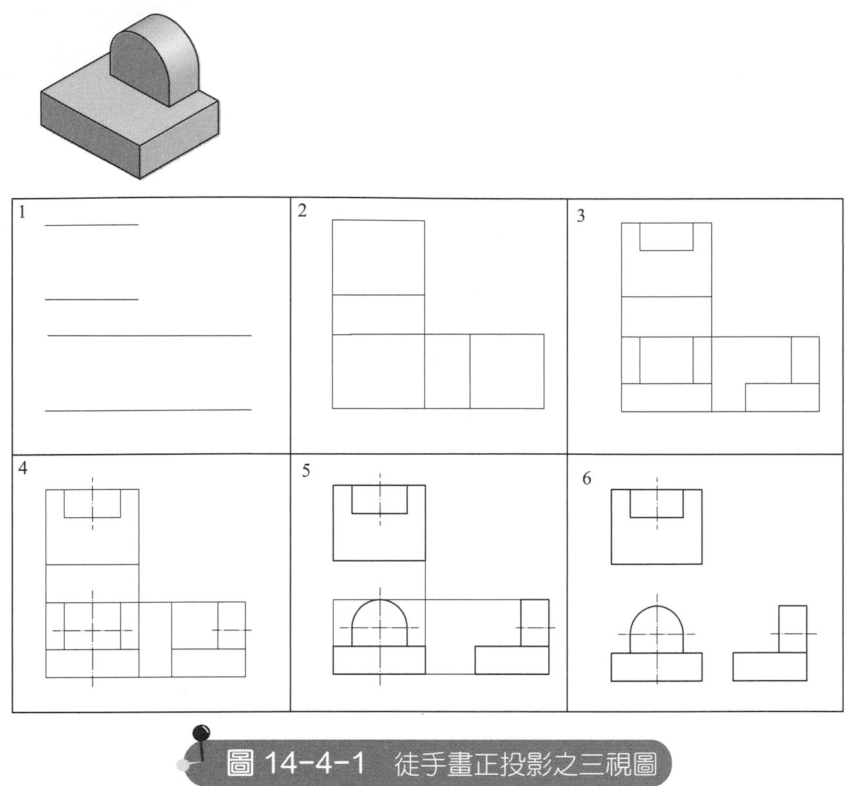

圖 14-4-1　徒手畫正投影之三視圖

(3)若為初學者，繪製平面圖時可利用方格紙來做練習，水平線和垂直線沿著方格紙畫，既方便又不容易偏斜，而且可利用方格紙格數來決定線長，圖面之各線條比例也會較正確、較接近實際物體之比例，如圖 14–4–2 所示。

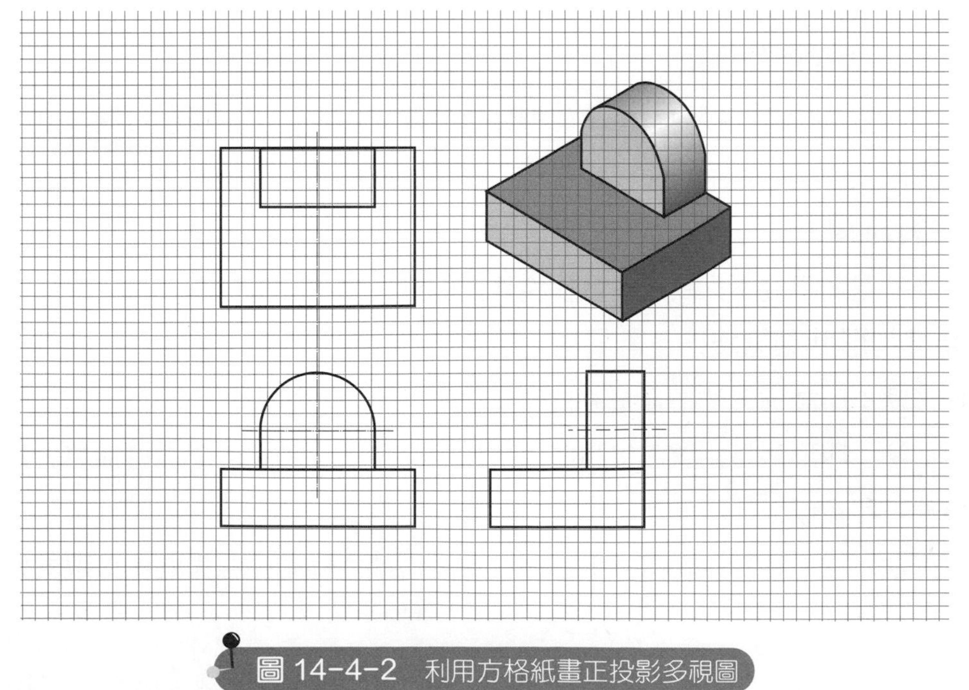

圖 14-4-2　利用方格紙畫正投影多視圖

14－5 實物測繪概述

1. 實物測繪

(1)依照實物，對於形狀、構造及作用，利用量具測量，以徒手繪其圖形。

(2)實物測繪須以量具測量，並標註尺寸、公差、加工符號、配合符號、材質等。

(3)實物測繪以徒手繪製之圖稱為草圖。

(4)實物測繪之範圍非常廣泛，大小機件皆適宜，必須使用量具量測。

2. 實物測繪工具

(1)方格紙或模造紙：常採用 A3 或 A4 模造紙或四開、八開之 1 mm 方格紙。

(2)鉛筆：HB 製圖用鉛筆。

(3)橡皮擦：使用軟性橡皮擦。

(4)畫板：大約四開大小之木板或三夾板。

(5)拆卸機件之工具：如各種扳手。

3. 測量工具之使用法

(1)目測機件形狀，以徒手繪或輔以描形法、印形法、取形法測繪。

(2)繪製機件形狀視圖後，下一步驟即標註尺度。

(3)標註尺度之大小前，必先使用量具測量。

(4)正確和快捷的使用適當量具測量。

4. 不規則曲線尺度的測量

(1)坐標法量測尺度：以印行法取得機件之曲線外形後，用坐標法量測尺度。

(2)用圓規找出曲線之中心線半徑：以印形法或取形法取得機件之曲線外形後，用圓規找曲線之中心半徑量測尺度。

(3)支距法量測尺度：以取形法取得機件之曲線外形後，以支距法量測尺度。

5. 輔助實物形狀測繪法

(1)描形法：所謂描形法是直接將機件覆在紙上，用鉛筆沿其外形繪出形狀。

(2)印形法：印形法是在欲取得圖形之機件表面塗上紅丹、印泥或機油等，然後將機件蓋印在紙上。印形法印出來的圖形，比例為 1：1。

(3)取形法：取形法乃係利用絲狀或線狀材料沿機件周圍曲線靠貼，以取其外形。

6. **測量注意事項**

(1)欲測量之表面需刮除乾淨，以獲得較正確之尺度。

(2)測量時量具及機件表面擦拭乾淨，以得精確尺度。

(3)依機件形狀及公差，選擇適用量具。

(4)測繪要考慮其配合尺度大小，兩配合機件都要量測。

7. **實物測繪注意事項**

(1)實物測繪須對測繪的機械詳細觀察。

(2)實物測繪須具備有機械相關知識。

(3)實物測繪分解時要考慮裝配。

(4)實物測繪分解後應依序排列。

(5)實物測繪分解、測繪、組立，應有系統的實施。

(6)實物測繪選用適當基準面。

(7)實物測繪組立時，各工件應洗淨，滑動部分加些潤滑劑。

8. **實物測繪製草圖注意事項**

(1)草圖又稱構想圖，以徒手繪製。

(2)實物測繪為以徒手繪製之草圖。

(3)徒手畫繪製之草圖所用的線條粗細須按製圖規定。

(4)徒手畫繪製之草圖，一般筆桿與水平紙面傾斜成 75° 以利繪圖。

9. **實物測繪製草圖之程序**

(1)觀察物件。

(2)選擇草圖類別。

(3)決定視圖之大小及排列位置。

(4)決定各中心線之位置，畫輪廓線、尺寸界線、尺寸線等。

(5)度量及標註尺寸。

(6)註解及標題欄書寫，最後核對全圖。

14－6 實物測繪常用量具

1. 直尺

⑴直尺又稱鋼尺，係在不鏽鋼片上刻畫標準長度的量具，如圖 14–6–1 所示。

⑵直尺可做長度量測、畫線及檢查真平度。

⑶直尺種類有 150 mm、200 mm、300 mm 等。

⑷鋼尺的最小量測範圍是 0.5～150 mm。

⑸公制直尺最小刻畫為 0.5 mm，英制直尺最小刻畫為 $\frac{1}{40}$ 吋。

⑹舊鋼尺量測不易準確，最可能的原因是尺端成圓角。

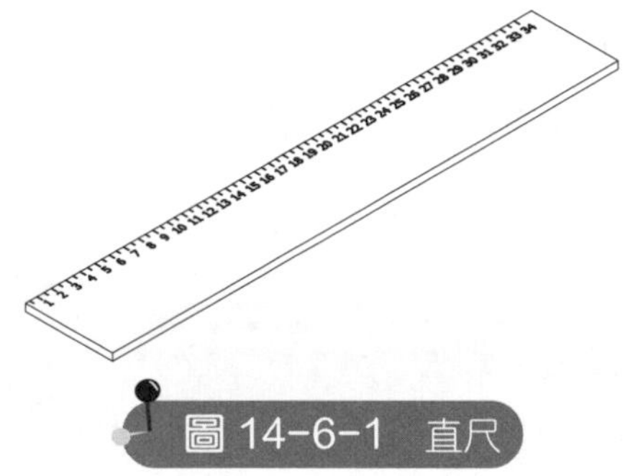

圖 14–6–1　直尺

2. 外卡及內卡

⑴外卡用於測量工件的外徑、長度及寬度，如圖 14–6–2 所示。

⑵內卡用於測量工件之內徑、長度，如圖 14–6–3 所示。

⑶使用外卡及內卡應鬆緊度適當，卡腳尖要對正。

⑷外卡及內卡兩卡腳張開寬度調整時，不得敲擊腳尖。

⑸外卡測量時，兩卡腳應和工件垂直，並以本身重量輕輕滑過工件為宜。

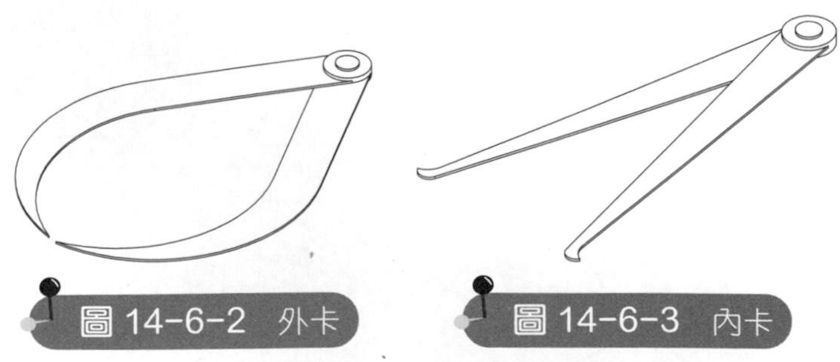

圖 14–6–2　外卡　　圖 14–6–3　內卡

3. 組合尺（複合角尺）（組合角尺）

(1)組合尺由 1 支直鋼尺及直角規、中心規、量角器等四件量規組合而成，如圖 14–6–4 所示。

(2)組合尺可作長度、角度及水平之度量。

(3)組合尺將直尺與直角規組合，可畫垂直線，量高度及 45° 角。

(4)組合尺直尺與中心規組合可求圓柱中心，最為方便。

(5)組合尺可作為深度規測量深度，水平儀校正角度等工作。

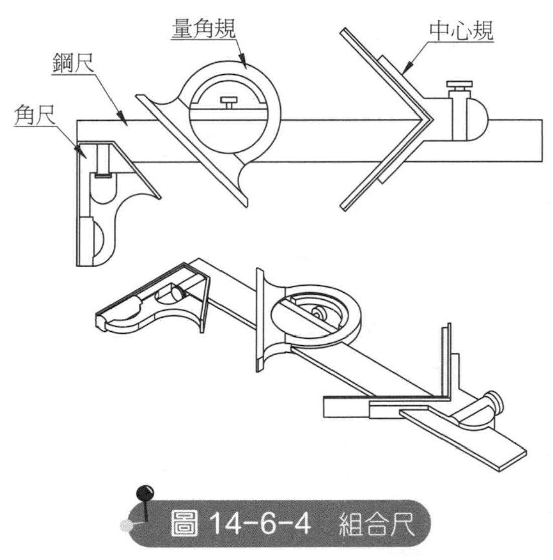

圖 14–6–4　組合尺

4. 游標卡尺

(1)游標尺設計原理：游尺刻度以本尺刻度 n – 1 格或 2n – 1 格，等分為 n 格，如圖 14–6–5 所示。

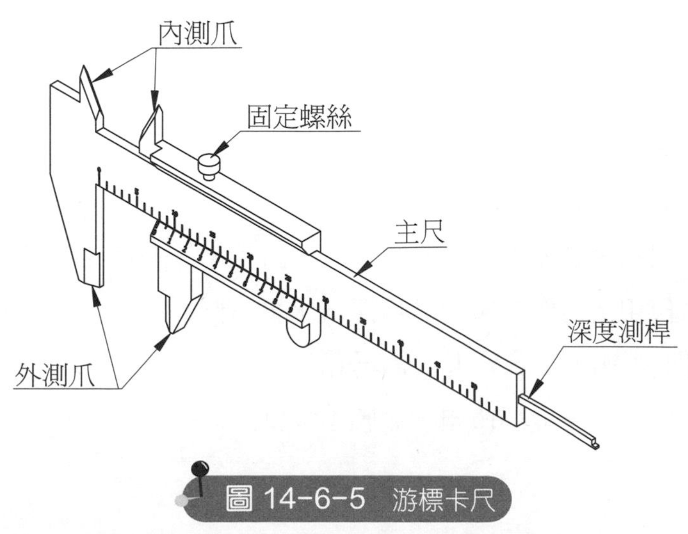

圖 14–6–5　游標卡尺

⑵游標尺精度公式：精度 $= \dfrac{\text{主(本)尺 1 格長}}{\text{副(游)尺格數}}$。

⑶常用游標尺種類：

(A) $\frac{1}{20}$mm (0.05 mm)：主尺每格為 1 mm，副尺取主尺 19 格長等分為 20 格，主尺 1 格與副尺 1 格相差 0.05 mm。

(B) $\frac{1}{20}$mm (0.05 mm)：主尺每格為 1 mm，副尺取主尺 39 格長等分為 20 格，主尺 2 格與副尺 1 格相差 0.05 mm。(較理想)

(C) $\frac{1}{50}$mm (0.02 mm)：主尺每格為 1 mm，副尺取主尺 49 格長等分為 50 格，主尺 1 格與副尺 1 格相差 0.02 mm。

(D) $\frac{1}{50}$mm (0.02 mm)：主尺每格為 0.5 mm，副尺取主尺 49 格長等分為 25 格，主尺 2 格與副尺 1 格相差 0.05 mm。

(E) $\frac{1}{50}$mm (0.02 mm)：主尺每格為 0.5 mm，副尺取主尺 24 格 (12 mm) 長等分為 25 格，主尺 1 格與副尺 1 格相差 0.02 mm。

⑷游標尺用途：測量內外直徑、內外長度、階梯長度、深度及畫線等。

5. **游標高度規(畫線臺)**

⑴游標高度規除了可量測工件高度外，還可用於畫線，如圖 14–6–6 所示。

⑵游標高度規由一帶基座主尺及帶碳化鎢刀口劃刀之游尺組合而成。

⑶利用游標原理之游標高度規精度可調整到 0.02 mm。

⑷游標高度規常附加裝置量表或電子液晶以利讀取，精度可調整到 0.01 mm。

⑸游標高度規配合平板，可以量測工件高度。

⑹游標高度規若裝上劃刀亦可當作零件加工時的畫線工具。

⑺游標高度規裝上測深附件，則可以用來進行孔深、凹槽深、階級差之量測。

6. **齒輪游標卡尺**

⑴齒輪游標卡尺利用游標卡尺原理，可做垂直及水平方向之測量。

⑵齒輪游標卡尺用於測量齒輪之弦齒厚(水平方向)及弦齒頂(垂直方向)。

7. **分厘卡(又稱測微器，千分卡，微分儀)**

⑴分厘卡設計原理：螺紋的應用，如圖 14–6–7 所示。

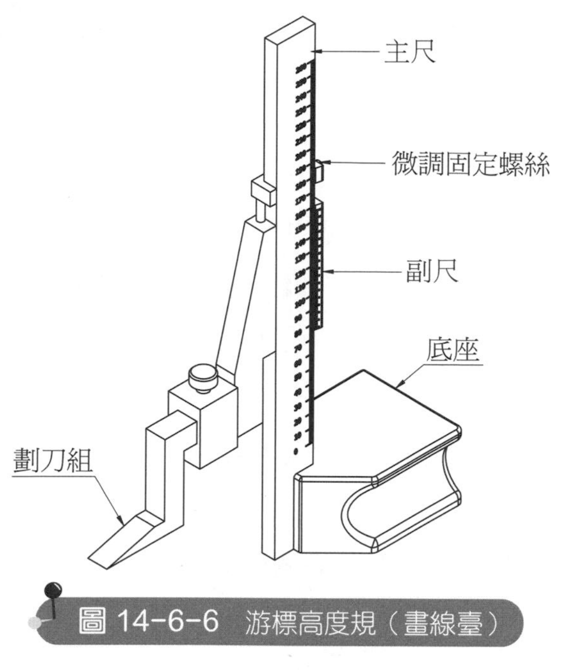

圖 14-6-6　游標高度規（畫線臺）

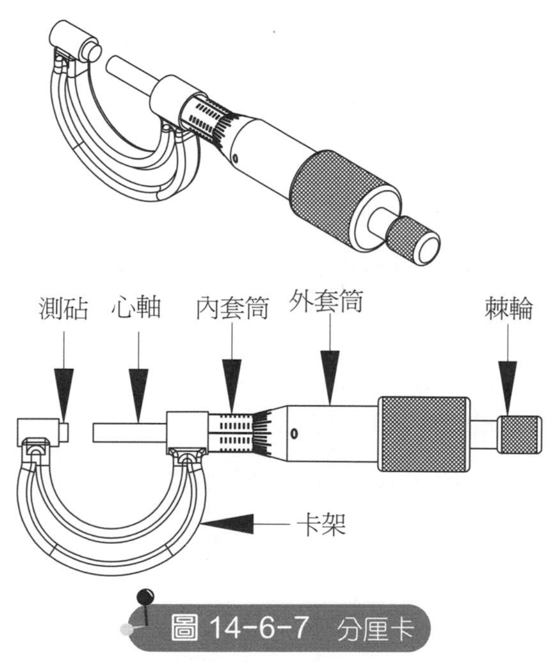

圖 14-6-7　分厘卡

⑵分厘卡精度 (R) = $\dfrac{\text{節距 (P)}}{\text{外套筒刻度數 (N)}}$。

⑶位移量：分厘卡節距 P，若移動 α 角時，其位移量為 $S = P \times \dfrac{\alpha}{2\pi}$ 或 $S = P \times \dfrac{\alpha}{360^\circ}$。

⑷分厘卡種類：

①公制外徑分厘卡：螺距 P = 0.5 mm，其外套筒邊緣上分為 50 格，則每格之精

度為 0.01 mm。分厘卡大小分 0～25 mm, 25～50mm, ……，每 25 mm 有一支。0～25 mm 分厘卡之測量範圍為 0.01～25 mm。

②英制外徑分厘卡：其螺距為 $P = \frac{1''}{40}$（每吋 40 牙）或 0.025″，故外套筒邊緣上分為 25 格，則每格之精度為 0.001 吋。

③內徑分厘卡：測量內徑或溝槽寬度。測量範圍由 5～25 (5～30) mm, 25～50 mm, ……，每 25 mm 一支，其中最小內孔測量值為 5 mm，與外徑分厘卡之刻畫上數字的表示順序方向相反。

④深度分厘卡：是直接測量深度量具，與內分厘卡之刻畫上數字的表示順序方向相同。

⑤三點式內徑分厘卡：是直接內孔測量最精密及有效的量具，範圍由 6～300 mm。

⑥ V 溝分厘卡：利用三測面的接觸以測量奇數鉸刀、螺紋攻、端銑刀，齒輪、栓軸等直徑。

⑦螺旋分厘卡：測量螺紋的節徑。

⑧圓盤分厘卡：測量大齒輪之跨齒距。

⑨圓錐分厘卡：測量兩孔中心距。

⑩尖頭分厘卡：測量鑽頭之鑽腹。

(5)分厘卡的檢驗：

①外觀及作用檢驗。

②平面度檢驗：利用精測塊規檢驗。

③平面度檢驗：利用光學平鏡檢驗。

④平行度檢驗：利用光學平鏡及精測塊規檢驗。

(6)使用分厘卡注意事項：

①使用前用軟質紙或細軟布輕輕擦淨主軸與砧座之測量面，並檢查測量面於密接後，套筒是否歸零。

②測量時將工作物置於主軸與砧座之間，盡量以雙手握持分厘卡以進行量測。

③砧座與工作物輕貼後旋轉棘輪以推進主軸，當棘輪彈簧鈕產生三響後再讀取尺寸。

④分厘卡使用時需作歸零調整。

⑤外分厘卡不使用時，必須將主軸與砧座之測量面分開，以防變形。

⑥可利用塊規或測長儀做校正工作。

⑦可用光學平板，或光學平板搭配塊規使用，以檢驗兩個量測面之平行度。

⑧可用光學平板以檢驗量測面的真平度。

⑨一般外分厘卡可加適當量測壓力的部位是棘輪停止器。

⑩外分厘卡之固定鎖的作用是限制主軸轉動。

8. **角尺（直角規）**

⑴角尺以薄的規片和粗的橫梁組成而形成正 90° 角，可畫一與平面或邊緣成垂直的直線。

⑵角尺用於檢驗工件平面的真平度最方便。

⑶角尺配合平板使用可檢驗工件垂直度。

9. **游標角度儀（萬能分角器）**

⑴游標角度儀係利用游標微分原理而構成精密角度測量。

⑵游標角度儀精度可測量到 5′ ($\frac{1°}{12}$) 的角度。

⑶游標角度儀種類：

⒜主尺每刻度為 1°，主尺取 11 格，分副尺為 12 格，主尺 1 格與副尺 1 格差 $1 - \frac{11°}{12} = \frac{1°}{12}$。

⒝主尺每刻度為 1°，主尺取 23 格，分副尺為 12 格，主尺 2 格與副尺 1 格差 $2 - \frac{23°}{12} = \frac{1°}{12}$。

⑷游標角度儀主尺分為四等分，每等分為 90°，即由 0°～90°～0°。游尺格數分為 24 刻度。(副尺以 0 為基準左右邊各 12 格，合計 24 格)

⑸游標角度儀測量範圍 0°～360°。

10. **正弦桿**

⑴正弦桿配合精測塊規、平板及量表，而利用三角正弦定理測量角度，如圖 14–6–8 所示。

⑵正弦桿可測量到 1′ 的精密角度。

⑶正弦桿欲測之傾斜角在 45° 以下為宜。

⑷製造正弦桿時兩圓柱之半徑要相等。

⑸正弦桿公式如下：

①墊一塊塊規： $H = L \cdot \sin\theta = L \cdot T$。

L：為正弦桿規格，T：錐度，θ = 角度。

②墊二塊塊規： h 高 = h 低 + $L \cdot \sin\theta$。

h：塊規所墊高度。

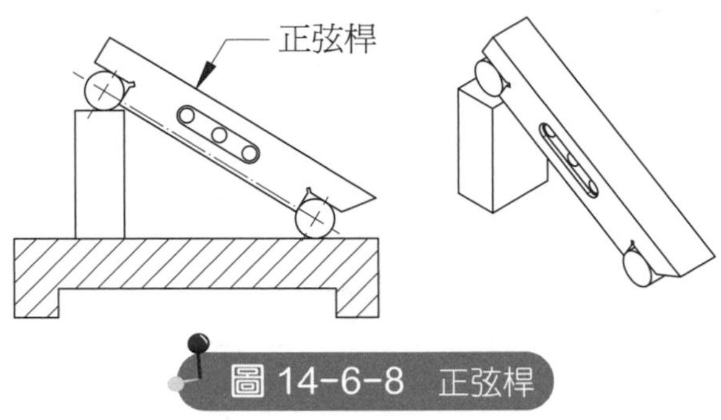

圖 14-6-8 正弦桿

11. 光學平板

⑴光學平板係利用單色光之光波干涉作用原理製成，主要測量工件或塊規之平面度。

⑵光學平板之單色光，以氦光最純，採用最多，每一色帶半個波長以 0.000295 mm 為測量單位。

⑶光學平板分類：

① 00 級：表面平度在 0.05 μm 以內。

② 0 級：表面平度在 0.1 μm 以內。

③ 1 級：表面平度在 0.2 μm 以內。

⑷光學平板之功用：

①測量平面度。

②測量工件兩點間之高度。

③測量錐度。

④測量平行度。

註：檢查分厘卡主軸與砧座平行度的光學平鏡每組四片，厚度不同。

⑸光學平板測量平面度注意事項：

①色帶為直線，且間隔要相等，表示為平坦面。

②色帶為彎曲，表示受驗面為不平坦面。

③色帶為同心圓，表示為圓球面。

12.**指示量表**

(1)指示量表為齒輪系放大作用之應用，精度可達 0.01 mm 或 0.001 mm。

(2)指示量表之功用：

①測量真平度、同心度、真圓度、垂直度、錐度等。

②檢查回轉心軸的偏心。

③對準夾具或工作物。

④比較尺寸大小。

(3)指示量表注意事項：

①圓弧形接觸點測軸未與工件擬定測量之軸線相對齊，或測軸未垂直於工件表面，會產生餘弦誤差，其誤差量與測軸偏角成正比。公式：S（正確值）= M（測量值）× $\cos\theta$（偏差角度）。

②平式接觸點測軸會產生正弦誤差。

③測量高度，壓縮量大時會產生接觸變形誤差。

④指示量表量測工件長度時，宜裝於磁性臺架使用。

⑤軸心或樞軸部分不可加潤滑油。

⑥指示量表之指針對零，最簡易之方式為旋轉針盤面。

13.**萬向槓桿量表**

(1)萬向槓桿為齒輪系放大及槓桿原理之應用，精度可達 0.01 mm 或 0.001 mm。

(2)萬向槓桿量表之功用：

①測量狹窄或深的內外部位、凹槽之內壁。

②測量孔之錐度、真直度、平行度或同心度。

③測量外垂直面、傾斜面。

④比較工件高度。

(3)萬向槓桿量表注意事項：

①測桿可作 240° 調節。

②測桿與工作物面所成的夾角應在 10° 以下，以免發生餘弦誤差。

14.**水平儀**

(1)水平儀用於檢查水平度及測知工件傾斜角度。

(2)水平儀內部為裝有酒精或乙醚之有適當曲率之玻璃管。

(3)水平儀精度有 0.02 mm/m、0.05 mm/m 及 0.1 mm/m 三種，其中以 0.02 mm/m 最常用。

⑷水平儀測量時，若工件水平，則氣泡會漂移至中間。

⑸水平儀測量時，若工件不水平，氣泡會漂移至較高處。

⑹測量高度差 = 精度 × 長度 × 漂移格數。

15.**精測塊規**

⑴精測塊規為一般精密計量之長度標準，以合金工具鋼料經淬火硬化與精密加工的長方形標準規。

⑵目前市面上精測塊規採用耐磨耗且較輕之精密陶瓷塊規為主。

⑶精測塊規種類：

① 00 (AA) 級（參照用）：精度誤差（在公稱尺寸 25 mm 以下）為少於 ±0.05 μm，用於光學測定或高精密實驗室，使用時維持室溫 20°C (68°F) 和 50% 的標準濕度且無塵的情況。

② 0 (A) 級（標準用）：精度誤差（在公稱尺寸 25 mm 以下）為 ±0.1 μm，用於工具檢驗室作精密量具的檢驗。

③ 1 (B) 級（檢查用）：精度誤差（在公稱尺寸 25 mm 以下）為 ±0.2 μm，用於一般量具檢驗。

④ 2 (C) 級（工作用）：精度誤差（在公稱尺寸 25 mm 以下）為 ±0.4 μm，用於現場，機械工廠中進行製造加工及檢驗工件。

⑷塊規組合要領：

①按所欲組合的尺寸數，選擇的塊規數愈少愈好。

②選擇要領應自最小單位（最右方）作為基數開始。

③組合時由厚而薄。

④拆卸時由薄而厚。

⑤使用前先用石油精將塊規上的油脂拭去。

⑥塊規之密接情形經過時間愈長則其吸著力愈大，不宜超過 1 小時以免脫離不易。

⑦塊規不用時要放置在密閉的盒內，並置於規定的 20°C 環境下保存。

⑧塊規要利用光學平鏡檢驗。

16.**卡規（U 形卡規；卡板）**

⑴卡規用以大量生產測定外徑或長度（外尺寸）。

⑵卡規不通過端係以塗紅色卡口與斜邊緣作為標誌。

(3)樣規表面鍍鉻，最主要目的是為增加硬度與耐磨性。

17.**環規（樣圈）**

(1)用以大量生產測定外徑（外尺寸）。

(2)環規不通端外周上有槽且有壓花作為標誌。

18.**塞規（樣柱）**

(1)用以大量生產測定孔的直徑（內尺寸）。

(2)塞規的不通過端係用紅色環與縮短測定面作為標誌。

(3)塞規的通過端較長。

19.**線規**

(1)用以測量金屬線之直徑。

(2)線規上小孔旁之數字表示金屬線之號數，代表一定尺寸。

(3)恰能通過其缺口者，即知該金屬線之號數。

20.**測厚規（厚薄規）**

(1)用以測量兩工件間之距離（間隙）。

(2)常用於測量配合件或汽門間隙。

21.**半徑規（圓弧規）**

(1)用於測量工件內外圓弧、弧面及半徑。

(2)常用於測量圓稜角之尺寸。

22.**光學比測儀**

(1)利用光學原理，可將物件放大 5000 倍以上。

(2)主要測量小件產品之輪廓、檢查曲面輪廓最為方便。

(3)投影比測儀（投影機）無法測量高度、厚度、深度、內孔、盲孔、螺旋角等。

習　題

PART A：依下列各立體圖，利用徒手畫畫出三視圖（比例 1:1）

1.

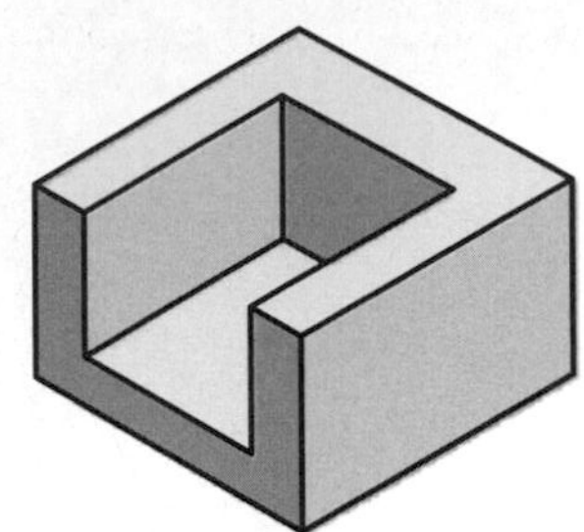

2.

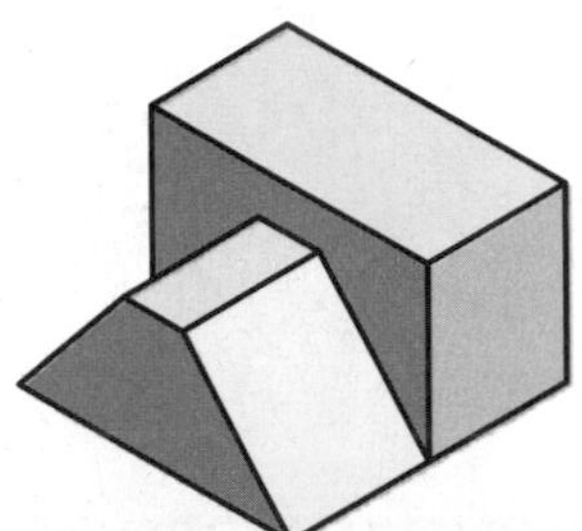

3.

4.

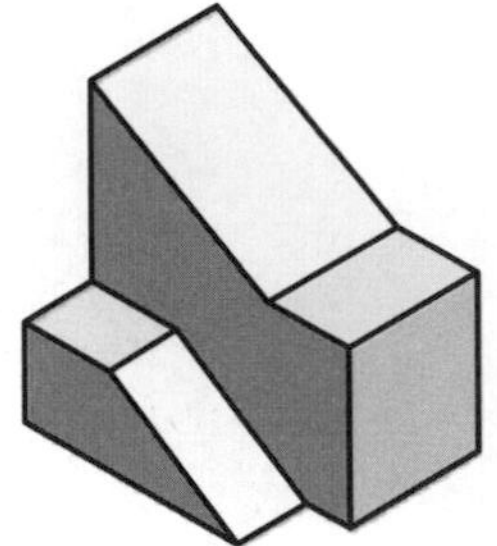

5.

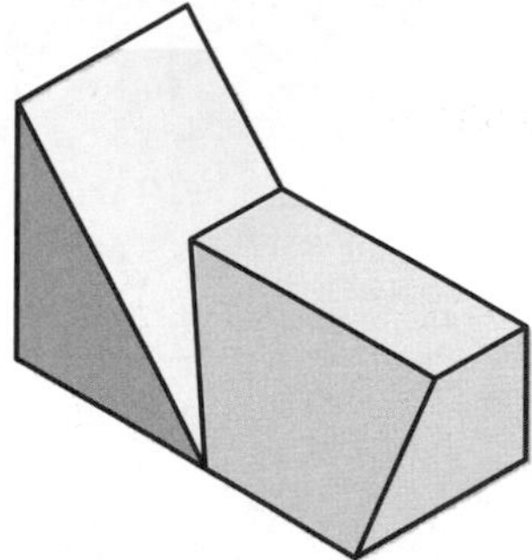

6.

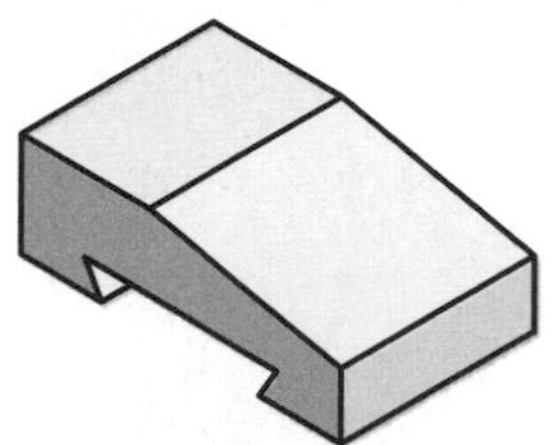

7.

8.

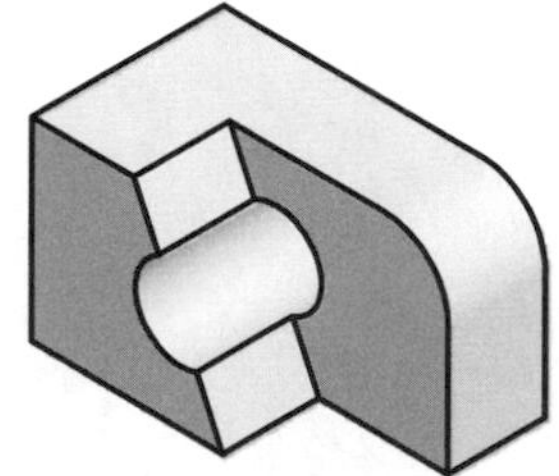

9.

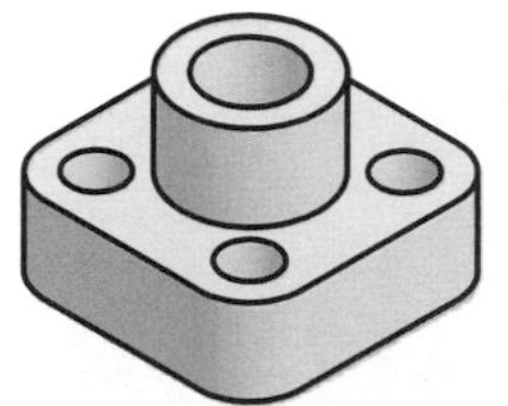

10.

11.

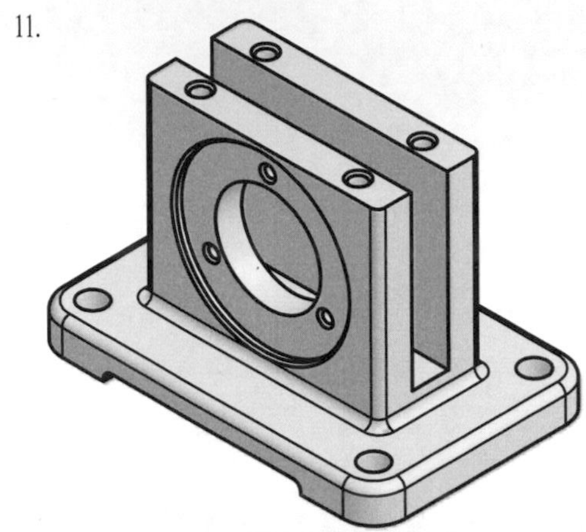

12.

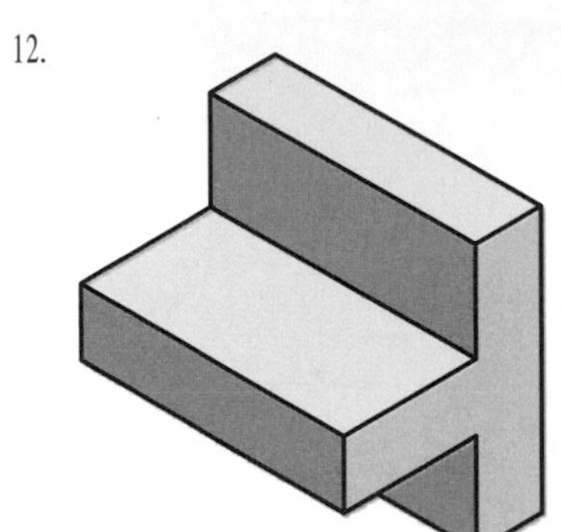

13.

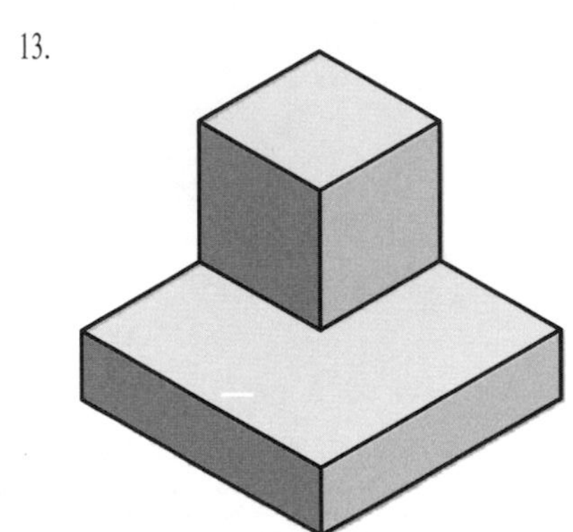

14.

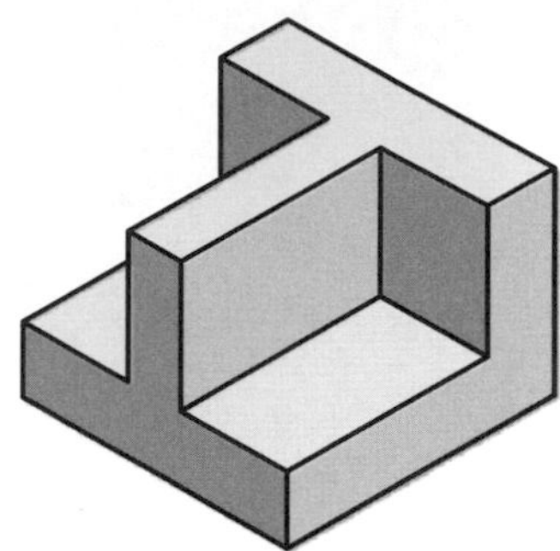

15.

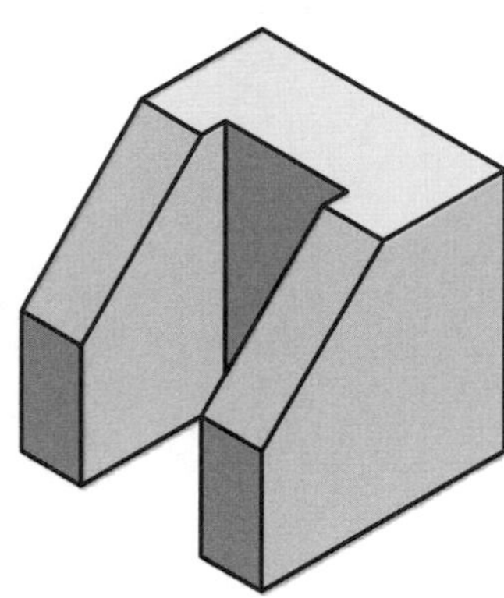

16.

17.

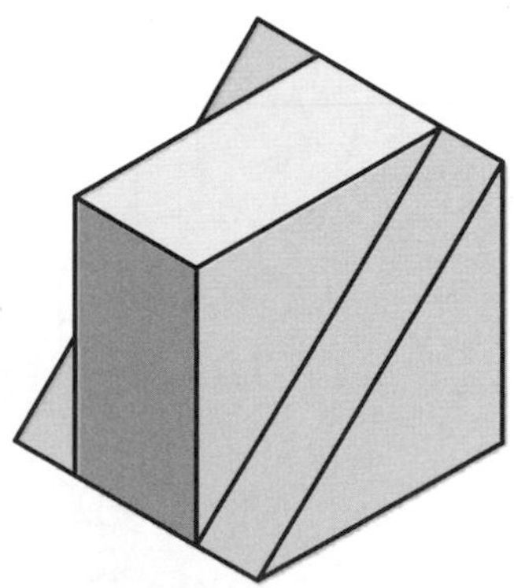

18.

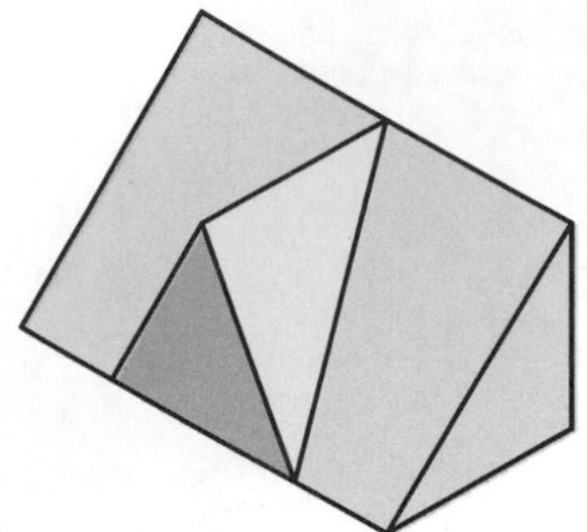

19.

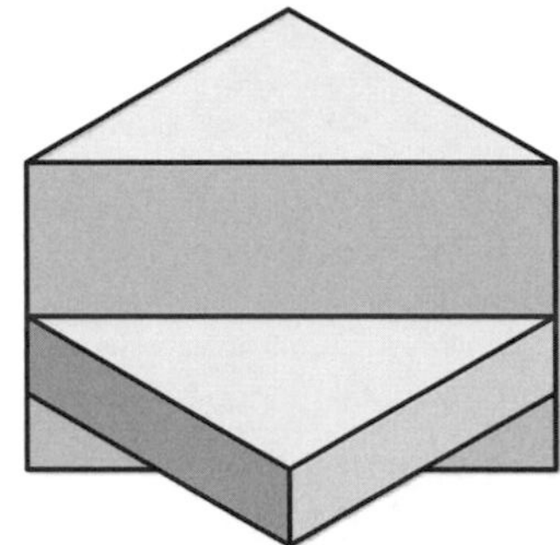

20.

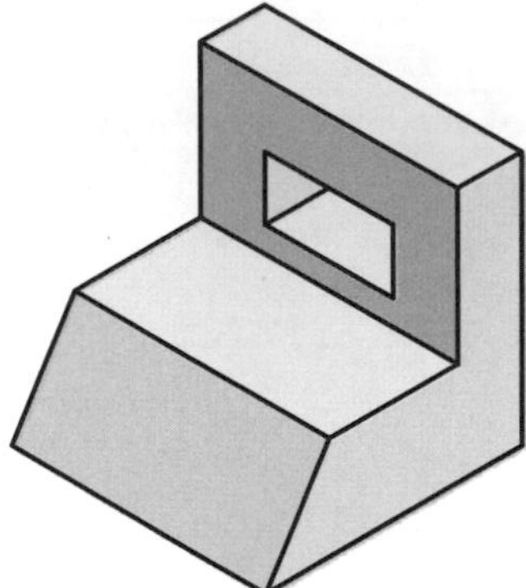

21.

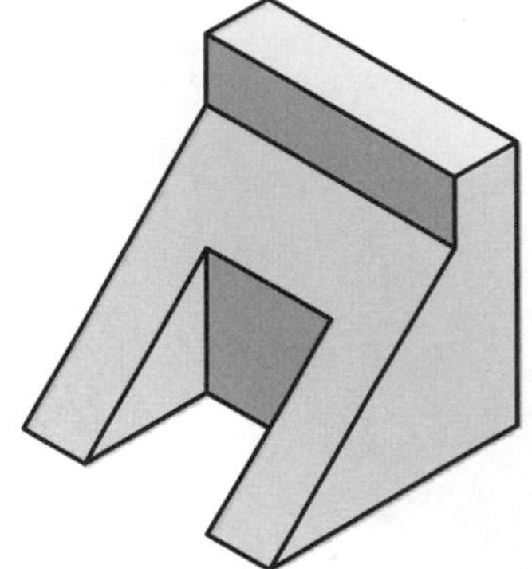

22.

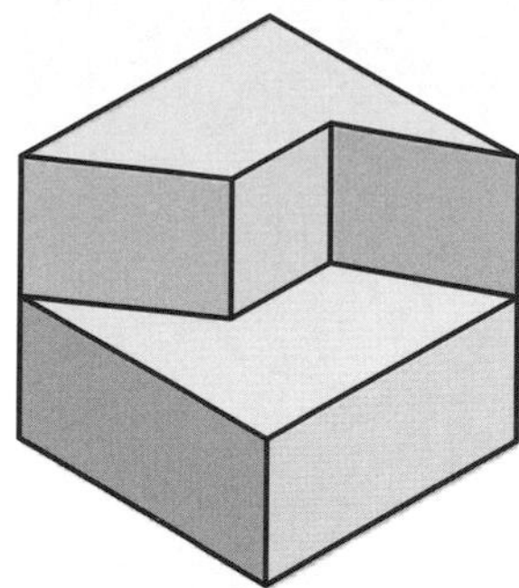

23.

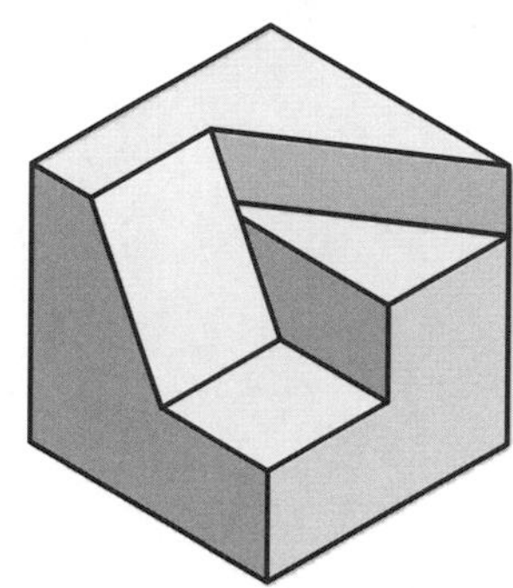

24.

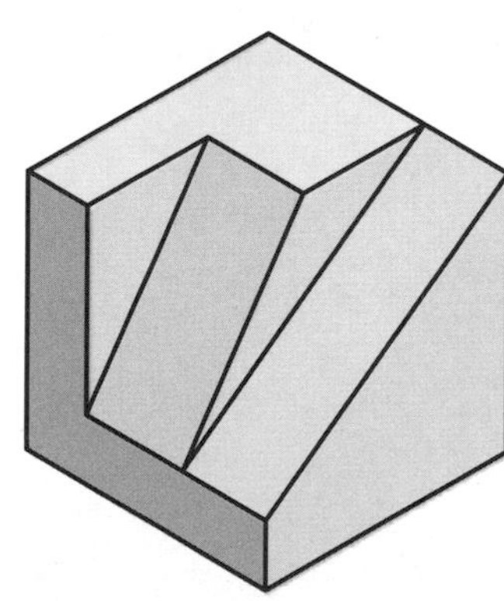

25.

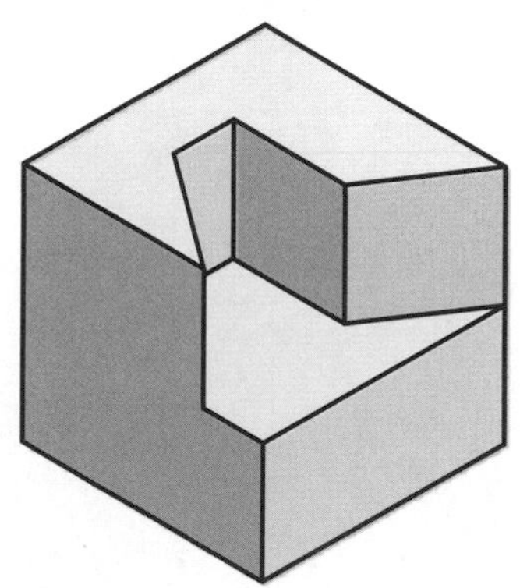

26.

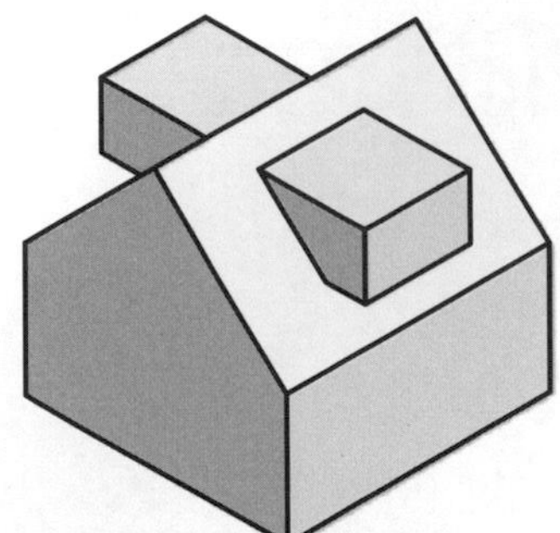

27.

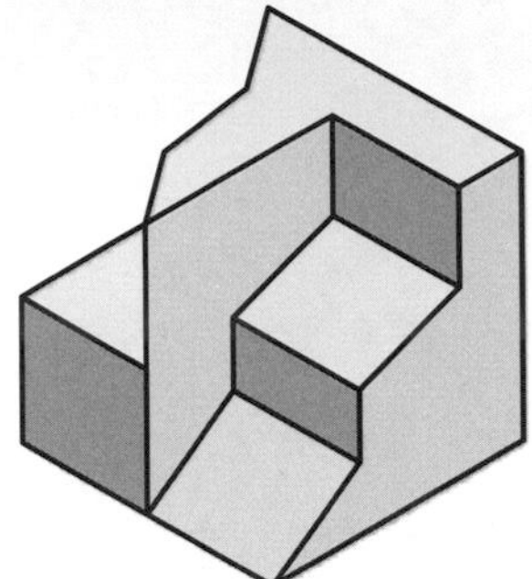

28.

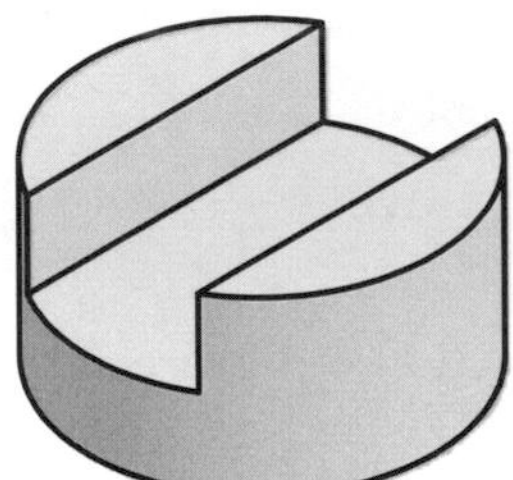

29.

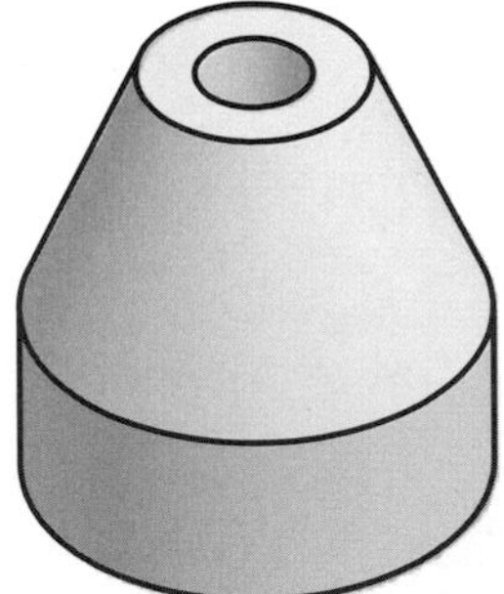

30.

31.

32.

33.

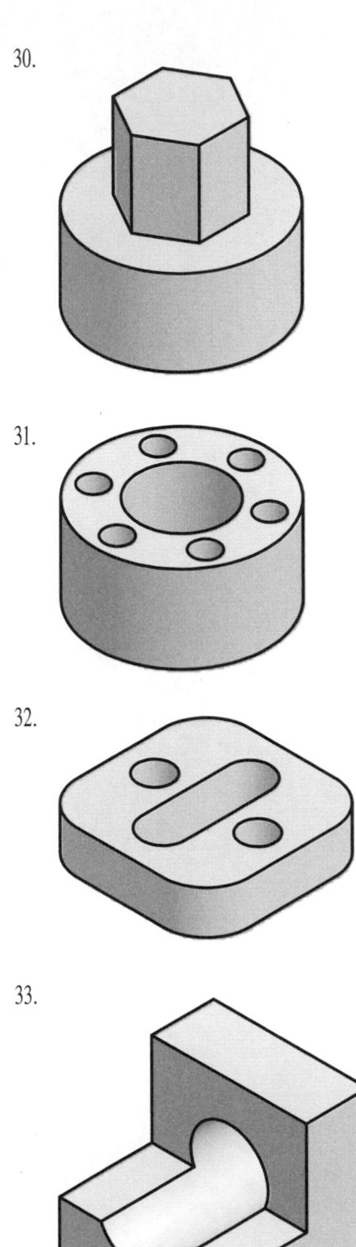

34.

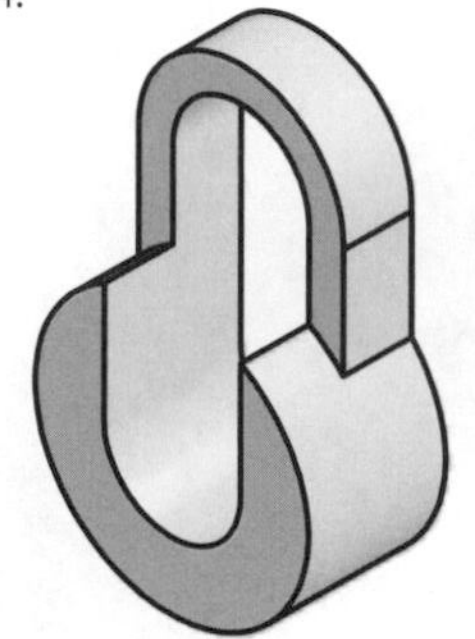

35.

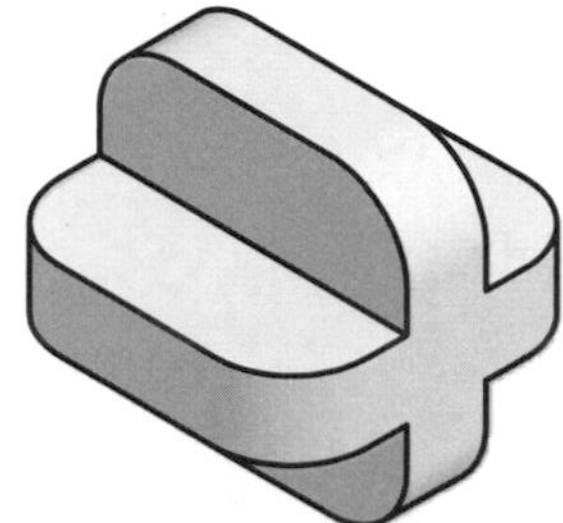

36.

37.

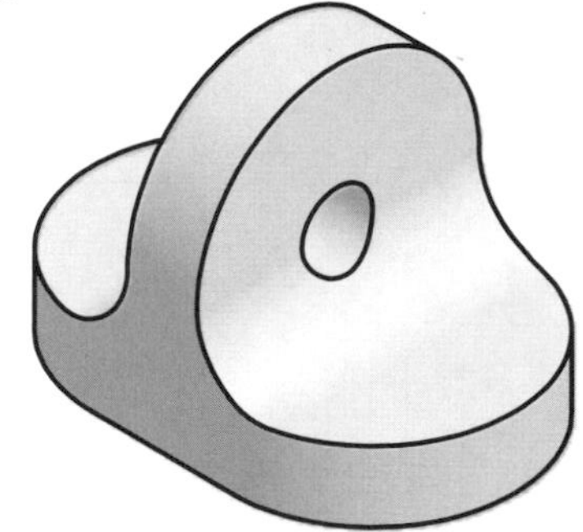

38.

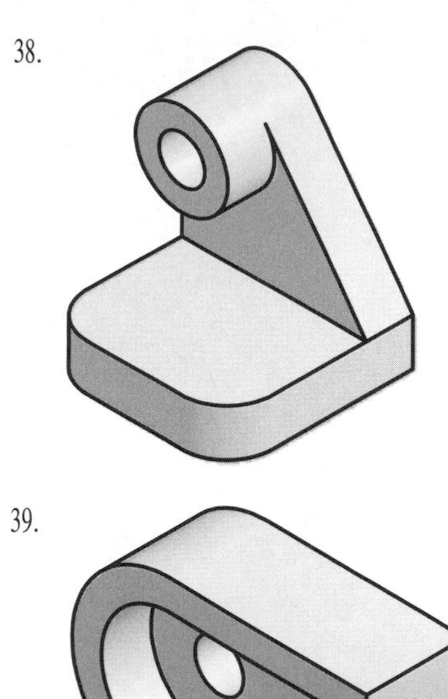

39.

PART B

1. 何謂徒手畫？試述其繪製特點。
2. 試述徒手畫的目的。
3. 試述線條之徒手畫畫法要點。
4. 何謂立體圖？立體圖之種類有哪些？
5. 簡述立體圖之徒手畫畫法。
6. 簡述平面圖之徒手畫畫法要點。
7. 何謂實物測繪？試述其繪製特點。
8. 實物測繪主要工具有哪些？
9. 實物測繪注意事項有哪些？
10. 試述實物測繪製草圖之程序。

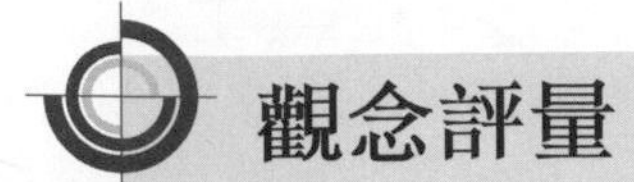

觀念評量

( ) 1. 公制鋼尺最小刻度為
(A) 1 (B) 0.5 (C) 0.1 (D) 0.01 mm。

( ) 2. 有關直尺的敘述，下列何者不正確？
(A)又稱鋼尺，係在不鏽鋼片上刻畫標準長度的距離 (B)可做長度量測、畫線及檢查真圓度 (C)直尺公制最小刻畫為 0.5 mm (D)主要規格尺寸有 100、150、200、300 mm 等。

( ) 3. 下列何者不是組合角尺 (Combination Square Set) 的構件？
(A)樣規 (B)中心規 (C)直角規 (D)角度規（量角器）。

( ) 4. 有關組合角尺（複角尺）可以做的工作，下列敘述何者不正確？
(A)直角尺可做的工作都可以 (B)檢查高度 (C)求圓桿中心 (D)畫圓。

( ) 5. 游標尺精密度可量至
(A) 0.05 mm (B) 0.02 mm (C) 0.01 mm (D) 0.005 mm。

( ) 6. 特製的齒用游標卡尺是檢驗齒輪的
(A)齒間 (B)弦齒厚 (C)弦齒根 (D)齒腹。

( ) 7. 游標卡尺不可用來進行下列何項量測工作？
(A)外側尺寸 (B)階段尺寸 (C)真直度 (D)深度。

( ) 8. 下列何者游標尺的精度不為 $\frac{1}{50}$ mm？
(A)本尺一格為 1 mm，49 格作游尺之 50 格 (B)本尺一格為 0.5 mm，24 格作游尺之 25 格 (C)本尺一格為 1 mm，99 格作游尺之 100 格 (D)本尺一格為 0.5 mm，49 格作游尺之 25 格。

( ) 9. 有關游標卡尺，下列敘述何者正確？
(A)若本尺一格 1 mm，游尺取本尺 49 格分成 50 等分，則最小讀數為 0.01 mm (B)若本尺一格 0.5 mm，游尺取本尺 24 格分成 25 等分，最小讀數為 0.02 mm (C)若本尺一格 1 mm，游尺取本尺 19 格分成 20 等分，則最小讀數為 0.02 mm (D)若本尺一格 0.5 mm，游尺取本尺 49 格分成 50 等分，則最小讀數為 0.05 mm。

(　) 10.有關量具之使用，下列敘述何者不正確？
⑷塊規可用於校驗游標卡尺及分厘卡　⑻塊規之平面度校驗，可以光學平鏡配合單色光照射加以實現　⑹游標高度規無法加裝量表作平行度量測　⑼分厘卡無法量測工件之二維輪廓尺寸。

(　) 11.下列量具何者可作歸零調整？
⑷游標卡尺　⑻鋼尺　⑹分厘卡　⑼角尺。

(　) 12.下列何者不是外分厘卡的重要特性？
⑷量具本身非常精確　⑻磨損尚可歸零調整　⑹可量測工件外徑　⑼可測量工件槽寬。

(　) 13.一般分厘卡指示 0.5 公厘的尺寸是刻於
⑷外套筒　⑻襯筒　⑹卡架　⑼主軸。

(　) 14.一公制外徑分厘卡其精密螺桿螺距為 0.5 mm，在襯筒上無游標刻度，若分厘卡外套筒上等分割 50 格，下列敘述何者為不正確？
⑷此分厘卡的精度為 0.01 mm　⑻在 0 到 100 mm 的量測尺寸內，存在量測範圍各為 25 mm 的 4 種不同形式之外徑分厘卡　⑹此分厘卡係利用螺紋運動原理達成量測功能　⑼當外套筒旋轉一圈，心軸伸或縮 1 mm。

(　) 15.如圖之分厘卡（又稱測微器），其主尺精度為 0.5 mm；外套筒一圓周劃分成 50 等分，當外套筒旋轉一圈時，其測頭移動一個主尺精度。此外，在外套筒 9 格相等距離之襯筒設有 10 等分之水平刻畫；試問本分厘卡目前之讀數為多少 mm？(以圖中之圓點為基準)
⑷ 6.313　⑻ 6.323　⑹ 6.333　⑼ 6.343。

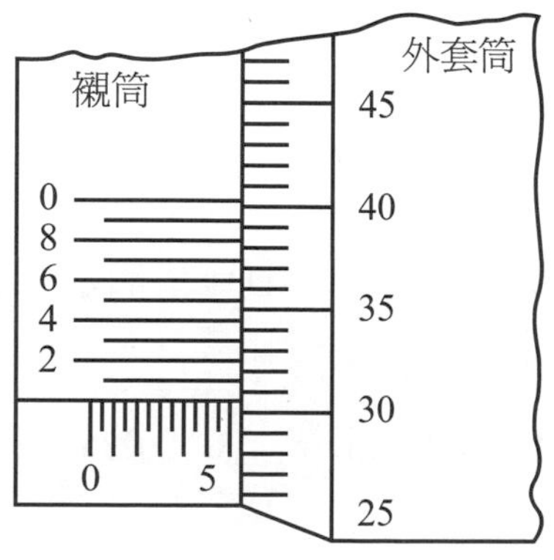

( ) 16.使用 200 公厘之正弦桿,量得之角度為 30°,如較低一端之塊規厚 50 公厘,則較高一端厚應為多少公厘?

(A) 75 (B) 100 (C) 150 (D) 200。

( ) 17.利用正弦桿測量工作錐度,須配合量具為

(A)塊規 (B)塊規、平臺 (C)塊規、平臺、指示量表 (D)塊規、平臺、指示量表、直角規。

( ) 18.正弦桿用來測量工件之

(A)平行度 (B)垂直度 (C)角度 (D)平面度。

( ) 19.正弦桿利用塊規疊合成適當高度時,以量表檢驗待測工件斜面使保持水平,將此高度除以正弦桿兩圓柱中心距,即為此待測工件角度之正弦值。若是正弦桿兩圓柱之半徑不相等時,此角度量測即會有誤差發生,試問此項誤差發生原因來自下列何者?

(A)量具設計誤差 (B)量具功能誤差 (C)量具調整誤差 (D)量具製造誤差。

( ) 20.下列何者不具有相同的量測項目?

(A)萬能量角器 (Universal Bevel Protractor) (B)自動視準儀 (Autocollimator) (C)正弦桿 (Sine Bar) (D)測長儀 (Universal Measuring Apparatus)。

( ) 21.下列何種量測儀器係利用光波干涉原理,執行檢測工件表面的平坦狀態?

(A)光學平板 (B)光學投影比較儀 (C)表面粗度儀 (D)工具顯微鏡。

( ) 22.指示量表不可用於下列何項量測工作?

(A)量測真圓度 (B)量測垂直度 (C)量測表面粗糙度 (D)高度比較式量測。

( ) 23.指示量表之測軸未與工件面垂直,由圓弧形接觸點所造成之誤差是

(A)正弦誤差 (B)正切誤差 (C)餘弦誤差 (D)餘切誤差。

( ) 24.有關水平儀,下列敘述何者不正確?

(A)常用的有氣泡式(又稱酒精式)與電子式兩種 (B)適用於大角度的量測 (C)可檢驗機械或平臺的真平度 (D)可量測平臺的真直度。

( ) 25.公制水平儀玻璃管上每一刻畫尺寸是

(A) 0.02 mm/cm (B) 0.02 mm/m (C) 0.02 cm/m (D) 0.02 mm/mm。

(　) 26.有關量測，下列敘述何者正確？

⒜以精度 0.002 mm 之分厘卡量測鉋床加工件　⒝以精度 0.02 mm 之游標尺可測出 5.35 mm 之車床加工件　⒞以精度 0.001 mm 之量表校正車床以四爪夾持圓柱胚料　⒟以精度 0.5 mm 之鋼尺量測一般鑄件尺寸。

(　) 27.有關長度塊規，下列敘述何者不正確？

⒜精度分三級　⒝尺寸基數有 1 mm 與 2 mm　⒞尺寸選用由小至大　⒟組合方式有旋轉法與堆疊法。

(　) 28.檢驗間隙之量規為

⒜厚薄規　⒝環規　⒞塞規　⒟線規。

(　) 29.下列量具，何者較適合進行工件輪廓形狀之量測？

⒜游標卡尺　⒝角度塊規　⒞光學投影機　⒟多面稜規。

(　) 30.使用量具量測工件，為避免誤差，下列敘述何者為不正確？

⒜工件中心線應與量具軸線重合或成一直線　⒝視線應與量具刻畫線垂直　⒞量測環境溫度應保持在 20°C 以上　⒟手握持工件及量具的時間愈短愈好。

Memo

常用機件繪製

15–1　螺紋表示法

15–2　栓槽軸及轂表示法

15–3　滾動軸承表示法

15–4　齒輪表示法

15–5　蝸桿與蝸輪表示法

15–6　齒條表示法

15–7　齒之方向與齒輪組合表示法

15–8　常用彈簧之表示法

15–9　鍵與銷表示法

15－1 螺紋表示法

1.外螺紋表示法

⑴在前視圖中，螺紋大徑、去角部分及完全螺紋範圍線均用粗實線表示，螺紋小徑用細實線表示，不完全螺紋部分可省略之。

⑵剖視圖中，剖面線應畫到螺紋大徑。

⑶在端視圖中，螺紋大徑之圓用粗實線表示，螺紋小徑之圓則用細實線表示，但須留缺口約四分之一圓。此四分之一圓缺口可以在任何方位，一端稍許超出中心線，另一端則稍許離開中心線。

⑷如有去角，不畫去角圓，而缺口圓依舊，如圖 15–1–1 所示。

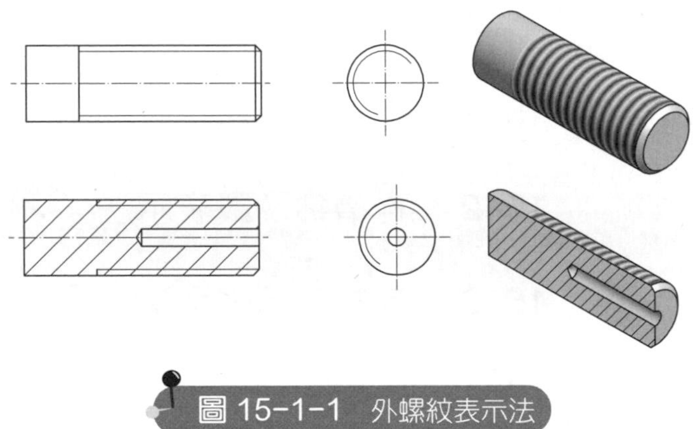

圖 15–1–1　外螺紋表示法

2.內螺紋表示法

⑴在前視剖視圖中，螺紋小徑及螺紋範圍線均用粗實線表示，螺紋大徑則用細實線表示。

⑵剖面線應畫到螺紋小徑。

⑶在端視圖中，螺紋小徑之圓用粗實線表示，螺紋大徑之圓則用細實線表示，但須留缺口約四分之一圓。此四分之一圓缺口可以在任何方位，一端稍許超出中心線，另一端則稍許離開中心線，如圖 15–1–2 所示。

⑷必要時可在螺孔口加繪去角，如圖 15–1–3 所示。

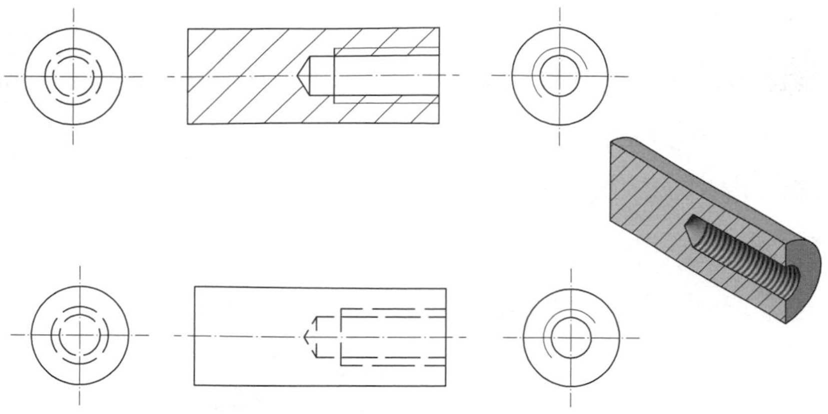

圖 15-1-2　內螺紋表示法

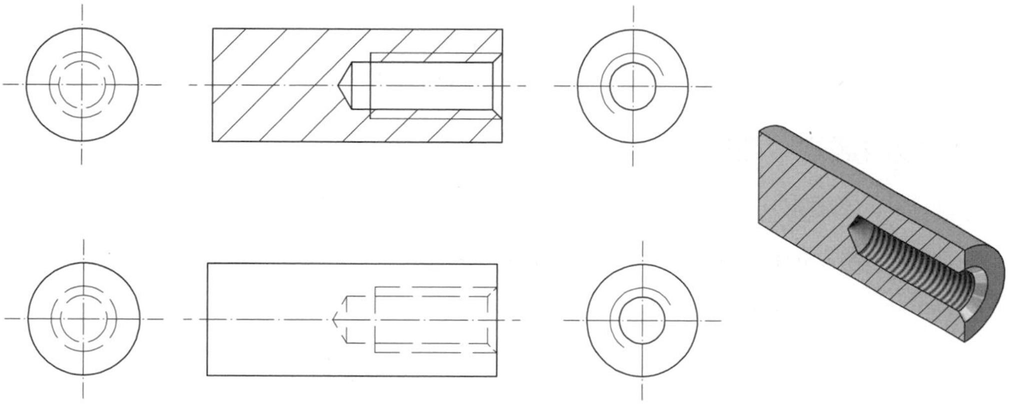

圖 15-1-3　內螺紋螺孔口加繪去角

3. 內外螺紋組合表示法

⑴內外螺紋組合亦即將內螺紋與外螺紋組合而成。

⑵在組合剖視圖中，內螺紋之含有螺釘部分其剖面線只畫到螺釘大徑為止，如圖 15-1-4 所示。

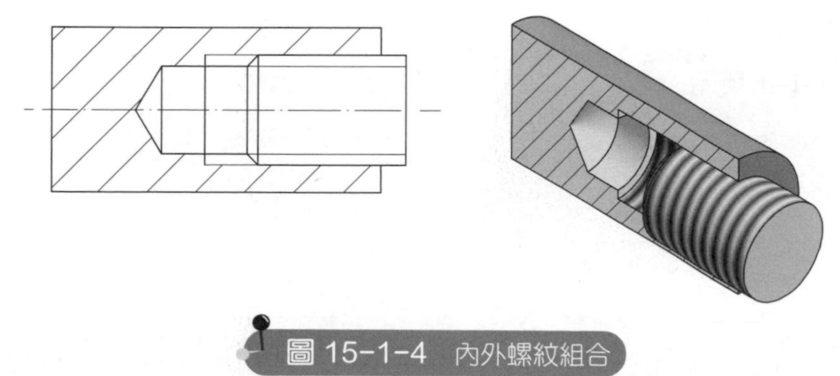

圖 15-1-4　內外螺紋組合

4.螺紋內嵌表示法

⑴螺紋內嵌本身含有一個外螺紋與一個內螺紋。

⑵在剖視圖中，除須將所鑽的孔表示出來以外，螺紋內嵌之外螺紋只須畫出其大徑粗實線，內螺紋則依照一般畫法，畫出細實線之大徑與粗實線之小徑，如圖 15–1–5 所示。

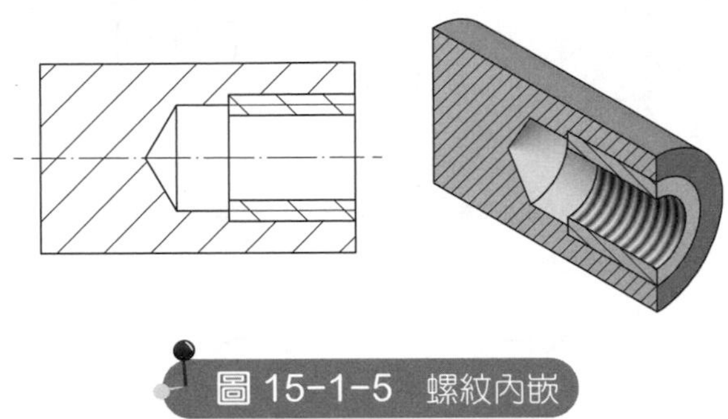

圖 15–1–5 螺紋內嵌

5.含有螺紋內嵌之螺紋組合表示法

在組合剖視圖中，螺紋內嵌之剖面線畫法，亦如一般含有螺釘部分的內螺紋剖面線畫法，如圖 15–1–6 所示。

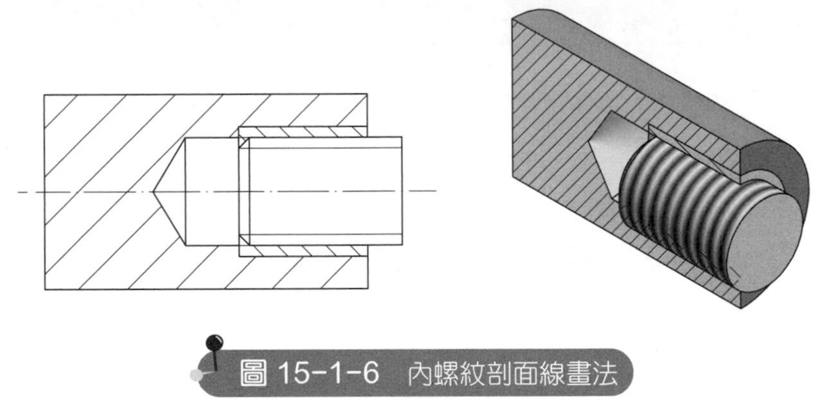

圖 15–1–6 內螺紋剖面線畫法

6.螺紋標註

如表 15–1–1 所示。

表 15-1-1　常用螺紋標稱

螺紋形狀	螺紋名稱	螺紋符號	螺紋標稱例
三角形螺紋	公制粗螺紋	M	M8
	公制細螺紋		M8 × 1
	木螺釘螺紋	WS	WS.4
	韋氏管子螺紋	R	R1/2
	自攻螺釘螺紋	TS	TS3.5
梯形螺紋	公制梯形螺紋	Tr	Tr40 × 7
	公制短梯形螺紋	Tr.S	Tr.S48 × 8
鋸齒形螺紋	公制鋸齒形螺紋	Bu	BU40 × 7
圓頂螺紋	圓螺紋	Rd	Rd40 × 1/6

7. 螺釘及螺帽表示法

常用螺釘及螺帽表示法，如表 15-1-2 所示。

表 15-1-2　常用螺釘及螺帽習用表示法

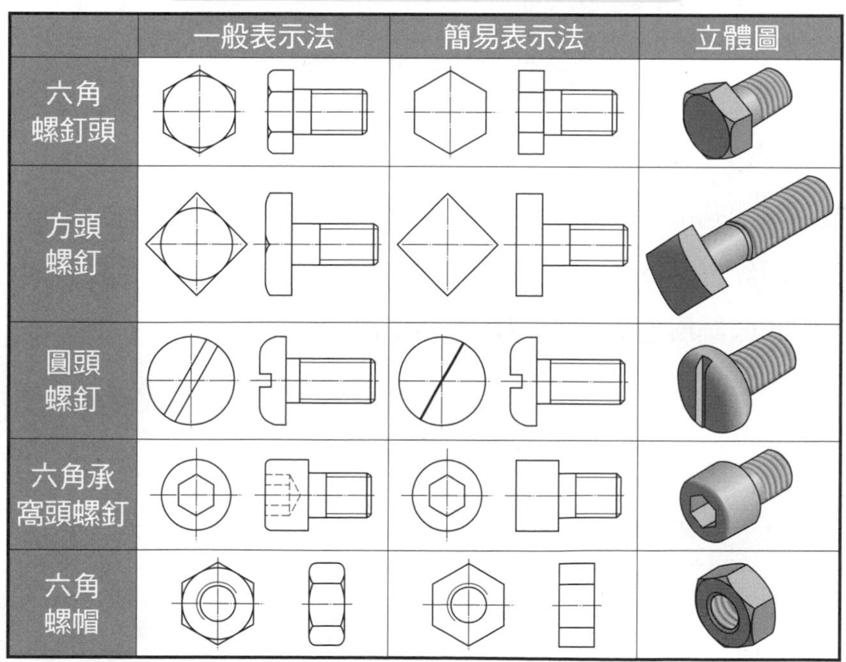

	一般表示法	簡易表示法	立體圖
六角螺釘頭			
方頭螺釘			
圓頭螺釘			
六角承窩頭螺釘			
六角螺帽			

15－2 栓槽軸及轂表示法

1. 栓槽軸

⑴栓槽軸在前視圖中表示槽底之線須用粗實線。

⑵栓槽軸端視圖中可在正上方畫出二或三個齒形，外圓用粗實線，內圓用細實線，如圖 15–2–1 所示。

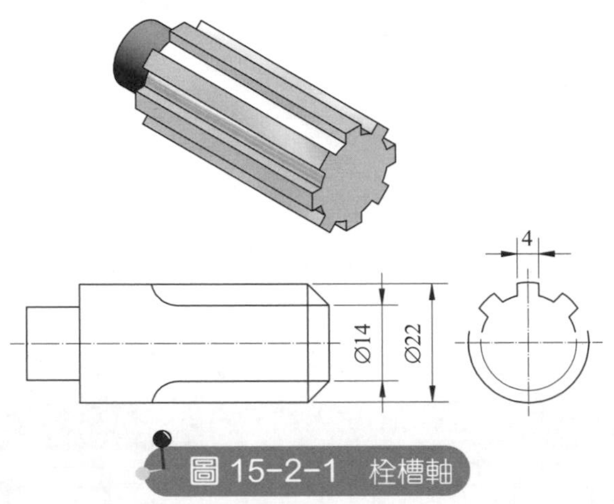

圖 15-2-1 栓槽軸

2. 栓槽轂

⑴栓槽轂在剖視圖中表示槽底及槽頂之線皆用粗實線。

⑵栓槽轂剖面線畫至槽底線為止。端視圖中可在正上方畫出二或三個齒形，外圓用細實線，內圓用粗實線，如圖 15–2–2 所示。

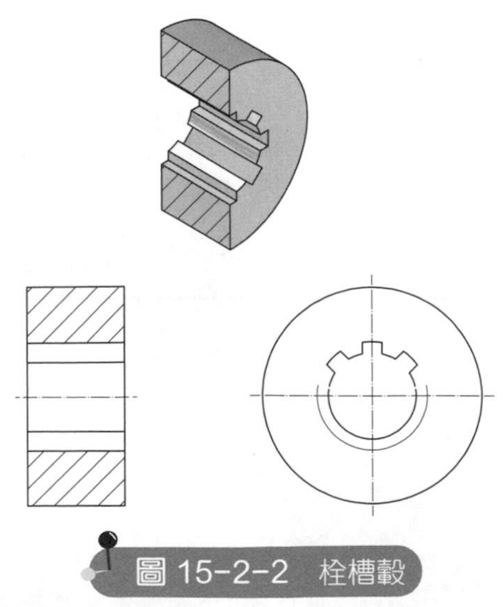

圖 15-2-2 栓槽轂

3. 栓槽軸及轂組合

栓槽軸及轂組合之表示法如圖 15–2–3 所示。

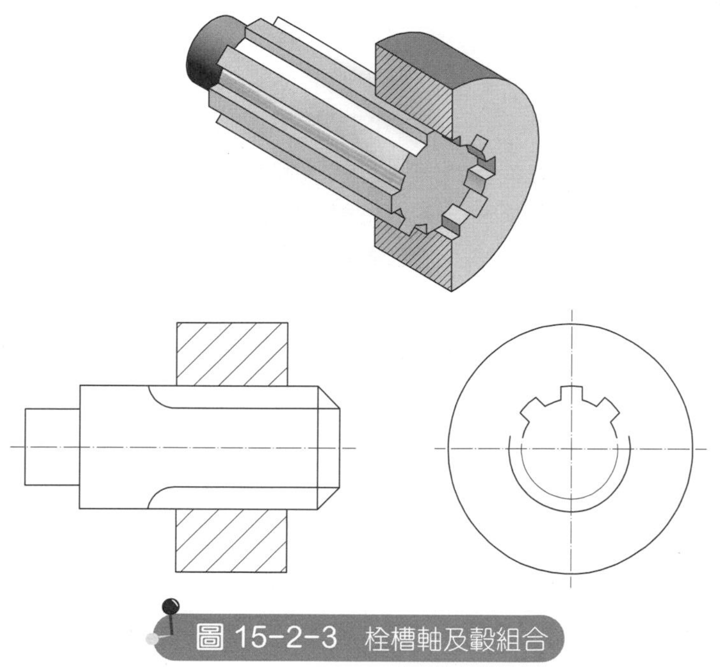

圖 15-2-3　栓槽軸及轂組合

15－3 滾動軸承表示法

1. 滾珠、滾子、滾針及止推軸承

滾珠、滾子、滾針及止推軸承等之表示法如表 15–3–1 所示。

表 15-3-1　滾珠、滾子、滾針及止推軸承等之表示法

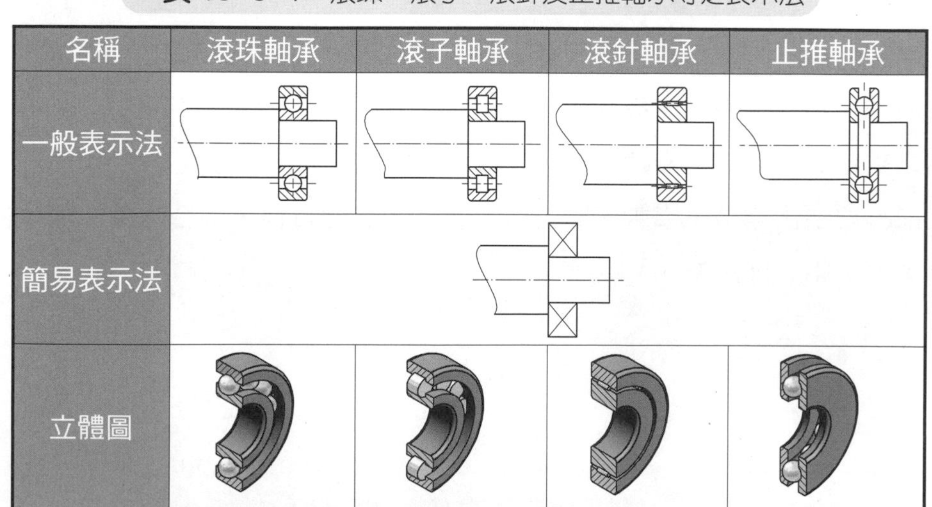

名稱	滾珠軸承	滾子軸承	滾針軸承	止推軸承
一般表示法				
簡易表示法				
立體圖				

2. 軸承種類則以標稱號碼識別

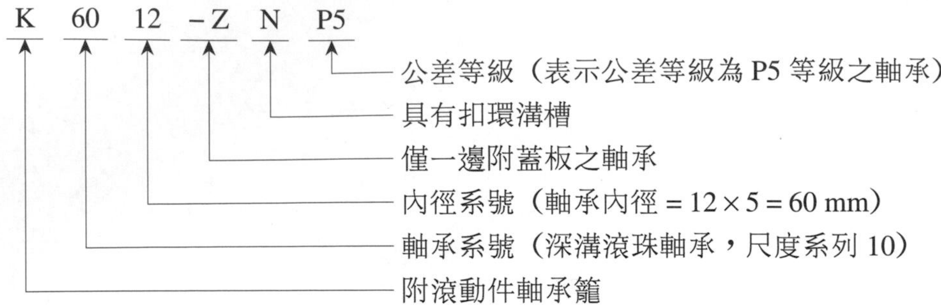

3. 最後二位數代表軸承內徑,說明如下

(1) 00:10 mm

(2) 01:12 mm

(3) 02:15 mm

(4) 03:17 mm

(5) 04:04 × 5 = 20 mm

(6) 05～100:尾號號碼 × 5

(7) 例如:6300 內孔直徑為 10 mm;6304 內孔直徑為 04 × 5 = 20 mm;7206 內孔直徑為 06 × 5 = 30 mm

15－4 齒輪表示法

1. 正齒輪

(1) 正齒輪在側視圖中只畫齒頂圓(粗實線)及節圓(細鏈線),不畫齒底圓。

(2) 正齒輪在剖視圖中加畫齒底線(粗實線)。不論齒數為單數或雙數,在中心線兩側之畫法完全對稱。齒輪之基本尺度標註如圖 15–4–1 所示。

(3) 正齒輪要標出齒數、模數、壓力角、齒制、節圓直徑、齒合齒輪件號、齒合齒輪齒數、中心距離等。

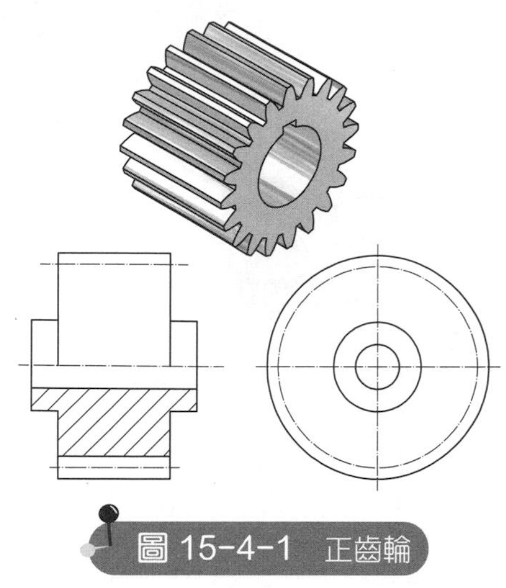

圖 15-4-1　正齒輪

2. 螺旋齒輪

⑴螺旋齒輪在側視圖中只畫齒頂圓（粗實線）及節圓（細鏈線），不畫齒底圓。

⑵螺旋齒輪在剖視圖中加畫齒底線（粗實線）。

⑶不論齒數為單數或雙數，在中心線兩側之畫法完全對稱。齒輪之基本尺度標註如圖 15–4–2 所示。

⑷螺旋齒輪要標出齒數、法面模數、法面壓力角、齒制、節圓直徑、旋向、螺旋角、齒合齒輪件號、齒合齒輪齒數、中心距離等。

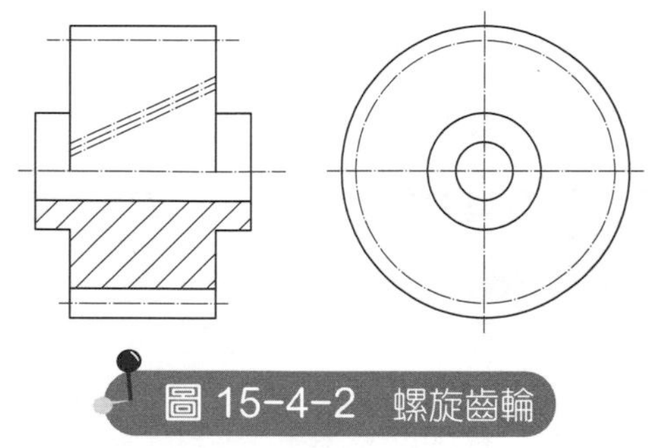

圖 15-4-2　螺旋齒輪

3. 傘形齒輪

⑴傘形齒輪在側視圖只畫大端之齒頂圓及節圓，小端各圓皆省略。

⑵傘形齒輪在側視圖之規定同正齒輪及螺旋齒輪，如圖 15–4–3 所示。

⑶傘形齒輪要標出齒數、法面模數、法面壓力角、齒制、節圓直徑、節錐半徑、節圓錐角、切削角、齒面角、齒合齒輪件號、齒合齒輪齒數、軸間角等。

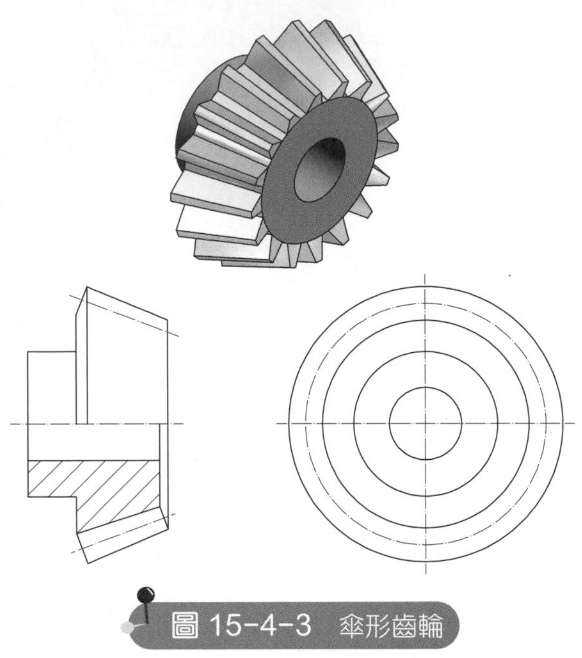

圖 15-4-3 傘形齒輪

15－5 蝸桿與蝸輪表示法

1. 蝸桿

⑴蝸桿前視圖畫法約與螺紋相似，節線以細鏈線畫出，不畫齒底線，但須加三條平行等距細實線以表示旋向。

⑵蝸桿端視圖之規定同正齒輪及螺旋齒輪，如圖 15–5–1 所示。

⑶蝸桿要標出法面模數、法面壓力角、螺距、螺紋數、旋向、節圓直徑、導程角、齒合齒輪件號、齒合齒輪齒數、中心距離等。

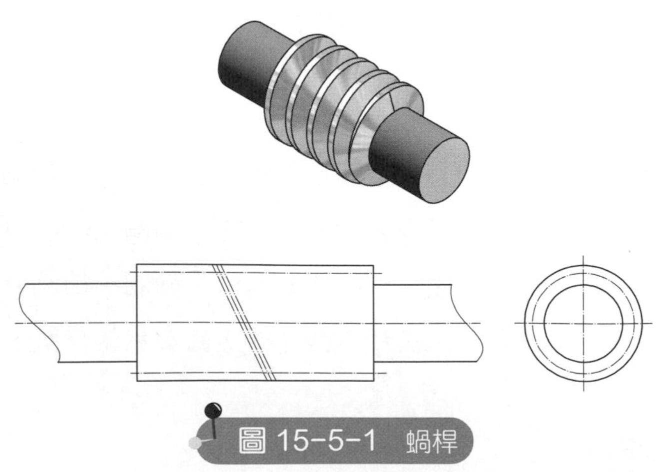

圖 15-5-1 蝸桿

2. 蝸輪

⑴蝸輪側視圖之齒頂圓畫其最大者，節圓畫其最小者。

⑵蝸輪側視圖之規定同正齒輪及螺旋齒輪，如圖 15–5–2 所示。

⑶蝸輪以標出齒數、法面模數、法面壓力角、周節、齒數、節圓直徑、齒合蝸桿基本資料、齒合齒輪件號、中心距離等。

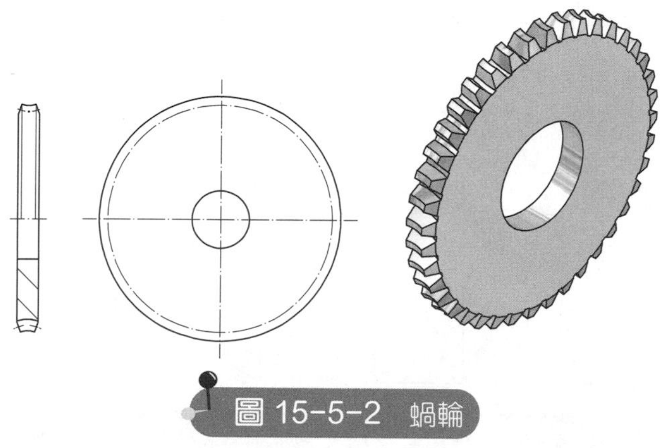

圖 15-5-2　蝸輪

15－6 齒條表示法

1. 齒條

⑴半徑無窮大之齒輪稱之為齒條。

⑵齒條主要為將圓周運動轉換成直線運動。

2. 齒條表示法

⑴齒條之切齒部分亦僅畫齒頂線及節線，不畫齒底線。

⑵齒條應畫出第一齒間、第二齒間及最末齒間之齒形，以便加註尺度，如圖 15–6–1 所示。

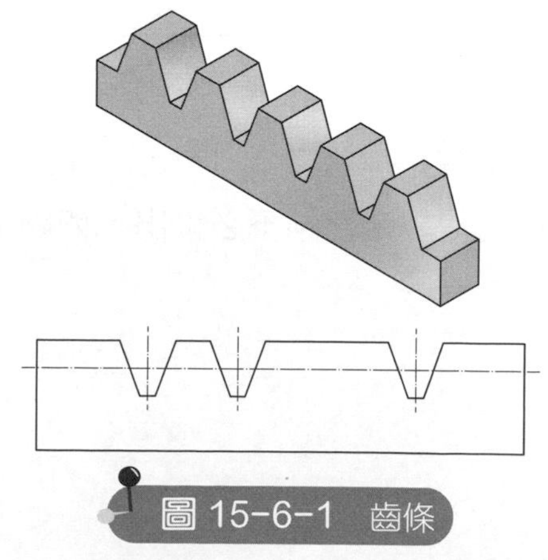

圖 15-6-1　齒條

15－7 齒之方向與齒輪組合表示法

1. 齒之方向

(1)螺旋齒輪、人字齒輪或蝸線齒輪的齒之方向，在與齒輪軸線平行之視圖中，按其旋向自中心線起用三條平行等距細實線表示。

(2)齒之方向在剖視圖用細鏈線表示之，如圖 15–7–1 所示。

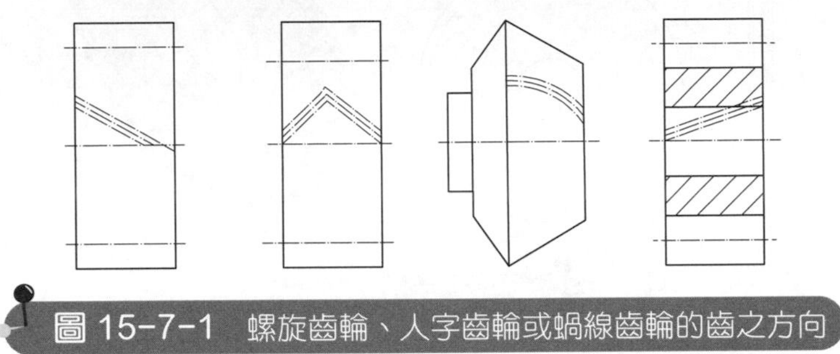

圖 15-7-1　螺旋齒輪、人字齒輪或蝸線齒輪的齒之方向

2. 齒輪組合

(1)在成對之齒輪組合圖中，每個齒輪仍依上述原則表示之。

(2)在兩個齒輪相嚙合處，除軸向剖視圖外，某一齒輪之齒不為他一齒輪之齒所隱蔽。

(3)兩個齒輪之齒頂圓或齒頂線均用粗實線表示之，在軸向剖視圖中兩齒輪相互嚙合處，則須假設某一齒輪之齒為他一齒輪之齒所隱蔽。

(4)在與軸線平行之傘齒輪組合之視圖或剖視圖中，表示兩個節圓錐之細鏈線須延長至兩軸線之交點處。

(5)正齒輪組合、傘齒輪組合、正齒輪與齒條之組合、蝸桿與蝸輪組合如表 15–7–1 所示。

3. 鏈輪與鏈條組合表示法

(1)鏈輪之表示法依照一般齒輪表示法之原則。

(2)鏈輪之組合，鏈條以中心線表示之，不必畫出，如圖 15–7–2 所示。

表 15-7-1　常用齒輪組合習用表示法

名稱	習用畫法	立體圖
正齒輪組合		
傘齒輪組合		
正齒輪與齒條之組合		
蝸桿與蝸輪組合		

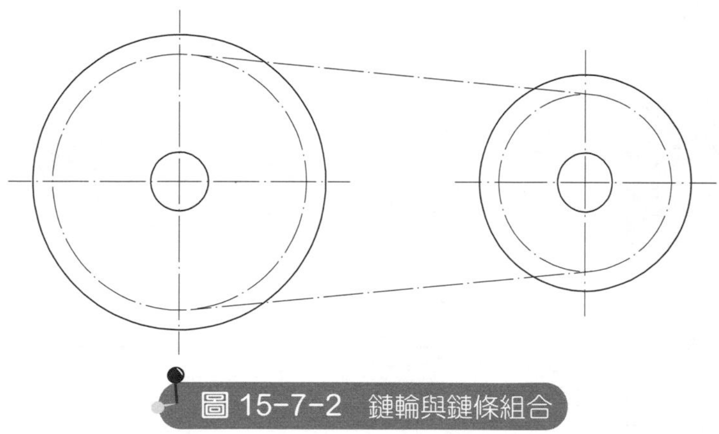

圖 15-7-2　鏈輪與鏈條組合

15－8 常用彈簧之表示法

1. 常用彈簧之表示法

有一般表示法及簡易表示法兩種，彈簧之兩端應照實際形狀畫出，如表 15–8–1 所示。

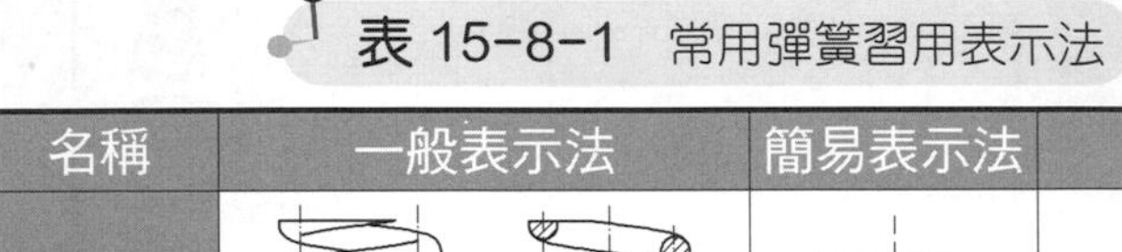

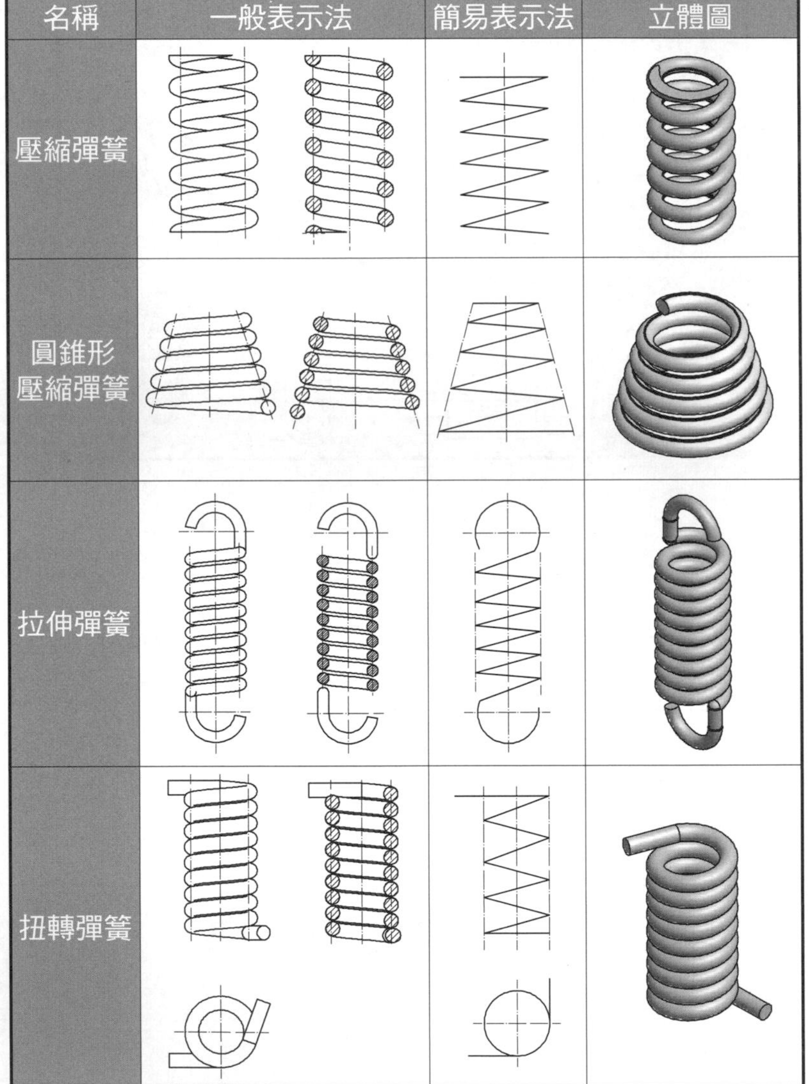

2. 彈簧標註項目

標註線徑、簧圈之平均直徑、外徑、內徑、線圈數、座圈數、旋向、自由長度、兩端形狀等。

15－9 鍵與銷表示法

1.鍵

⑴傳動輪（如齒輪、皮帶輪、凸輪等）與傳動軸必須藉助一塊裝置於其間的金屬，方能阻止兩者之相對運動，此金屬稱為鍵。

⑵為便於鍵之安裝，軸面須銑切一凹槽，是為鍵座；輪轂亦須銑切一凹槽，是為鍵槽，三者合為一體，以確保動力之傳遞。

2.鍵的規格

⑴鍵為標準零件，一般在零件圖上不畫，只在零件表上註明。

⑵一般公制係按鍵之種類、公稱尺寸，如寬×高（或寬×直徑）×長度、材料種類之順序排列。

⑶例如：

①方鍵：6×6×45　S45C（寬 6 mm，高 6 mm，長 45 mm，材料 S 45C)。

②平鍵：14×9×60　S45C（寬 14 mm，高 9 mm，長 60 mm，材料 S45C)。

③帶頭鍵：16×10×70　SF55（寬 16 mm，高 10 mm，長 70 mm，材料 SF55)。

④滑鍵：8×7×65　SF55（寬 8 mm，高 7 mm，長 65 mm，材料 SF55)。

⑤半圓鍵：5×22（寬 5 mm，直徑 22 mm)。

⑥斜鍵：10×8×50（寬 10 mm，高 8 mm，長 50 mm)。

3.鍵座及鍵槽標註

⑴平鍵及斜鍵之鍵座：應標註其寬度、深度及長度，如圖 15–9–1 所示。

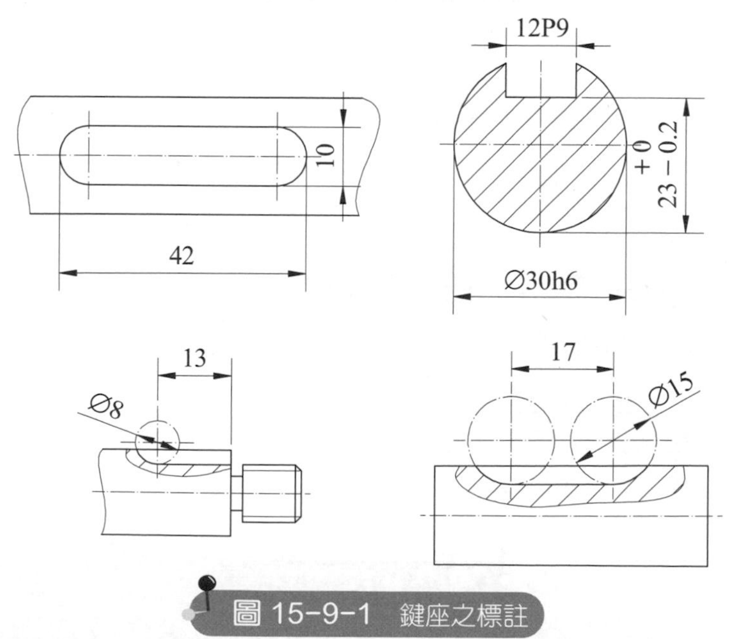

圖 15-9-1　鍵座之標註

⑵半月鍵之鍵座：應標註其寬度、圓心位置及直徑，如圖 15–9–2 所示。

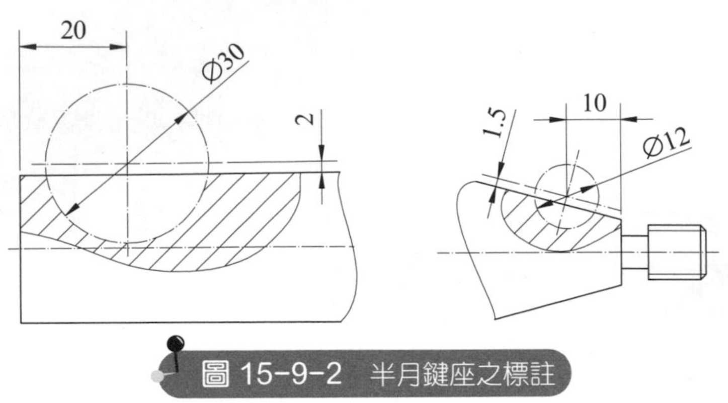

圖 15-9-2 半月鍵座之標註

4. 鍵槽

在輪轂上之鍵槽應標註其寬度及深度，如圖 15–9–3 所示。

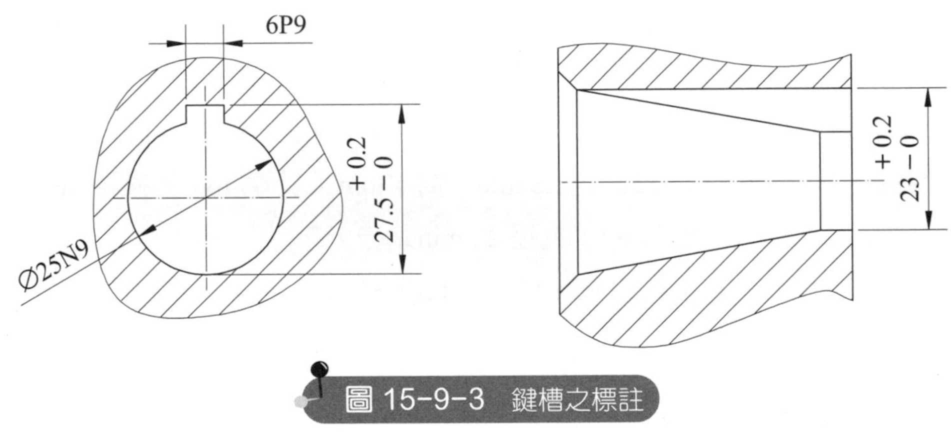

圖 15-9-3 鍵槽之標註

5. 銷

⑴一般小型的細金屬長棒插入機件之圓孔中，均稱為銷。

⑵其主要用途為：結合機件、定位、傳動及防止機件脫落等。

6. 銷的種類

⑴平行銷：又稱直銷、圓銷，外形為圓柱體，一般用於兩機件間定位之用。故須標註公差。如圖 15–9–4 所示。

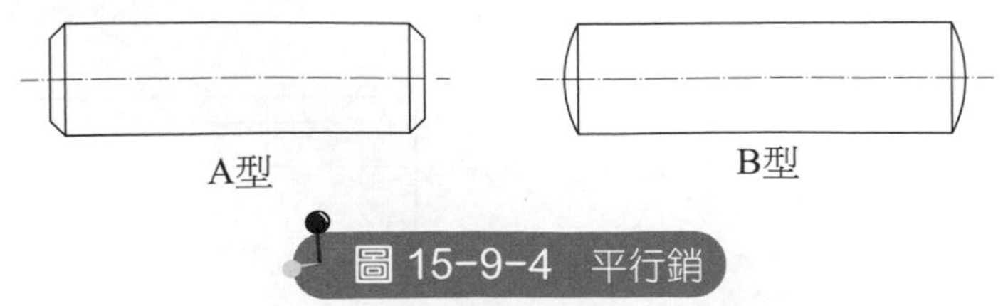

圖 15-9-4 平行銷

⑵斜銷：又稱錐度銷，為錐度 1/50 的圓銷，其用途與鍵相同，公稱直徑以小徑表示，如圖 15–9–5。

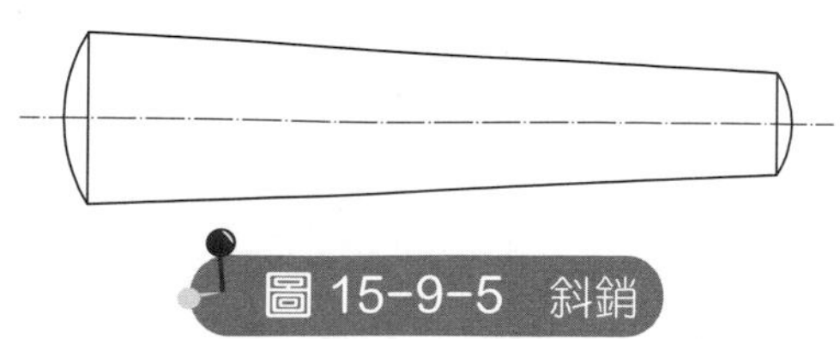

圖 15-9-5　斜銷

⑶開口銷：用半圓形之軟鋼或黃銅線材製成，使用時將銷插入孔內，並將其露出銷孔之部分彎曲，以防止脫落，為各種銷中最粗糙者，如圖 15–9–6 所示。

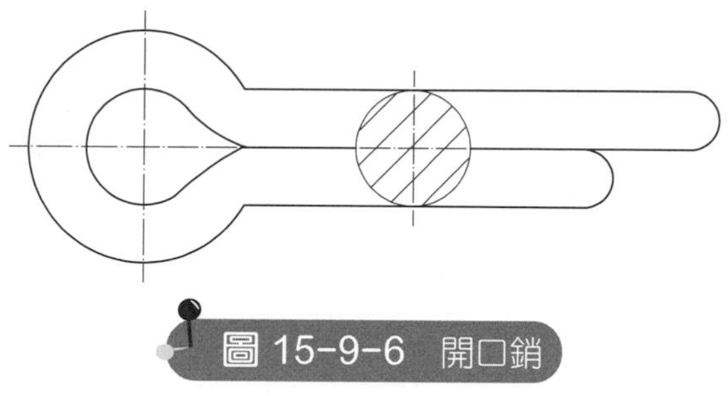

圖 15-9-6　開口銷

⑷彈簧銷：使用剛性及彈性較好之中空圓管為材料，利用材料的彈性，使銷在孔內保持鎖緊的作用，如圖 15–9–7 所示。

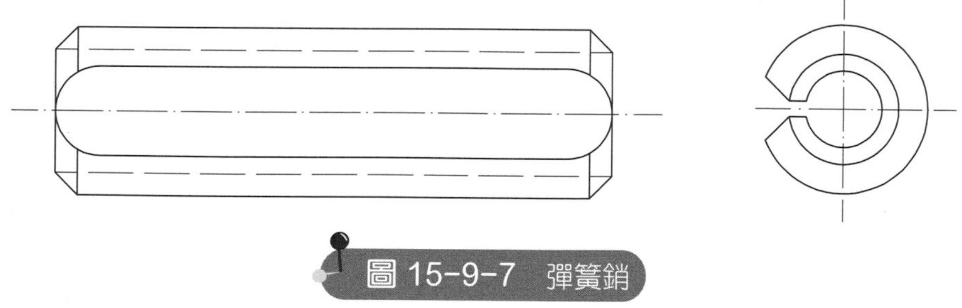

圖 15-9-7　彈簧銷

7. 銷的規格

⑴平行銷：

種類名稱	直徑	配合×長度	材質
平行銷	∅10	h7×25	S45C

⑵斜銷：

種類名稱	直徑×長度	材質
斜銷	10×32	S50C

⑶開口銷：

種類名稱	直徑×長度	材質
開口銷	2×20	黃銅

習　題

1. 試述外螺紋表示法。
2. 試述內螺紋表示法。
3. 試述內外螺紋組合表示法。
4. 試述螺紋標註。
5. 試述栓槽軸及栓槽轂表示法。
6. 試述滾珠、滾子、滾針及止推軸承等之表示法。
7. 試述正齒輪之表示法。
8. 試述螺旋齒輪之表示法。
9. 試述傘形齒輪之表示法。
10. 試述蝸桿與蝸輪之表示法。
11. 試述齒條之表示法。
12. 試述齒之方向與齒輪組合表示法。
13. 試述鏈輪與鏈條組合表示法。
14. 試述常用彈簧之表示法。

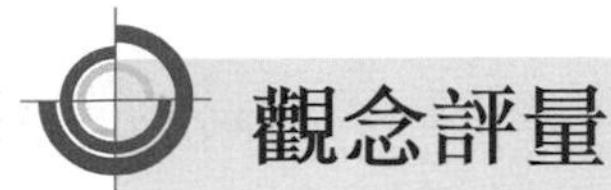

觀念評量

( ) 1. 以習用畫法繪製螺紋剖視圖中的外螺紋時，用以表示螺紋大徑的線條是
(A)粗實線　(B)中心線　(C)虛線　(D)細實線。

( ) 2. 以習用畫法繪製螺紋剖視圖中的內螺紋時，用以表示螺紋大徑的線條是
(A)粗實線　(B)中心線　(C)虛線　(D)細實線。

( ) 3. 中國國家標準 CNS 工程製圖機械元件習用表示法，內外螺紋組合件在組合圖剖視圖中，內螺紋之含有螺釘部分其剖面線只畫到
(A)螺釘大徑　(B)螺釘小徑　(C)螺釘中心線　(D)螺釘全剖面　為止。

( ) 4. 外螺紋端視圖小徑之圓需留四分之一缺口，此四分之一缺口要留在
(A)右上方　(B)右下方　(C)左下方　(D)任何方位皆可。

( ) 5. 下列何者為公制 V 形螺紋的螺紋角？
(A) 55°　(B) 30°　(C) 60°　(D) 29°。

( ) 6. 下列何者為梯形螺紋的螺紋角？
(A) 55°　(B) 30°　(C) 60°　(D) 45°。

( ) 7. 有一公制螺紋標註為 M20 × 2，其中數值 2 的意義為下列何者？
(A)螺距為 2 mm 之粗牙　(B)螺距為 2 mm 之細牙　(C)螺紋公差等級為 2 之粗牙　(D)螺紋公差等級為 2 之細牙。

( ) 8. 螺紋 M8 × 1 是表示
(A)英制螺紋　(B)統一螺紋　(C)公制粗螺紋　(D)公制細螺紋。

( ) 9. M15 × 1.5 × 30 之螺栓，其中 15 代表
(A)公制螺紋　(B)螺旋公稱直徑　(C)螺距　(D)螺栓長度。

( ) 10. 有關螺紋 L–2N–M8–5g6g 之表示，下列敘述何者不正確？
(A)標稱直徑 8 mm　(B)外螺紋　(C)左螺紋　(D)單螺紋。

( ) 11. L–3N–M10–5g6g 為公制螺紋之標註方式，其中 L 表示
(A)螺紋標稱　(B)螺紋線數　(C)螺紋旋向　(D)螺紋公差等級。

( ) 12. 有關螺紋標註符號 "L–2N–M16 × 1–6g5g" 所代表的意義，下列敘述何者不正確？
(A)左螺紋　(B)公差等級為 2N　(C)公制螺紋　(D)螺紋大徑為 16。

( ) 13.有關螺紋，下列敘述何者不正確？

(A)相鄰的二螺紋的對應點之間，其平行於軸線的距離，稱為螺距 (B)規格為 M20×2 的螺紋是細螺紋，而 2 是表示螺距尺度 (mm) (C)三線螺紋的導程 (L) 與螺距 (P) 的關係是 L = 3P (D)順時針方向旋轉而前進的螺紋稱為左螺紋，反之，則是右螺紋。

( ) 14.公制螺紋符號 M10×1.25–6H/6g 代表螺紋的螺距為

(A) 10 mm (B) 12.5 mm (C) 1.25 mm (D) 6 mm。

( ) 15.雙線螺紋的螺旋線相隔

(A) 60° (B) 90° (C) 120° (D) 180°。

( ) 16.有關螺紋標註法中 L–2N–M8×1–6g5g，下列敘述何者正確？

(A) L 代表右螺紋 (B) 6g5g 代表螺紋公差等級 (C) M8×1 代表螺紋節徑 8 mm，螺距 1 mm (D) 2N 代表單螺紋。

( ) 17. M20×2.5–6H7H/5g6g，下列敘述何者不正確？

(A)節距為 2.5 mm (B) 6H 表內螺紋底徑公差為 6 級，公差域在 H 的位置 (C) 7H 表內螺紋底徑公差為 7 級，公差域在 H 的位置 (D) 5g 表外螺紋節徑公差為 5 級，公差域在 g 的位置。

( ) 18.下列何者不屬於螺紋 L–2 N–M20×3 的表示法？

(A)公制螺紋，節徑 20 mm (B)雙螺旋線 (C)螺距 3 mm (D)左旋螺紋。

( ) 19. CNS 機械元件習用表示法中，有關內螺紋之製圖規定，下列敘述何者不正確？

(A)剖視圖中，螺紋小徑用粗實線表示 (B)剖視圖中，螺紋範圍也用粗實線表示 (C)剖視圖中，剖面線應畫到螺紋大徑 (D)端視圖中，螺紋大徑之圓須留缺口約四分之一圓。

( ) 20.下列敘述何者不正確？

(A)錐度符號以—▷—表示 (B)斜度符號以◺表示 (C)公制螺紋規格 M10×1.5 為粗牙 (D)一般公制螺紋的螺紋角為 60°。

( ) 21.關於內螺紋的端視圖，下列何者正確？

(A)小徑之圓用粗實線，而大徑用細實線，但須缺四分之一圓 (B)大徑之圓用粗實線，而小徑用細實線，但須缺四分之一圓 (C)小徑之圓用粗實線，而大徑用虛線，但須缺四分之一圓　(D)大徑之圓用粗實線，而小徑用虛線，但須缺四分之一圓。

(　) 22.公制斜鍵的錐度為

(A) 1:50　(B) 1:96　(C) 1:40　(D) 1:100。

(　) 23.下列何種鍵能傳送最大動力？

(A)方鍵　(B)栓槽鍵　(C)平鍵　(D)鞍鍵。

(　) 24.下列何種鍵能傳送最小動力？

(A)方鍵　(B)栓槽鍵　(C)平鍵　(D)鞍鍵。

(　) 25.有關標稱尺度為 10×8×32 的平鍵，下列敘述何者正確？

(A)鍵之寬度為 10 mm　(B)鍵之寬度為 8 mm　(C)鍵之寬度為 32 mm　(D)鍵之長度為 8 mm。

(　) 26.壓縮彈簧在機械零件圖中畫出的彈簧長度為

(A)安裝長度　(B)工作長度　(C)自由長度　(D)壓實長度。

(　) 27.彈簧標稱為壓縮彈簧中負荷 10×25，其中 10 所代表的尺寸為何？

(A)彈簧之內徑　(B)彈簧之外徑　(C)彈簧之自由長度　(D)彈簧之線徑。

(　) 28.軸承號碼為 6300，其內孔直徑為

(A) 10　(B) 12　(C) 15　(D) 300　mm。

(　) 29. 6312 之軸承，其內徑為

(A) 60　(B) 63　(C) 12　(D) 31　mm。

(　) 30.公稱號碼 7303 之軸承，其內徑為

(A) 10　(B) 12　(C) 15　(D) 17　mm。

(　) 31.剖面視圖中，下列哪一零件需要剖切？

(A)軸　(B)滑動軸承　(C)螺帽　(D)銷。

(　) 32.軸承的功用是

(A)承受軸上之扭轉力　(B)糾正軸之彎曲　(C)調整軸的中心位置　(D)保持軸的中心位置。

(　) 33.下列敘述何者不正確？

(A)斜齒輪側視圖只畫大端之齒頂圓及節圓　(B)蝸桿節線以細實線畫出　(C)蝸桿不畫齒底線　(D)蝸桿須加畫三條平行等距細實線以表旋向。

( ) 34.蝸桿與蝸輪傳動，其兩軸在空間成
⑷平行 ⑻斜交 ⒞相交 ⒟不平行亦不相交 之齒輪。

( ) 35.我國國家標準中，正齒輪及螺旋齒輪之側視圖中不畫
⑷齒底圓 ⑻齒頂圓 ⒞節圓 ⒟軸孔。

( ) 36.下列何者為齒輪齒形常用的曲線？
⑷二次曲線 ⑻三次曲線 ⒞雙曲線 ⒟漸開線。

( ) 37.在組合圖中，兩正齒輪嚙合時，下列哪一部分的線相切？
⑷外徑 ⑻根徑 ⒞節徑 ⒟模數。

( ) 38.在鏈條與鏈輪的組合圖中，鏈條以何種線表示？
⑷粗實線 ⑻細實線 ⒞細鏈線 ⒟虛線。

( ) 39.正齒輪之節圓以下列何種線繪製？
⑷粗鏈線 ⑻細鏈線 ⒞粗實線 ⒟細實線。

( ) 40.對於正齒輪側視圖的敘述，下列何者不正確？
⑷節圓以細鏈線表示 ⑻齒頂圓以粗實線表示 ⒞齒根圓不得省略 ⒟不論齒數為單數或雙數，在中心線兩側畫法完全對稱。

銲接圖

16－1 銲接符號之組成

1. 銲接符號之組成

(1)標示線。

(2)基本符號。

(3)輔助符號。

(4)尺度。

(5)註解或特殊說明。

註：銲接符號由上列各項所組成，但可視實際情況將不需要之項目予以省略。

2. 標示線

(1)標示線係由引線、基線、副基線及尾叉組成，如圖 16–1–1 所示。

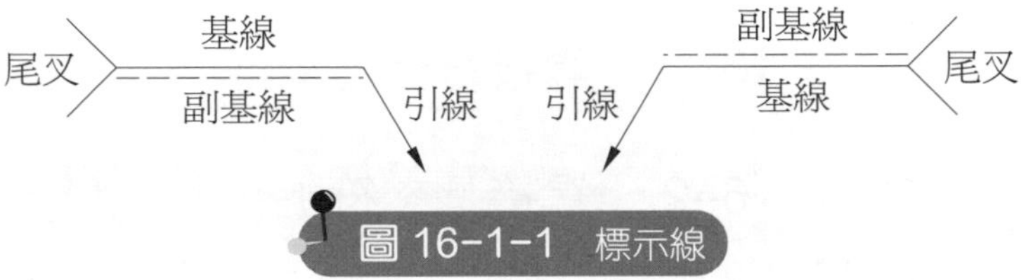

圖 16-1-1　標示線

(2)標示線之粗細：標示線之引線、基線及尾叉用細實線表示，副基線用虛線表示。

(3)箭頭之大小與尺度標註方法之箭頭相同。

3. 引線

(1)引線之畫法：引線為末端帶一箭頭之傾斜線，接在基線之一端，向上或向下與基線約成 60°，如圖 16–1–2 所示。

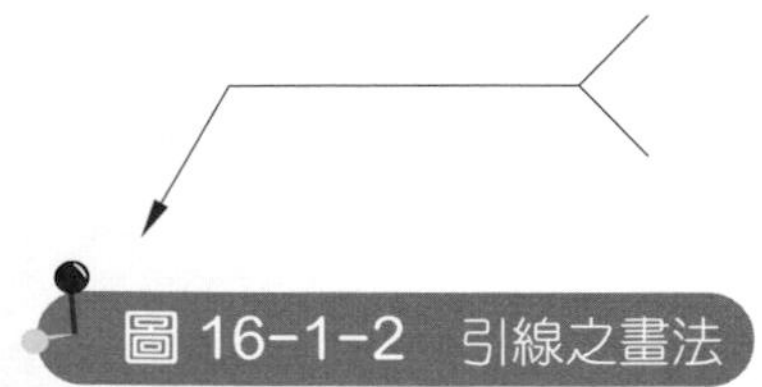

圖 16-1-2　引線之畫法

(2)引線不可與副基線相連接，如圖 16–1–3 所示。

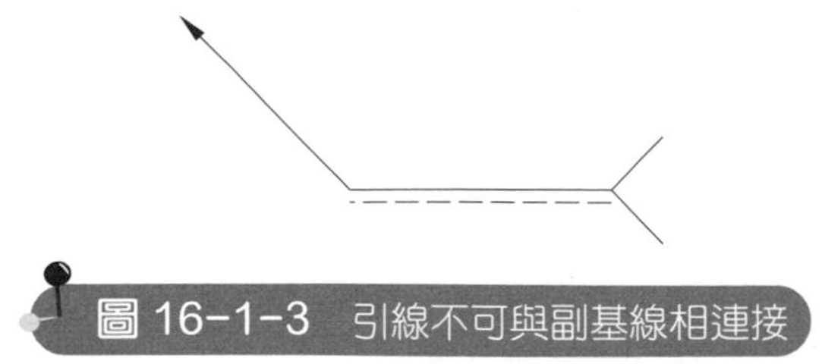

圖 16-1-3　引線不可與副基線相連接

4. 箭頭標註位置

⑴銲接符號應盡可能標示在銲道之端視圖中，其箭頭可指在銲接接頭處之任一側，如圖 16–1–4 所示。

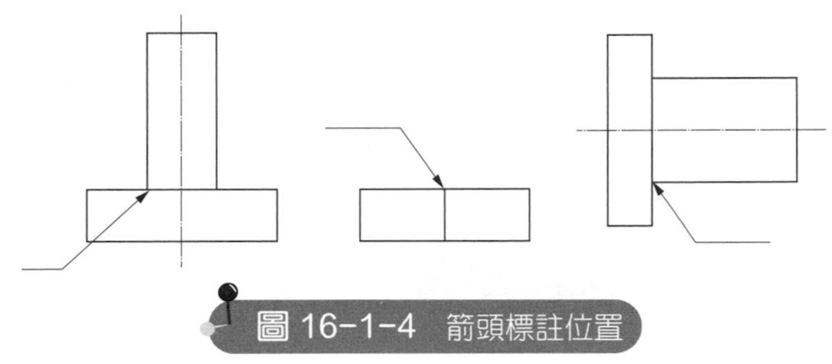

圖 16-1-4　箭頭標註位置

⑵箭頭亦可標在其他容易識別之視圖的銲道上，但應避免標在虛線上，如圖 16–1–5 所示。

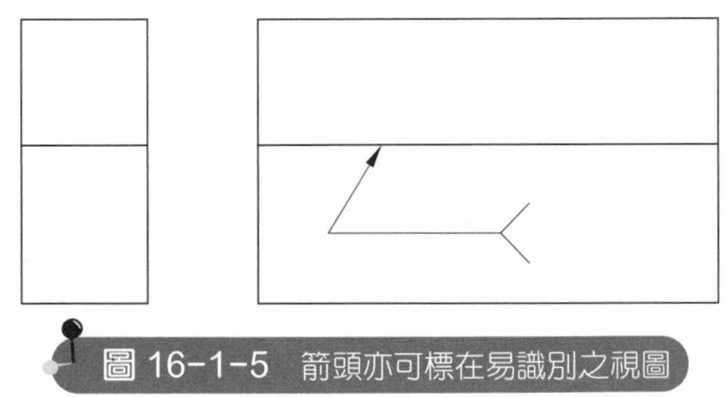

圖 16-1-5　箭頭亦可標在易識別之視圖

5. 基線

⑴基線為一水平線。

⑵基線不可傾斜或直立，如圖 16–1–1 所示。

6. 副基線

⑴副基線為平行於基線上方或下方之虛線。

⑵副基線約與基線等長，而與基線之間隔約為 1.5 mm，如圖 16–1–1 所示。

7. 尾叉

⑴尾叉之畫法：尾叉係在基線之另一端成 90° 之開叉。

⑵尾叉須對稱於基線，如圖 16–1–6 所示。

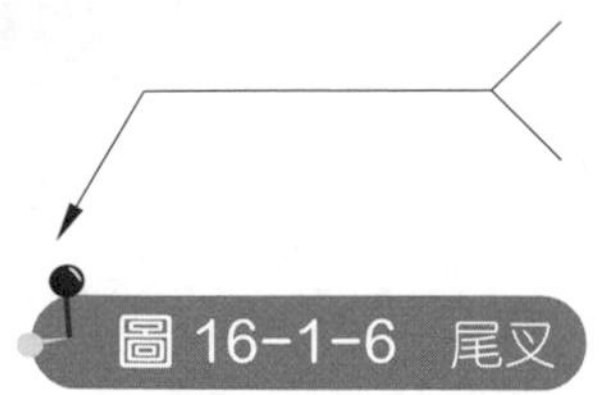

圖 16-1-6 尾叉

⑶尾叉之省略：尾叉係供註解或特殊說明之用，如無註解或特殊說明時，則尾叉可予以省略，如圖 16–1–7 所示。

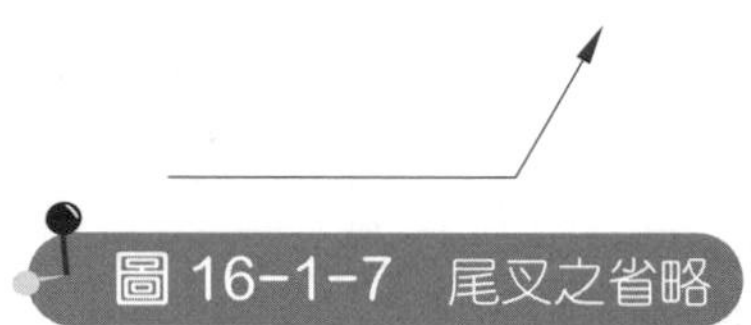

圖 16-1-7 尾叉之省略

8. 共用基線

如有二處以上之接頭，實施相同銲接時，則此二條以上之引線可共用一基線，如圖 16–1–8 所示。

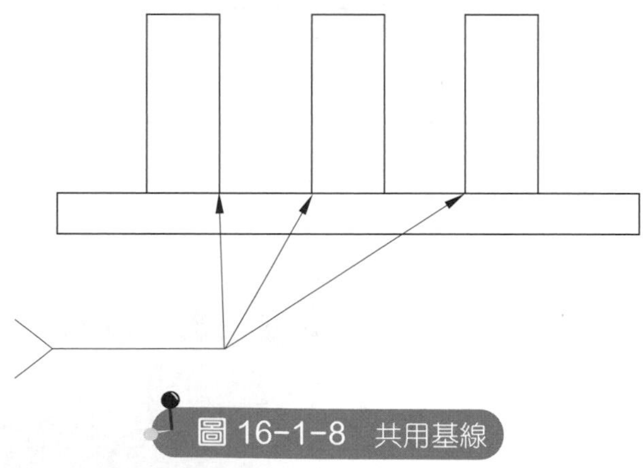

圖 16-1-8 共用基線

16－2 銲接基本符號

1.基本符號之種類

各種銲接之名稱及基本符號，如表 16–2–1 所示。

表 16-2-1　銲接之名稱及基本符號

編號	名稱	示意圖	符號	編號	名稱	示意圖	符號
1	凸緣銲接	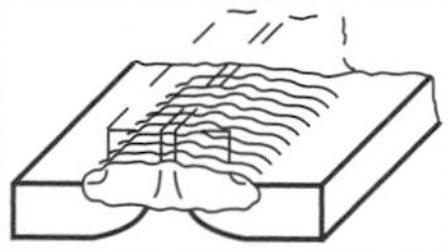		11	背面銲接	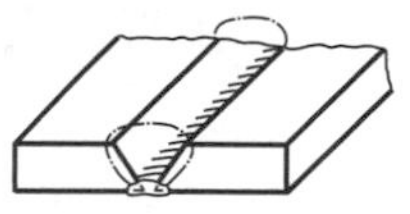	
2	I 形槽銲接	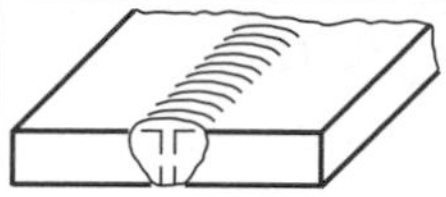		12	填角銲接	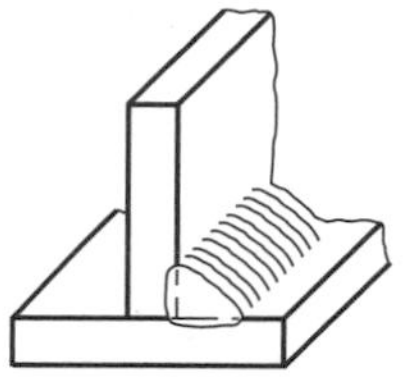	
3	V 形槽銲接	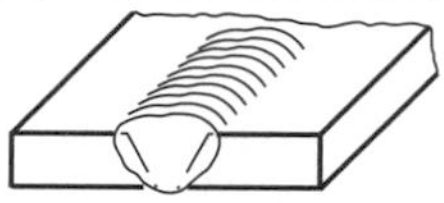					
4	單斜形槽銲接	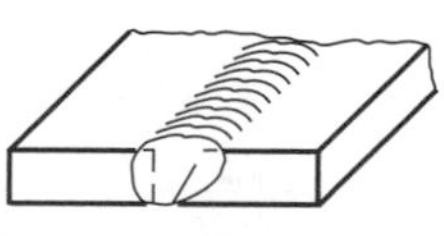		13	塞孔或塞槽銲接	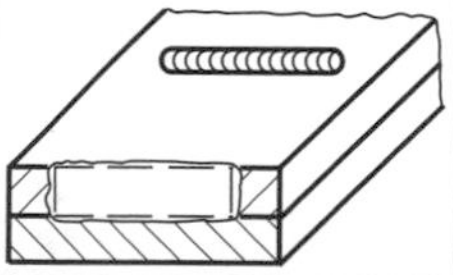	
5	Y 形槽銲接	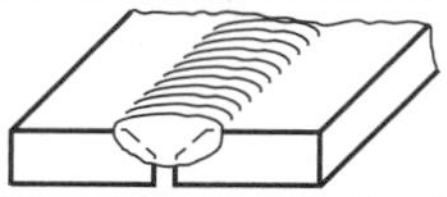		14	點銲或浮凸銲	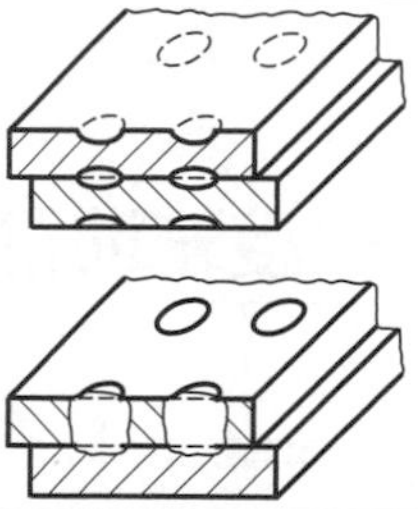	
6	斜 Y 形槽銲接	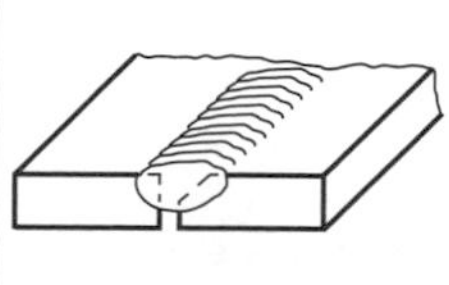					
7	U 形槽銲接	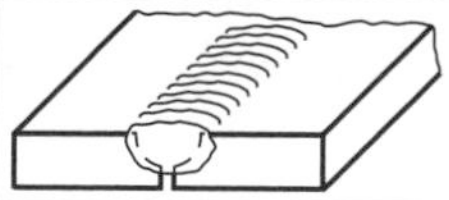		15	縫銲	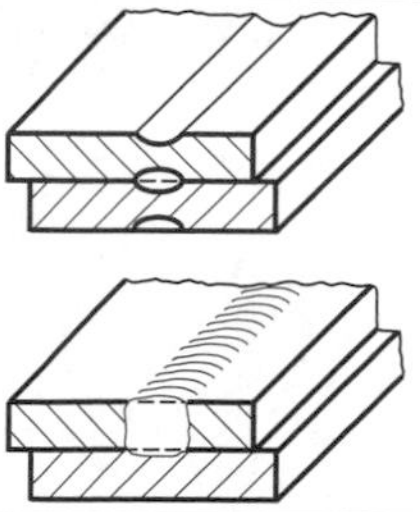	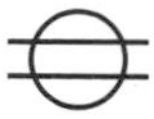
8	J 形槽銲接	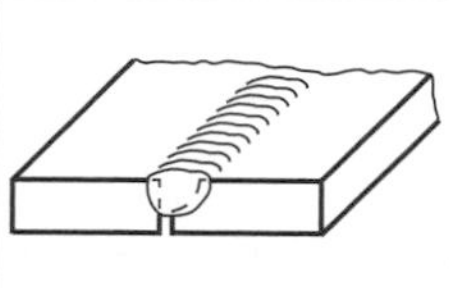					
9	平底 V 槽銲接	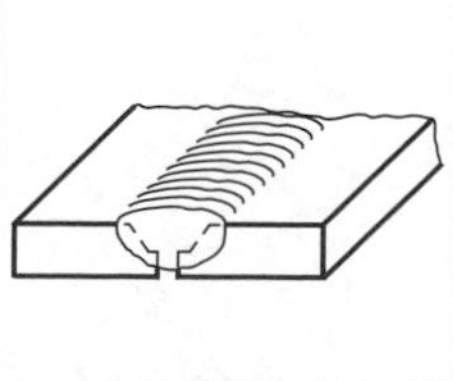		16	端緣銲接	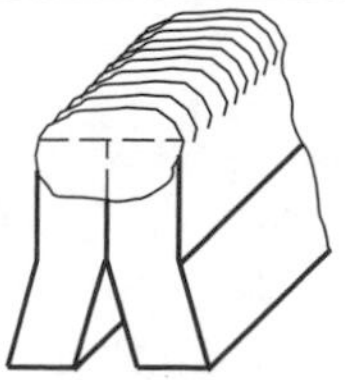	
10	平底單斜形槽銲接	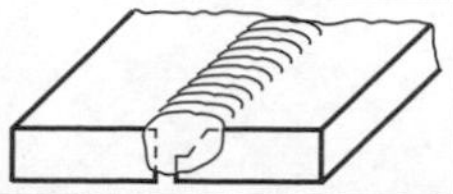		17	表面銲接	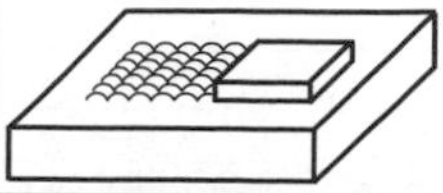	

2. 基本符號之大小及粗細

⑴各種基本符號之畫法如圖 16-2-1 所示。

⑵其中 H 約如字高，粗細與標註尺度數字相同。

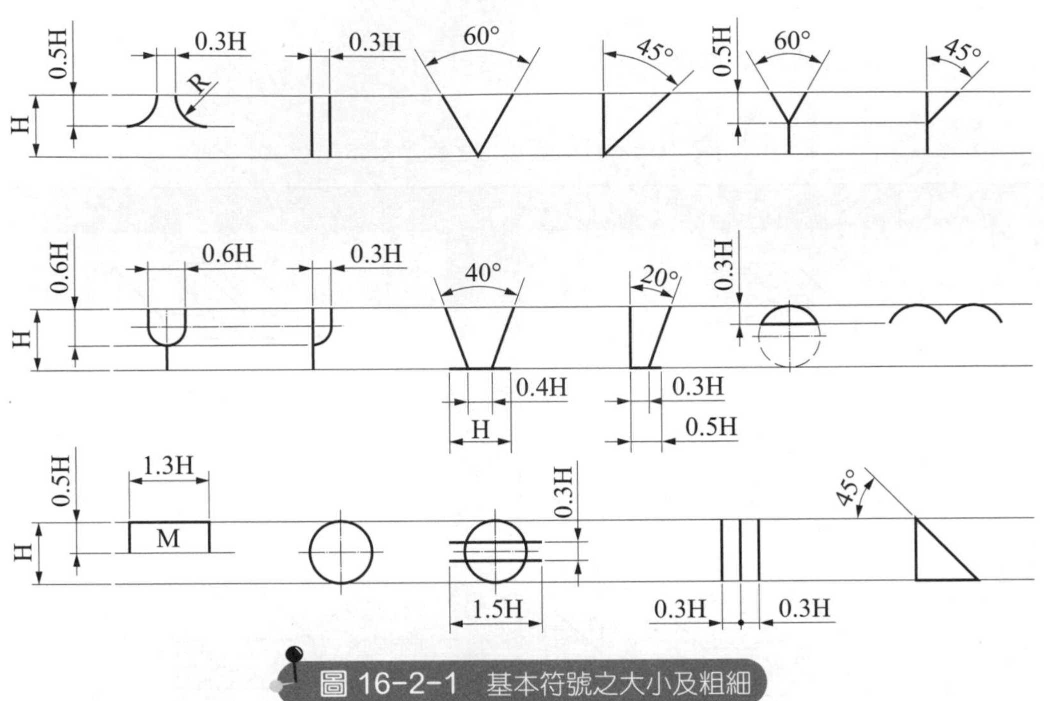

圖 16-2-1 基本符號之大小及粗細

16-3 銲接輔助符號

1. 銲接輔助符號

⑴輔助符號必須配合基本符號使用。

⑵輔助符號其名稱與符號如表 16-3-1 所示。

表 16-3-1　銲接輔助符號

名稱		符號	名稱		符號
銲道之表面形狀	平面		現場及全周銲接	全周銲接	
	凸面			現場銲接	
	凹面			現場全周銲接	
	去銲趾		使用背托條	永久者	M
				可去除者	MR

2. 輔助符號之大小及粗細

(1)各種輔助符號之畫法如圖 16–3–1 所示。

(2)輔助符號其中 H 約如字高，粗細與標註尺度數字相同。

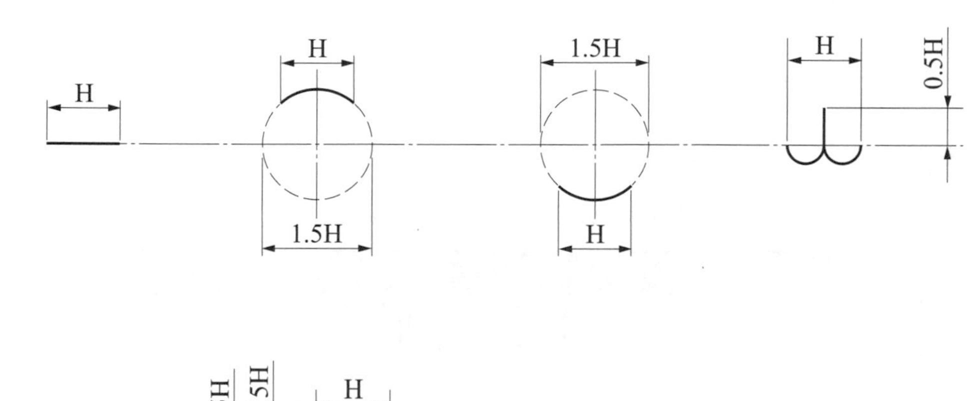

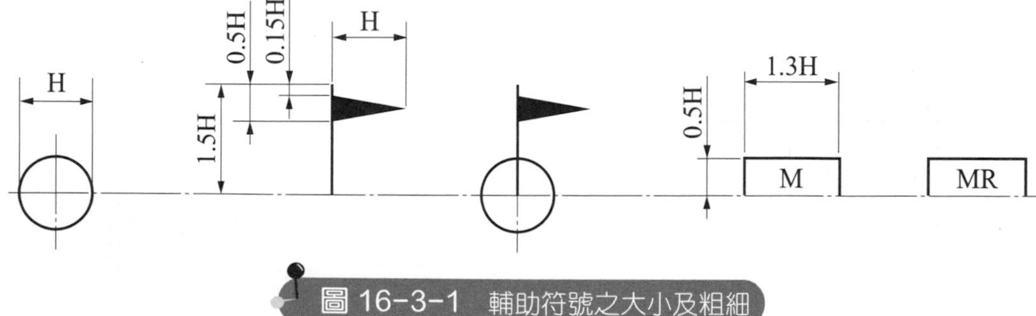

圖 16-3-1　輔助符號之大小及粗細

16－4 銲接符號在圖中之標示位置

1. 箭頭邊及箭頭對邊

(1)銲接件之各視圖中，箭頭所指之一邊稱為箭頭邊。

(2)箭頭所指之另一邊則稱為箭頭對邊，如圖 16–4–1 所示。

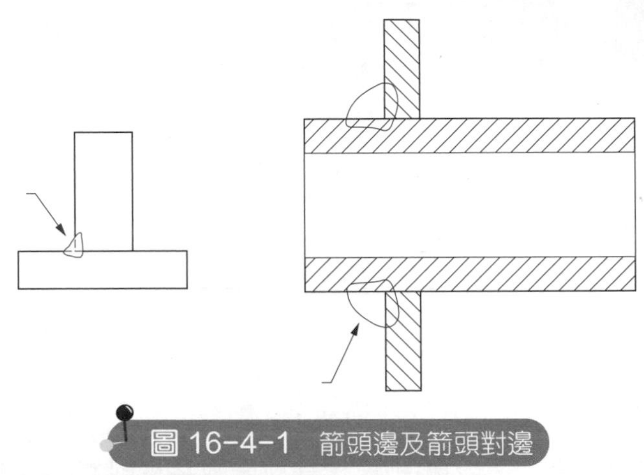

圖 16-4-1　箭頭邊及箭頭對邊

2. 箭頭邊之銲接

(1)若在箭頭邊銲接，則應將有關符號標註在基線之上方或下方，如表 16–4–1 所示。

表 16-4-1　箭頭邊之銲接

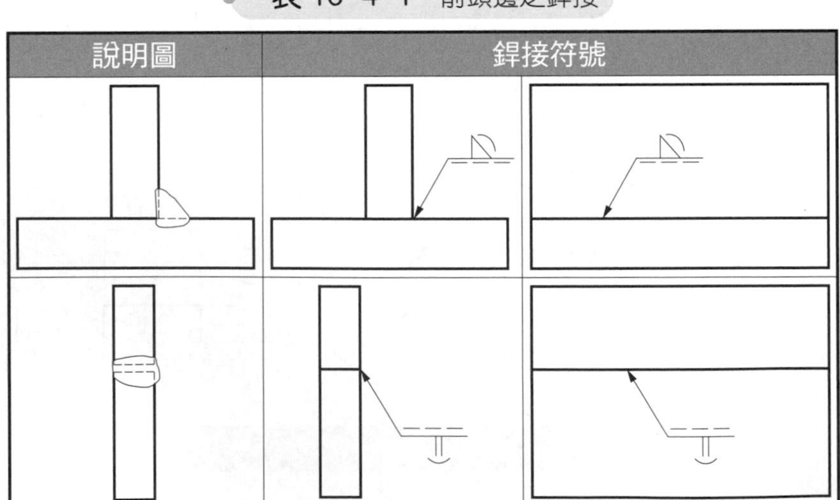

說明圖	銲接符號	

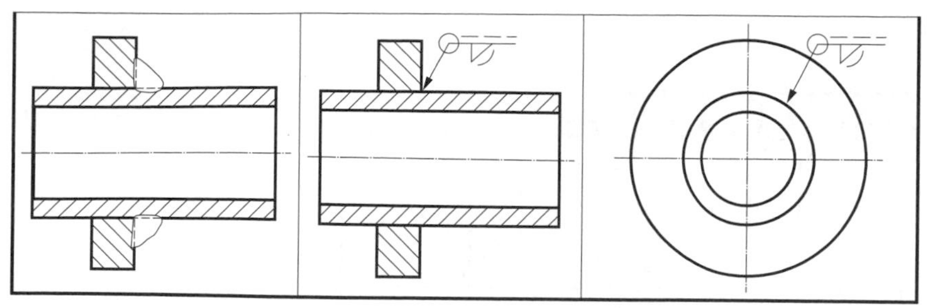

⑵有關箭頭邊符號之標註位置規定，如圖 16–4–2 所示。

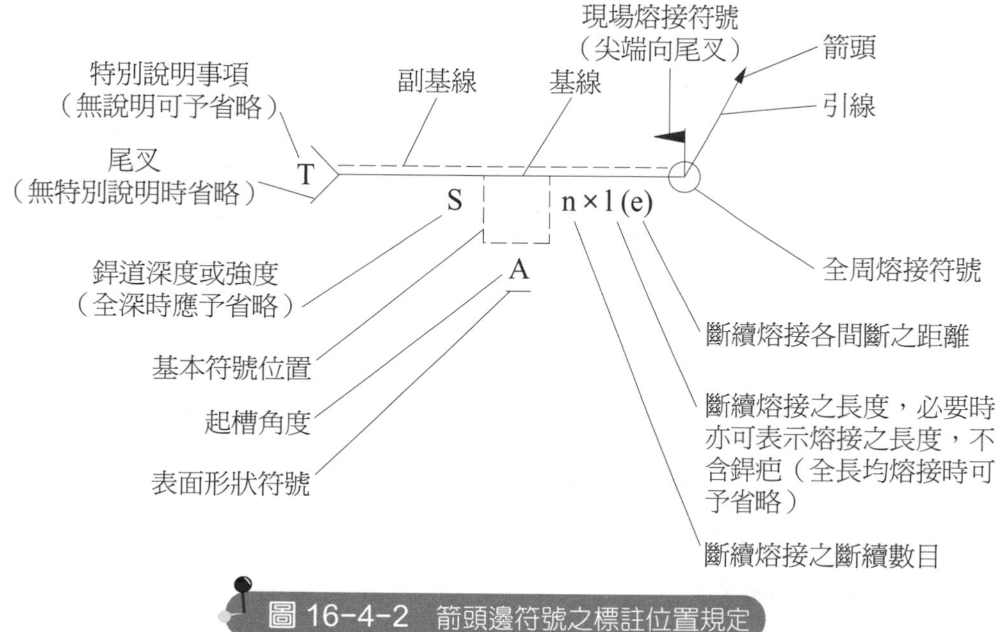

圖 16–4–2　箭頭邊符號之標註位置規定

⑶其他未規定者，一律標註在尾叉中。

⑷對基線而言，副基線與有關符號應標註在基線之不同側。

3. 箭頭對邊之銲接

⑴若在箭頭對邊銲接，則應將有關符號標註在副基線之上方或下方，如表 16–4–2 所示。

表 16-4-2　箭頭對邊之銲接

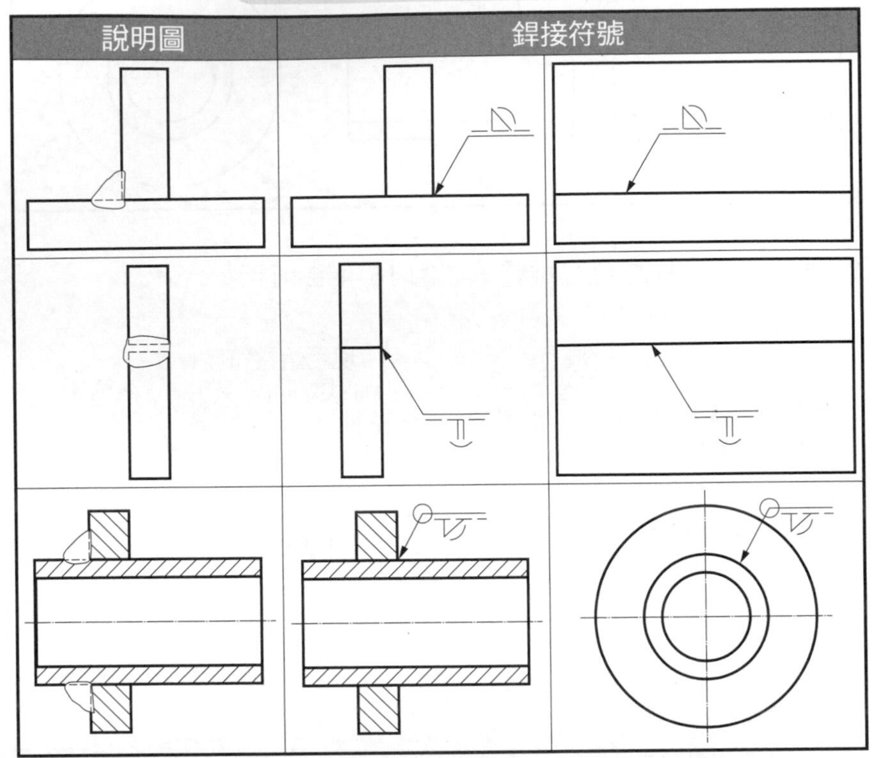

(2)有關箭頭對邊符號之標註位置規定，如圖 16-4-3 所示。

(3)其他未規定者，一律標註在尾叉中。

(4)對基線而言，副基線與有關符號應標註在基線之相同側。

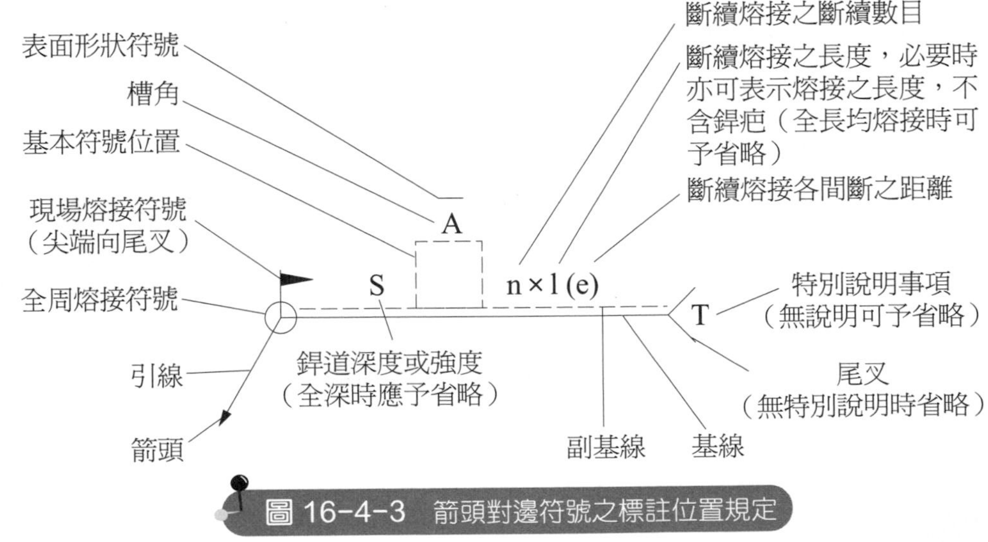

圖 16-4-3　箭頭對邊符號之標註位置規定

5. 箭頭邊及箭頭對邊之銲接

⑴若在箭頭邊及箭頭對邊銲接時，則應將有關符號標註在基線之上方及下方，惟僅用一引線指向其任一邊，如表 16–4–3 所示。

⑵除基本符號及輔助符號外，其他有關符號或數值如為兩邊完全相同者，則僅標註其中之任一邊，且不畫副基線，如表 16–4–3 所示。

表 16-4-3　箭頭邊及箭頭對邊銲接

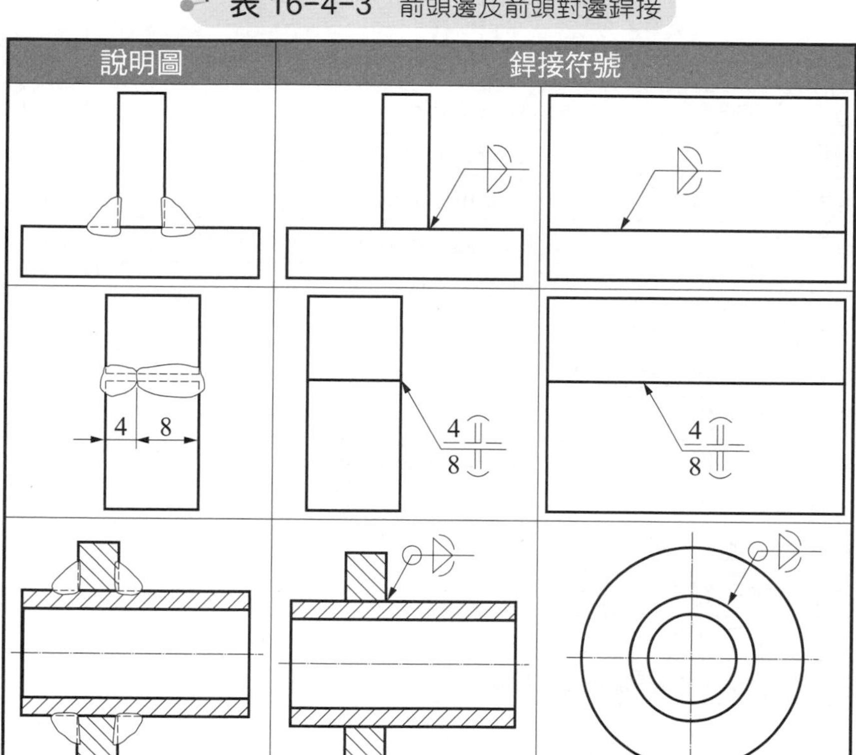

16－5 銲接方法之代號

銲接方法之代號

各種銲接方法之代號如表 16–5–1 所示。

表 16-5-1 銲接方法之代號

銲接方法	英文名稱	代號
電弧銲	Arc welding	AW
原子氫弧銲	Atomic hydrogen welding	AHW
裸金屬電弧銲	Bare metal arc welding	BMAW
碳極電弧銲	Carbon arc welding	CAW
電熱電氣電弧銲	Electro gas arc welding	EGW
包藥銲線電弧銲	Flux cored arc welding	FCAW
包藥銲線電弧銲（充氣電弧）	Flux cored arc welding-electrogas	FCAW–EG
氣體遮護碳極電弧銲	Gas carbon arc welding	GCAW
氣體遮護金屬電弧銲	Gas metal arc welding	GMAW
氣體遮護金屬電弧銲(充氣電弧)	Gas metal arc welding-electrogas	GMAW–EG
氣體遮護金屬電弧銲(脈動電弧)	Gas metal arc welding-pulsed arc	GMAW–P
氣體遮護金屬電弧銲(短路移行)	Gas metal arc welding-short circuiting arc	GMAW–S
惰氣遮護鎢極電弧銲	Gas tungsten arc welding	GTAW
惰氣遮護鎢極電弧銲(脈動電弧)	Gas tungsten arc welding-pulsed arc	GTAW–P
電漿電弧銲	Plasma arc welding	PAW
潛弧銲	Submerged arc welding	SAW
遮護碳極電弧銲	Shielded carbon arc welding	SCAW
遮護金屬電弧銲	Shielded metal arc welding	SMAW
多極潛弧銲	Series submerged arc welding	SSAW
螺樁電弧銲	Stud arc welding	SW
雙碳極電弧銲	Twin carbon arc welding	TCAW
氣銲	Gas welding	GW
空氣乙炔氣銲	Air acetylene welding	AAW
氧乙炔氣銲	Oxyacetylene welding	OAW
氧燃料氣銲	Oxyfuel gas welding	OFW
氫氧氣銲	Oxyhydrogen welding	OHW
壓力氣銲	Pressure gas welding	PGW
電阻銲	Resistance welding	RW

閃光銲	Flash welding	FW
高週波電阻銲	High frequency resistance welding	HFRW
撞擊銲	Percussion welding	PEW
浮凸銲	Projection welding	RPW
電阻縫銲	Resistance seam welding	RSEW
電阻點銲	Resistance spot welding	RSW
端壓銲	Upset welding	UW
固態銲	Solid state welding	SSW
冷銲	Cold welding	CW
擴散銲	Diffusion welding	DFW
爆炸銲	Explosion welding	EXW
鍛銲	Forge welding	FOW
摩擦銲	Friction welding	FRW
熱壓銲	Hot pressure welding	HPW
滾軋銲	Roll welding	ROW
超音波銲	Ultrasonic welding	USW
其他銲接法		
電子束銲	Electron beam welding	EBW
電熱熔渣銲	Electroslag welding	ESW
熔燒銲	Flow welding	FLOW
感應銲	Induction welding	IW
雷射銲	Laser beam welding	LBW
高熱銲	Thermit welding	TW

16－6 銲接圖範例

1.範例 1：凸緣銲接

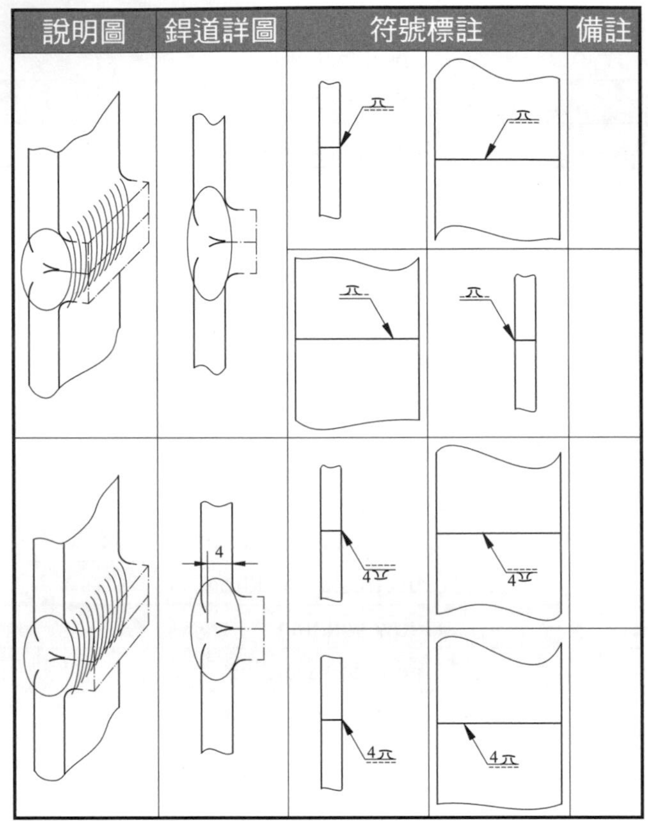

2.範例 2：I 形槽銲接

說明圖	銲道詳圖	符號標註		備註
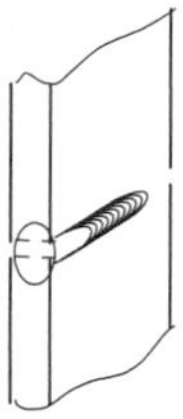		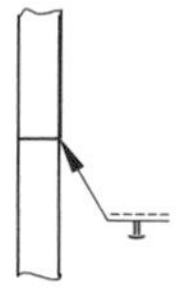	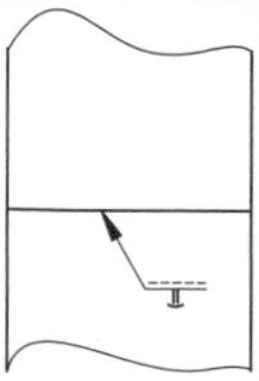	銲道深度為全部厚度，且銲接長度為銲接件全長之例。
		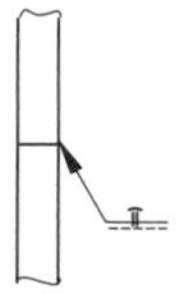	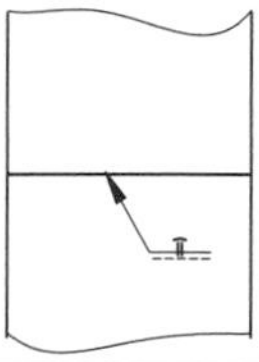	同上。
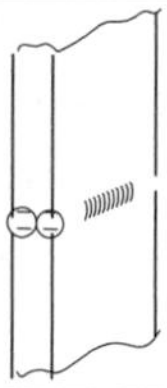	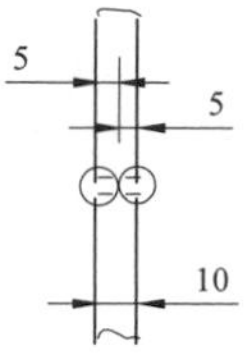 5 5 10	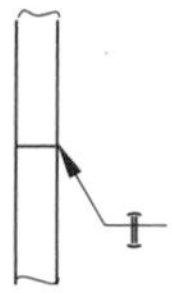	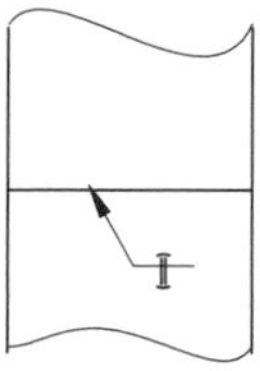	兩邊之銲道深度各佔其一半厚度（共為全部厚度），且銲接長度為銲接件全長之例。
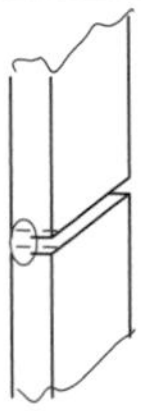	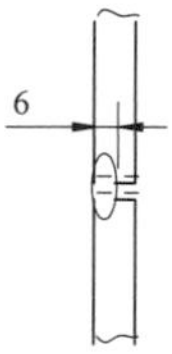 6	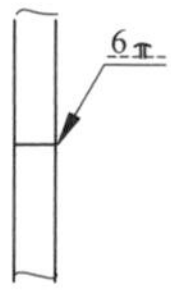 6	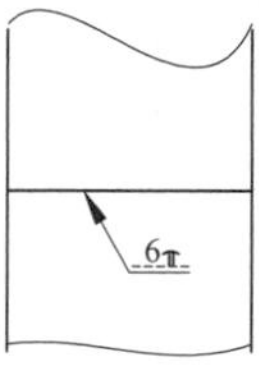 6	銲道深度非全部厚度，為箭頭對邊 6 mm 之例。
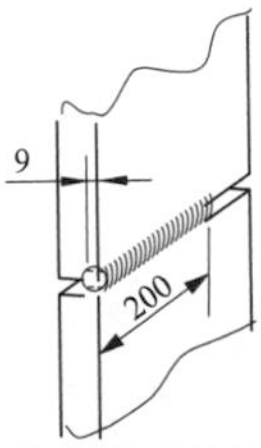 9 200		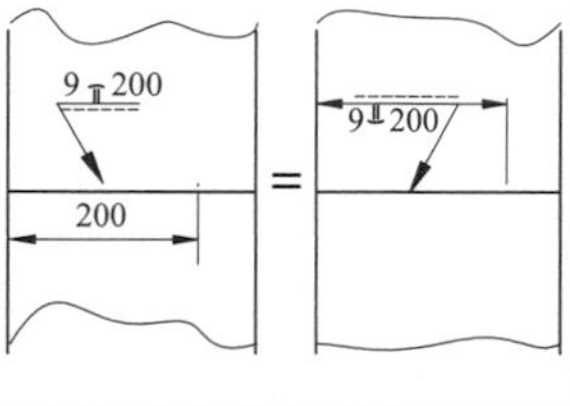 9 200 200	= 9 200	尺度線亦可作為基線。
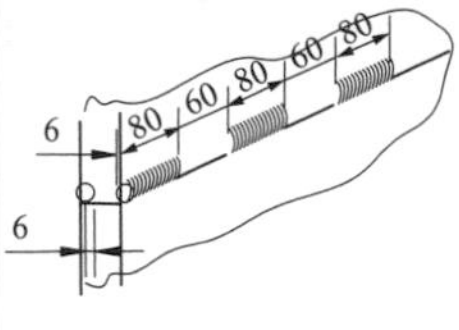 6 6 80 60 80 60 80		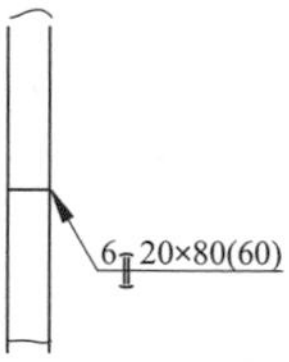 6 20×80(60)	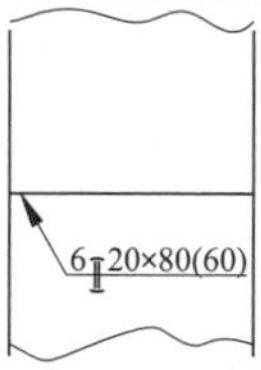 6 20×80(60)	兩邊之銲接尺度完全相同者，可省略其一，且副基線亦省略之例。

3.範例 3：V 形槽銲接

說明圖	銲道詳圖	符號標註		備註
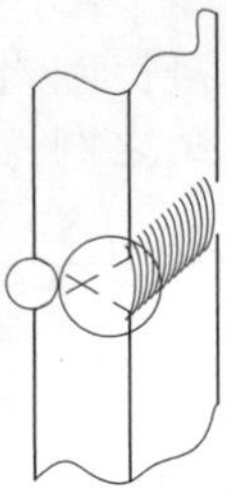	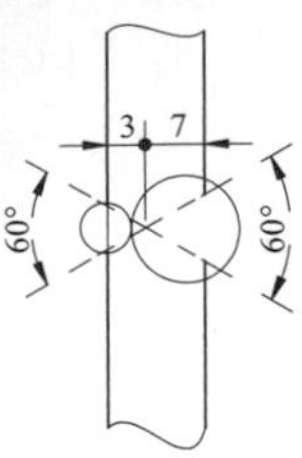 3 7 60° 60°	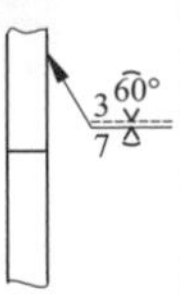 3 60° 7	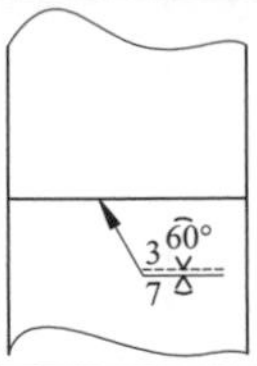 3 60° 7	箭頭對邊加副基線之例。
		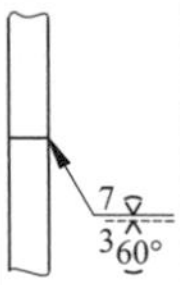 7 3 60°	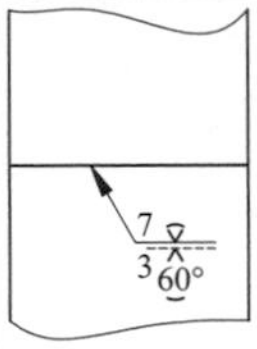 7 3 60°	同上。
	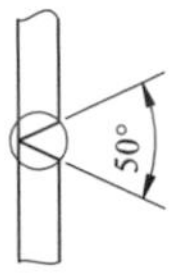 50°	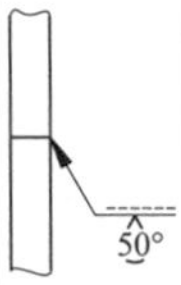 50°	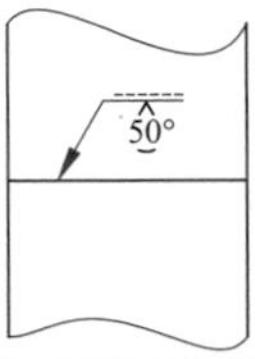 50°	銲道深度為全部厚度，且銲接長度為銲接件全長之例。
	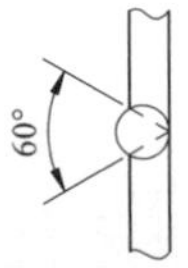 60°	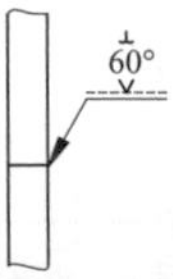 60°	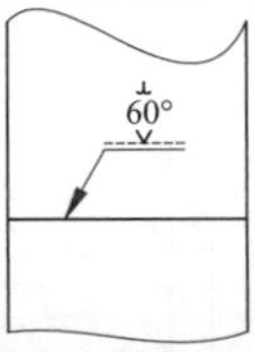 60°	同上。
	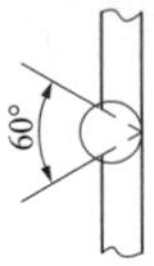 60°	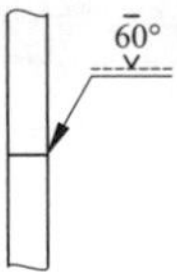 60°	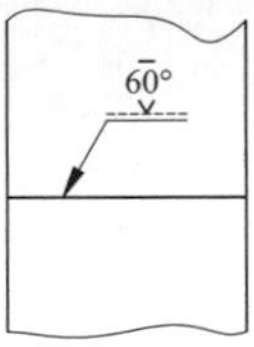 60°	同上。
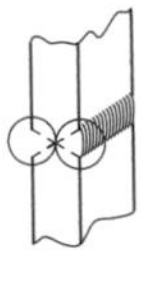	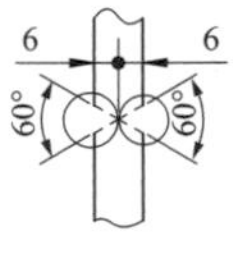 6 6 60° 60°	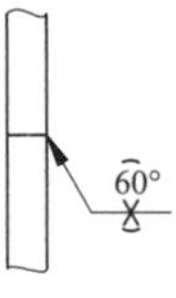 60°	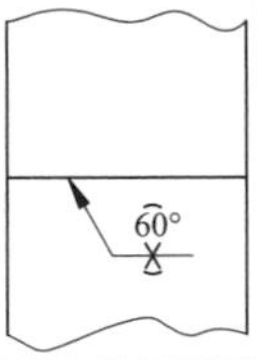 60°	箭頭邊及箭頭對邊之符號及尺度完全相同時，副基線省略之例。

4.範例 4：單斜形槽銲接

說明圖	銲道詳圖	符號標註		備註
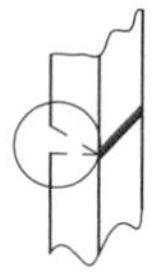	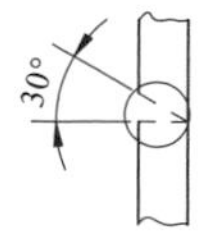 30°	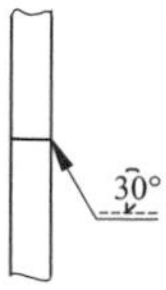 30°	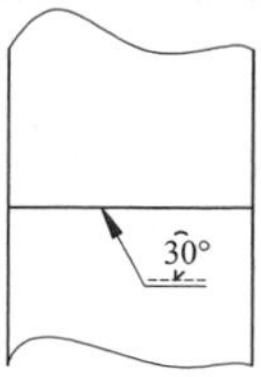 30°	箭頭應指向須開槽之銲接件。
	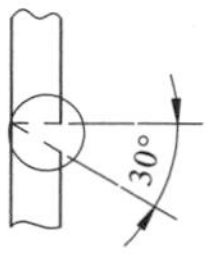 30°	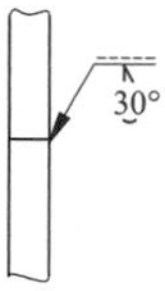 30°	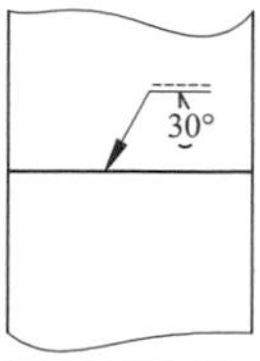 30°	同上。
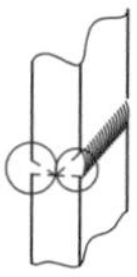	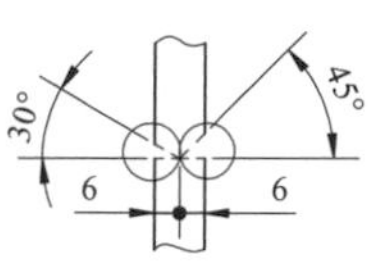 30° 45° 6 6	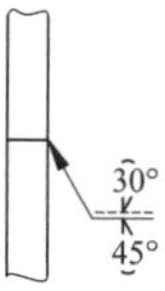 30° 45°	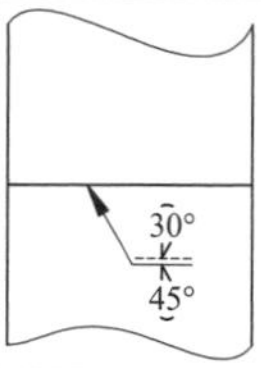 30° 45°	
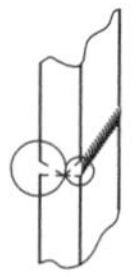	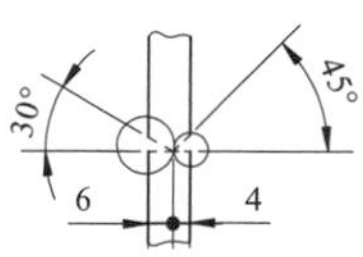 30° 45° 6 4	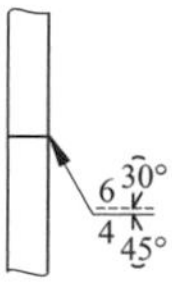 6 30° 4 45°	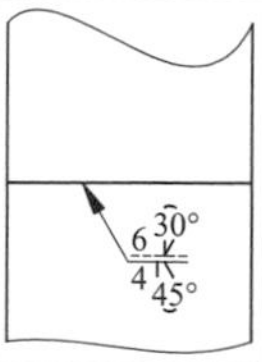 6 30° 4 45°	
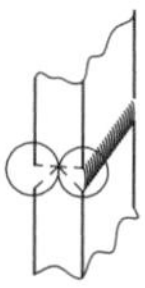	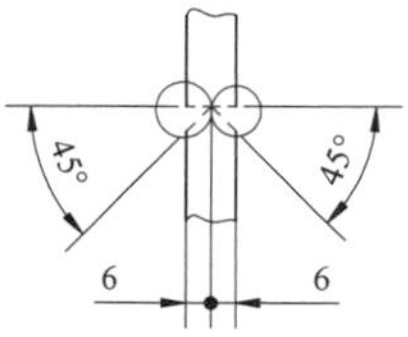 45° 45° 6 6	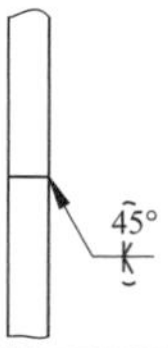 45°	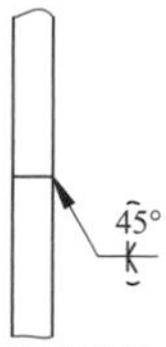 45°	

5. 範例 5：Y 形槽銲接

說明圖	銲道詳圖	符號標註		備註
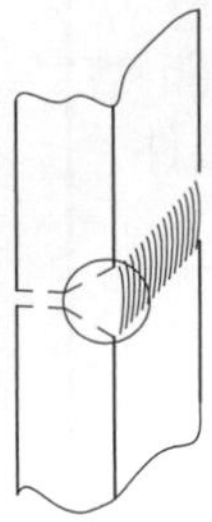	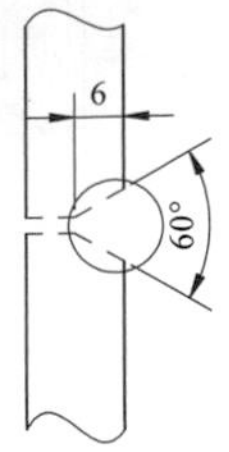 6 60°	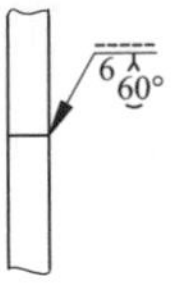 6 60°	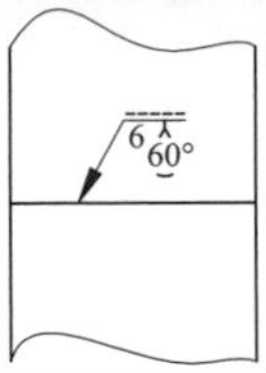 6 60°	Y 形槽銲接必須標註銲道深度。
		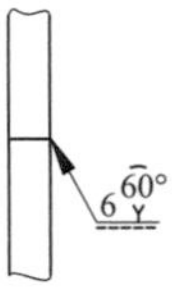 6 60°	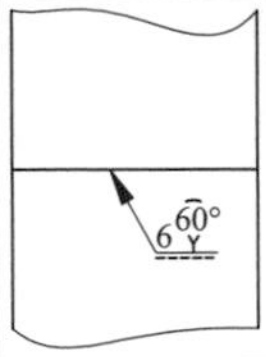 6 60°	同上。
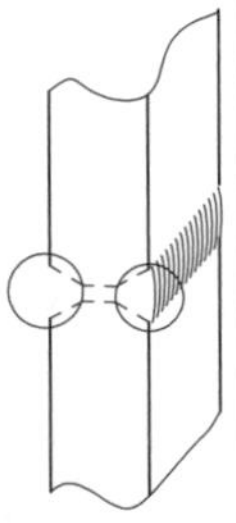	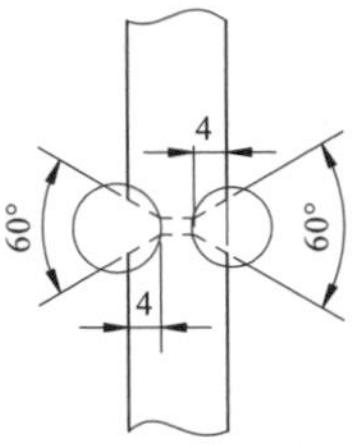 4 60° 60° 4	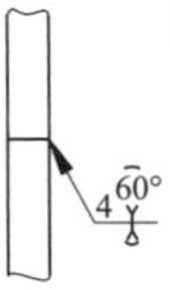 4 60°	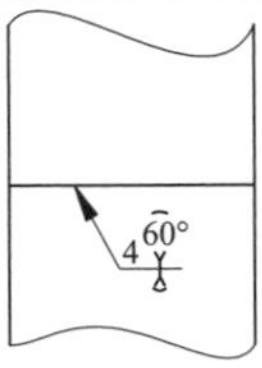 4 60°	箭頭邊及箭頭對邊之符號及尺度完全相同時，副基線省略之例。
		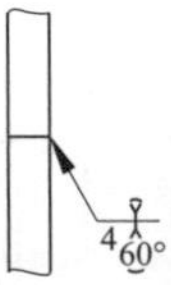 4 60°	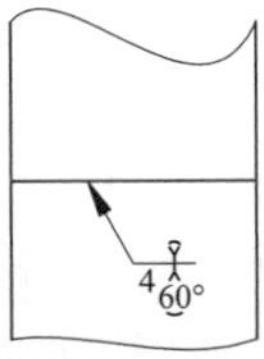 4 60°	同上。
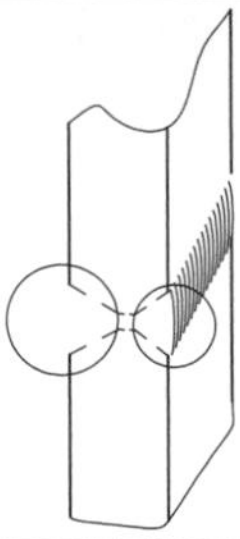	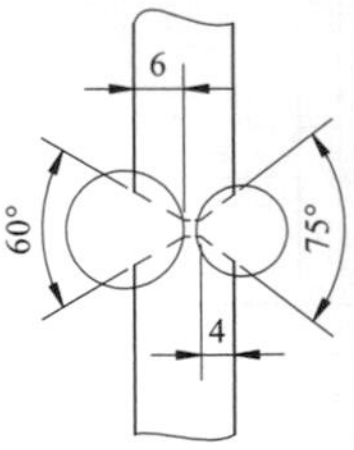 6 60° 75° 4	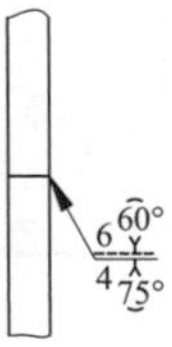 6 60° 4 75°	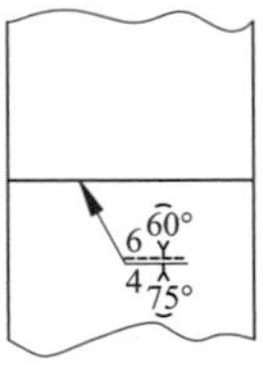 6 60° 4 75°	箭頭邊及箭頭對邊之尺度不同應加副基線識別之例。

習　題

1. 試述銲接符號之組成。
2. 試述標示線之意義。
3. 試述各種銲接之名稱及基本符號。
4. 試述各種銲接輔助符號。
5. 試述有關箭頭邊符號之標註位置規定。
6. 試述有關箭頭對邊符號之標註位置規定。
7. 試述下列銲接方法之英文名稱及代號。

(1)電弧銲　(2)原子氫弧銲
(3)氣體遮護金屬電弧銲　(4)惰氣遮護鎢極電弧銲
(5)電漿電弧銲　(6)潛弧銲
(7)遮護金屬電弧銲　(8)氣銲
(9)空氣乙炔氣銲　(10)氧乙炔氣銲
(11)電阻銲　(12)閃光銲
(13)高週波電阻銲　(14)撞擊銲
(15)浮凸銲　(16)電阻縫銲
(17)電阻點銲　(18)端壓銲
(19)冷銲　(20)爆炸銲
(21)摩擦銲　(22)超音波銲
(23)電子束銲　(24)電熱熔渣銲
(25)雷射銲

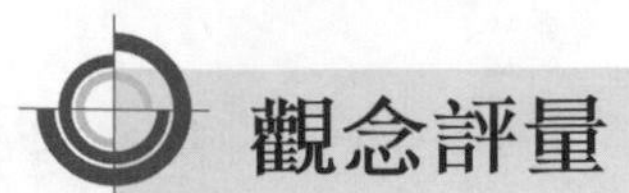

觀念評量

( ) 1. 下列何者不是銲接符號之組成?
(A)標示線 (B)基本符號 (C)輔助符號 (D)比例。

( ) 2. 下列何者不是標示線之組成?
(A)引線 (B)基線 (C)副基線 (D)輔助符號。

( ) 3. 標示線之引線、基線及尾叉用
(A)粗實線 (B)細實線 (C)虛線 (D)鏈線 表示。

( ) 4. 若在箭頭邊銲接,則應將有關符號標註在何種線之上方或下方?
(A)基線 (B)副基線 (C)尺度線 (D)尾叉。

( ) 5. 若在箭頭對邊銲接,則應將有關符號標註在何種線之上方或下方?
(A)基線 (B)副基線 (C)尺度線 (D)尾叉。

( ) 6. 若在箭頭邊及箭頭對邊銲接,則應將有關符號標註在何種線之上方或下方?
(A)基線 (B)副基線 (C)尺度線 (D)尾叉。

( ) 7. 電阻點銲代號為
(A) OAW (B) RW (C) RSW (D) RFW。

( ) 8. 雷射銲代號為
(A) USW (B) EBW (C) LBW (D) EXW。

( ) 9. 標示線之副基線及尾叉用
(A)粗實線 (B)細實線 (C)虛線 (D)鏈線 表示。

( ) 10. 尾叉係在基線之另一端成多少角度之開叉?
(A) 30° (B) 40° (C) 60° (D) 90°。

( ) 11. 銲接輔助符號“○”表示
(A)現場全周銲接 (B)現場銲接 (C)全周銲接 (D)起槽銲接。

( ) 12. 銲接輔助符號“⚑”表示
(A)現場銲接 (B)浮凸銲接 (C)角接 (D)全周銲接。

(　) 13.銲接輔助符號 "⚑" 表示

(A)現場全周銲接　(B)現場銲接　(C)全周銲接　(D)起槽銲接。

(　) 14.銲接圖中的 "◡" 符號表示

(A)背後銲接　(B)填角銲接　(C)凸緣銲接　(D)點銲接。

(　) 15.銲接圖中的 "◺" 符號表示

(A)背後銲接　(B)填角銲接　(C)凸緣銲接　(D)點銲接。

(　) 16.銲接圖中的 "||" 符號表示

(A)背後銲接　(B)端緣銲接　(C)凸緣銲接　(D)點銲接。

(　) 17.銲接圖中的 "╯╰" 符號表示

(A)背後銲接　(B)凸緣銲接　(C)背後銲接　(D)點銲接。

(　) 18.銲接圖中的 "_/" 符號表示

(A)背後銲接　(B)端緣銲接　(C)凸緣銲接　(D)平底 V 槽銲接。

(　) 19.銲接基本符號 "⊖" 係表示

(A)塞孔或塞槽銲接　(B)浮凸銲接　(C)縫銲接　(D)端壓銲接。

(　) 20.銲接基本符號中，下列何者表示為塞孔或塞槽銲接？

(A)◡　(B)○　(C)⊖　(D)⊓

(　) 21.電弧銲之代號為

(A) AW　(B) AHW　(C) GMAW　(D) GTAW。

(　) 22.惰氣遮護鎢極電弧銲之代號為

(A) AW　(B) AHW　(C) GMAW　(D) GTAW。

(　) 23.氧乙炔氣銲代號為

(A) OAW　(B) RW　(C) RSW　(D) RFW。

(　) 24.超音波銲代號為

(A) USW　(B) EBW　(C) LBW　(D) EXW。

(　) 25.電子束銲代號為

(A) USW　(B) EBW　(C) LBW　(D) EXW。

Memo

工作圖

17-1　工作圖

17-2　零件圖

17-3　組合圖

17-4　標題欄

17-5　零件表

17-6　基本工作圖繪製要點

17-7　基本零件圖繪製

17-8　基本組合圖繪製

17－1 工作圖

1. 工作圖

(1)工作圖 (Working Drawing) 為提供零件之形狀、尺度、加工、檢驗、組合、裝配關係的圖面。

(2)工作圖能將設計者的理想構想，藉由圖面精確地傳達給有關生產製造人員，而不須設計者另加解說。

(3)工作圖是設計和生產的重要技術文件，更是交流和表達工程人員之設計思想、概念的有效工具。

2. 工作圖的內容

(1)機件各部分形狀的表達（型態的描述）。

(2)機件各部分尺度的表達（大小的描述）。

(3)說明性的註解：以文字或符號說明。

(4)各圖面標題的說明。

(5)機械各部分關係位置的表達（裝配組合位置的描述）。

(6)零件表及材料表。

3. 工作圖的分類

(1)零件圖 (Part Drawing)：提供製造機件所需各項詳細資料，又稱為詳圖 (Detail Drawing)。

(2)組合圖 (Assembly Drawing)：用來表示各機件於裝配組合時顯示彼此相對關係。

(3)其他：因製圖的便利或特殊的需要亦可使用特殊用圖來表達，包括列表圖、標準圖、加工程序圖等。

17-2 零件圖

1.零件圖

(1)零件圖是將機械零件加工製造有直接關係的資料詳細表達的圖面。

(2)零件圖是零件製造的依據、生產工作的基準，如圖 17-2-1 及圖 17-2-2 所示。

2.零件圖繪製要點

(1)一般在零件圖上不畫標準零件，只在零件表上註明。

(2)零件圖不繪件號線，當多數個零件同時繪於一張圖紙上時，件號以寫在視圖上方為原則。

(3)零件圖件號以不加圓圈為原則。

(4)零件圖各視圖應均衡分布於圖紙上。

(5)零件圖視圖之方位盡量與加工製造程序中之方向一致。

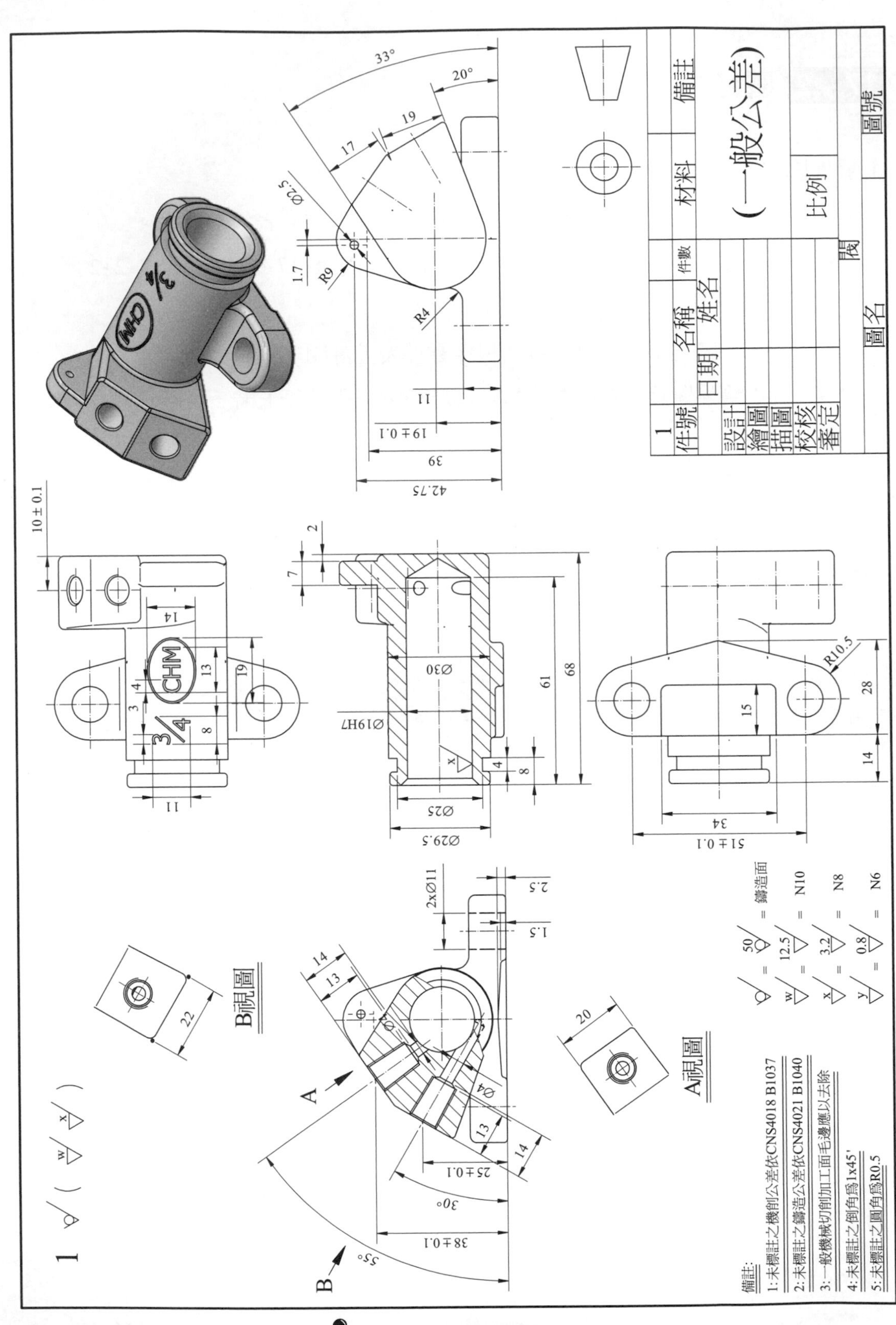
B視圖
A視圖
= 鑄造面
= N10
= N8
= N6
備註:
1:未標註之機削公差依CNS4018 B1037
2:未標註之鑄造公差依CNS4021 B1040
3:一般機械切削加工面毛邊應以去除
4:未標註之倒角為1x45°
5:未標註之圓角為R0.5
件號
名稱
件數
材料
備註
1
設計
繪圖
描圖
校核
審定
日期
姓名
(一般公差)
比例
圖名
圖號

圖 17-2-1 零件圖(一)

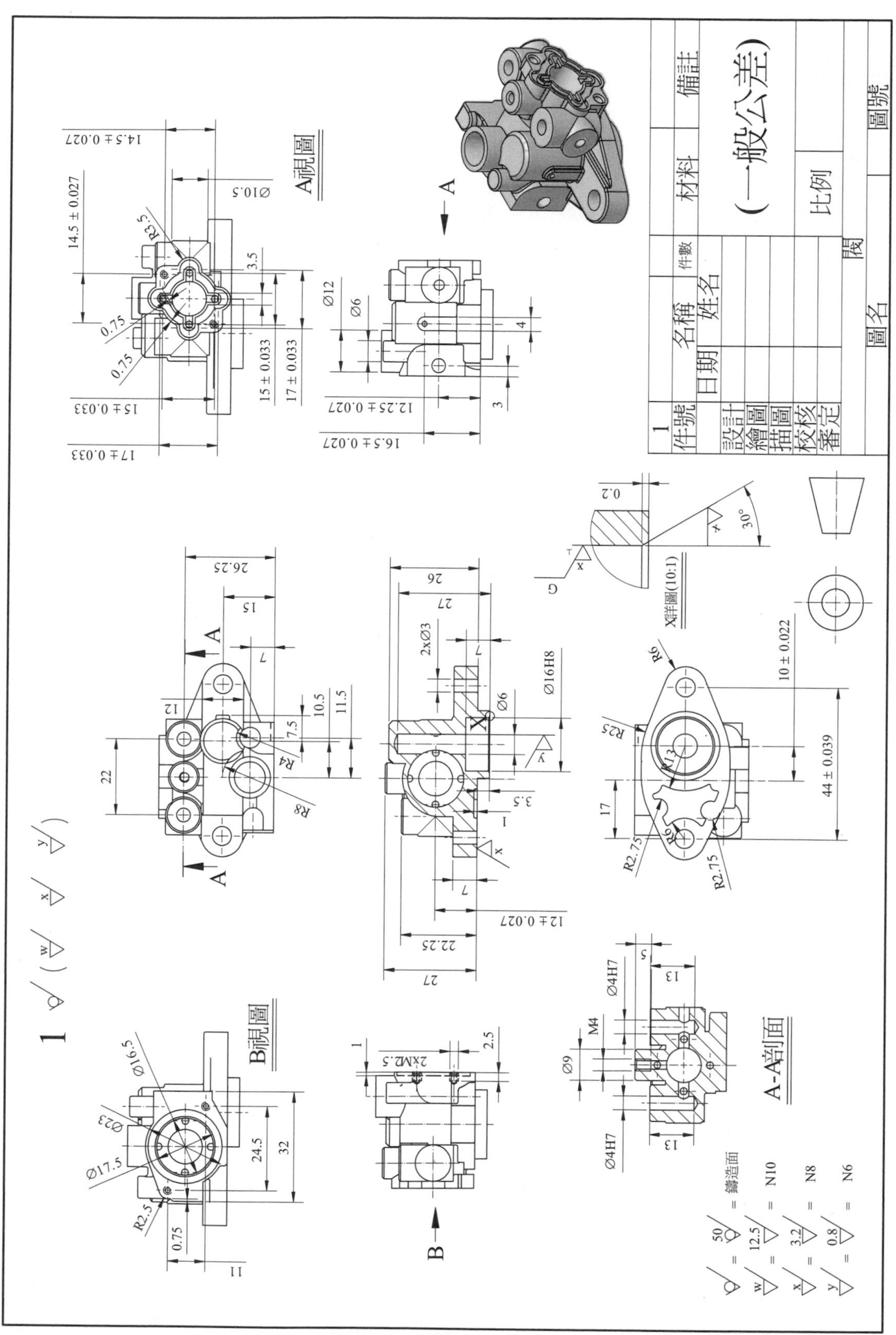
A視圖
B視圖
A-A剖面
X詳圖(10:1)
件號
名稱
件數
材料
備註
(一般公差)
設計
繪圖
描圖
校核
審定
日期
姓名
比例
圖名
圖號
鑄造面
N10
N8
N6

圖 17-2-2　零件圖(二)

17－3 組合圖

1.組合圖

(1)組合圖是用來表達機構或機械裝配組合之圖面，它可以說明零件間的裝配關係和相關位置、主要零件的尺度、各零件名稱及零件材料等資料。

(2)組合圖主要是供給裝配員安裝工作及品管員檢驗之用，如圖 17–3–1 及圖 17–2–2 所示。

2.組合圖繪製要點

(1)組合圖布局時，機件之各視圖應均衡分布於圖紙上。

(2)組合圖視圖之方位盡量與加工製造程序中之方向一致。

(3)組合圖用為標示機件之件號，其字高為尺度數字高之二倍。

(4)組合圖中件號線用細實線，由該零件內引出。

(5)組合圖中件號線在零件內之一端加一小黑點，另端對準件號數字之中心。

(6)組合圖中件號線盡量避免垂直或水平。

(7)件號以不加圓圈為原則。

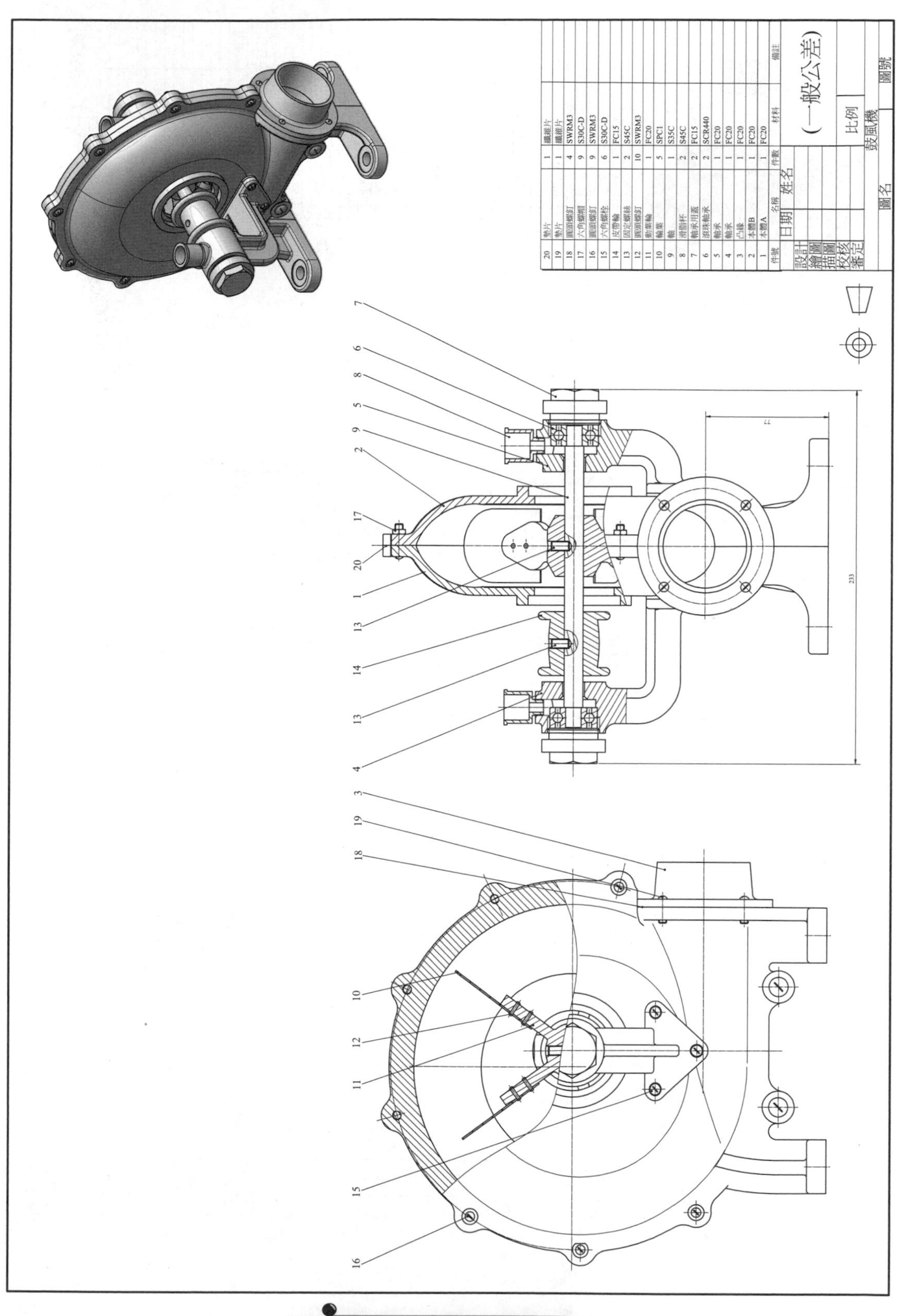

20 墊片 1 纖維片
19 墊片 1 纖維片
18 圓頭螺釘 4 SWRM3
17 六角螺帽 9 S30C-D
16 圓頭螺釘 9 SWRM3
15 六角螺栓 6 S30C-D
14 皮帶輪 1 FC15
13 固定螺絲 2 S45C
12 圓頭螺釘 10 SWRM3
11 動葉輪 1 FC20
10 輪葉 5 SPC1
9 軸 1 S35C
8 滑脂杯 2 S45C
7 軸承用蓋 2 FC15
6 滾珠軸承 2 SCR440
5 軸承 1 FC20
4 軸承 1 FC20
3 凸緣 1 FC20
2 本體B 1 FC20
1 本體A 1 FC20
件號 名稱 件數 材料 備註
設計 繪圖 描圖 校核 審定
日期 姓名
(一般公差)
比例
鼓風機
圖名
圖號
77
233

圖 17-3-1　組合圖(一)

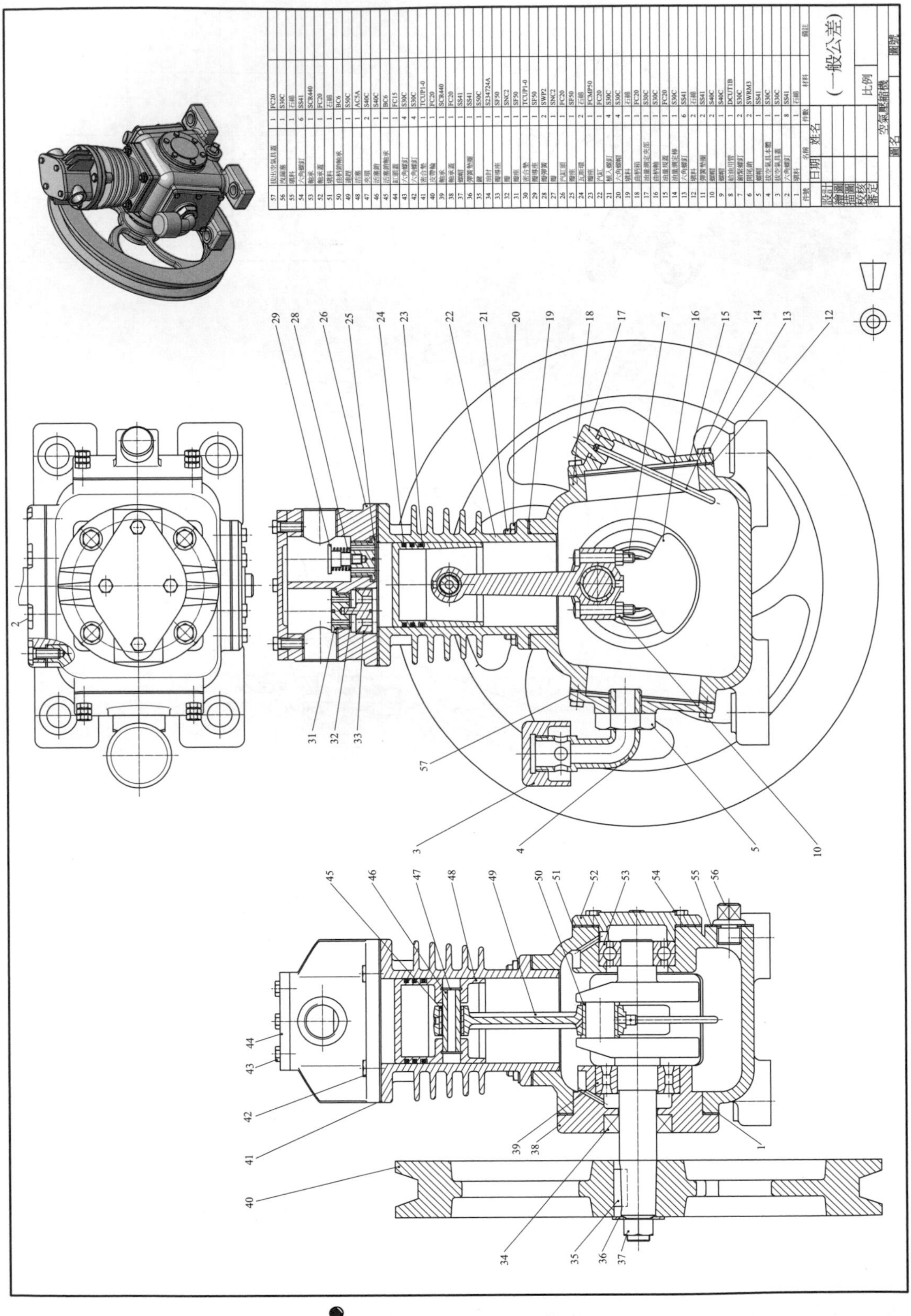

件號	名稱	件數	材料	備註
57	拔出空氣具蓋	1	FC20	
56	洩漏塞	1	S30C	
55	填料	1	石綿	
54	六角螺釘	6	SS41	
53	軸承	1	SCR440	
52	軸承蓋	1	FC20	
51	填料	1	石綿	
50	曲柄銷軸承	1	BC6	
49	連桿	1	S50C	
48	活塞	1	AC5A	
47	夾環	2	S40C	
46	活塞銷	1	S40C	
45	活塞銷軸承	1	BC6	
44	缸頭蓋	1	FC15	
43	六角螺釘	4	S30C	
42	六角螺釘	4	S30C	
41	密合墊	1	TCUP1-0	
40	皮帶輪	1	FC20	
39	軸承	1	SCR440	
38	軸承蓋	1	FC20	
37	螺帽	1	SS41	
36	彈簧墊圈	1	SS41	
35	鍵	1	S50C	
34	油封	1	S234724A	
33	瓣導座	1	SF50	
32	瓣	1	SNC2	
31	瓣座	1	SF50	
30	密合墊	1	TCUP1-0	
29	瓣導座	1	SF50	
28	瓣彈簧	2	SWP2	
27	瓣	1	SNC2	
26	汽缸頭	1	FC20	
25	瓣座	1	SF50	
24	瓦斯環	2	石綿	
23	瓣座	1	FCMP50	
22	汽缸	1	FC20	
21	植入螺釘	4	S30C	
20	六角螺帽	4	S30C	
19	填料	1	石綿	
18	曲柄箱	1	FC20	
17	油量測定夾部	1	S30C	
16	曲柄軸	1	S30C	
15	油量規蓋	1	FC20	
14	油量測定棒	1	S30C	
13	六角螺釘	6	SS41	
12	填料	2	石綿	
11	彈簧墊圈	2	SS41	
10	螺帽	2	S40C	
9	螺帽	1	S40C	
8	給油用管	1	DCUT1B	
7	鎖緊螺釘	2	S30C	
6	開尾銷	2	SWRM3	
5	螺帽	1	SS41	
4	拔空氣具本體	1	S30C	
3	拔空氣具蓋	1	S30C	
2	六角螺釘	8	SS41	
1	填料	1	石綿	

	日期	姓名	(一般公差)
設計			
繪圖			
描圖			
校核			比例
審定			
圖名	空氣壓縮機		圖號

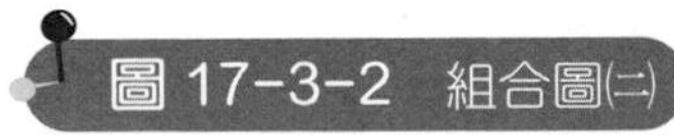
圖 17-3-2 組合圖(二)

17－4 標題欄

1. 標題欄

(1)標題欄為工作圖中不可或缺的重要資料；為使圖面易於查閱與管理，每一張工作圖均須繪製標題欄，如圖 17–4–1 所示。

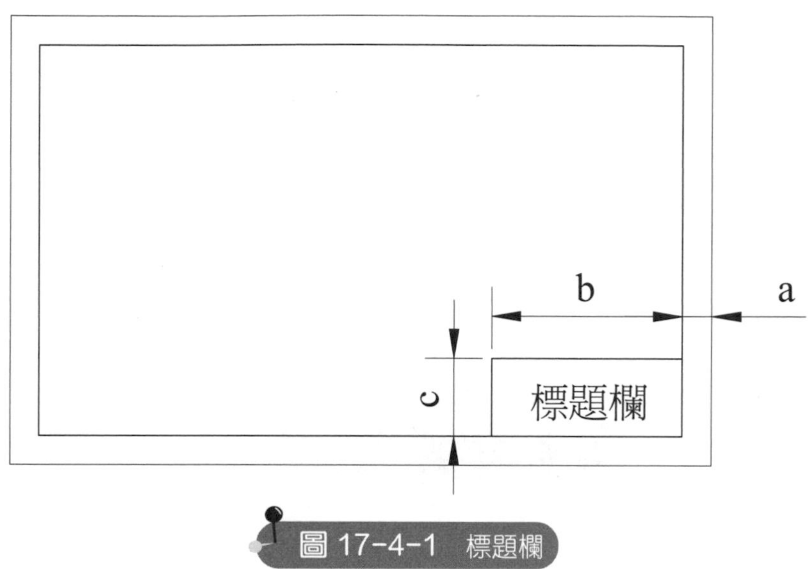

圖 17-4-1　標題欄

(2)標題欄大小：標題欄應置於圖紙之右下角，其右邊及下邊即為圖框線，其大小如表 17–4–1 所示。

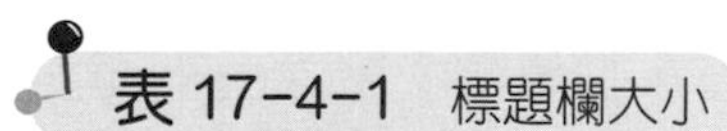
表 17-4-1　標題欄大小

圖紙大小	A0, A1, A2, A3, A4
標題欄大小 (mm)	55 × 175

2. 標題欄中包括以下事項

(1)圖名：包含零件圖的零件名稱或組合圖的機械或機構名稱。

(2)圖號：作為識別與管理之用。

(3)機構名稱：指校名或公司、企業名稱。

(4)設計、繪圖、描圖、校核、審定等人員姓名及日期。

(5)投影法（第一角法或第三角法）。

⑹比例：說明繪製圖面的比例大小。

⑺材料。

⑻一般公差。

標題欄各項之排列，如圖 17–4–2 所示。

<table>
<tr><td></td><td>日期</td><td>姓名</td><td colspan="2" rowspan="4">（一般公差）</td></tr>
<tr><td>設計</td><td></td><td></td></tr>
<tr><td>繪圖</td><td></td><td></td></tr>
<tr><td>描圖</td><td></td><td></td></tr>
<tr><td>校核</td><td></td><td></td><td rowspan="2">比例</td><td rowspan="2"></td></tr>
<tr><td>審定</td><td></td><td></td></tr>
<tr><td colspan="5">（機 構 名 稱）</td></tr>
<tr><td colspan="4">（圖 名）</td><td>（圖 號）</td></tr>
</table>

圖 17–4–2 標題欄中包括事項

17–5 零件表

1.零件表

⑴零件表可加在標題欄上方，其填寫次序為由下而上。

⑵零件表各項之排列舉例，如圖 17–5–1 所示。

2.零件表內容包括

⑴件號。

⑵名稱。

⑶件數。

⑷材料。

⑸備註。

5				
4				
3				
2				
1				
件號	名稱	件數	材料	備註
	日期	姓名	(一 般 公 差)	
設計				
繪圖				
描圖				
校核			比例	
審定				
(機 構 名 稱)				
(圖 名)				(圖 號)

圖 17-5-1 零件表填寫次序

3. 更改欄

⑴已發出之圖需更改時，應在圖上列表記載，以便日後查考。

⑵更改欄之形式舉例，如圖 17–5–2 所示。

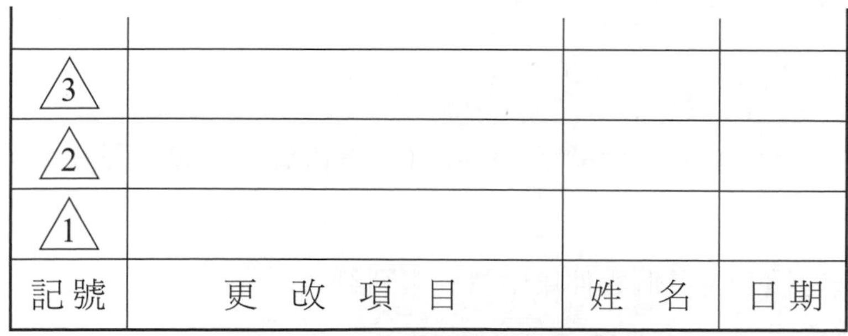

3			
2			
1			
記號	更 改 項 目	姓 名	日期

圖 17-5-2 更改欄之形式

17－6 基本工作圖繪製要點

1.基本工作圖

⑴機械產品通常是由一些具有一定獨立功能之組件所組成，而組件又是由各種單獨零件、標準元件等所組成。

⑵機械工作圖是實際提供零件之形狀、尺度、加工、檢驗或是機械的各部件組合裝配關係和結構營建的圖樣。

⑶工作圖根據零、組件的草圖或初步設計圖，使用繪圖儀器或電腦等設備準確繪製而成。它是設計和生產的重要技術文件，更是交流和表達工程人員的設計思想、概念的有效工具。

2.基本工作圖主要繪製要點

⑴機械工作圖主要可分為零件圖（亦稱詳圖）和機械組合圖。

⑵其他還有機械加工程序圖、機械機構運動作用圖、機械立體圖、基礎圖、安裝圖、配線圖、工廠佈置圖等。

⑶本章除了分別介紹各種機械圖外，另著重於零件圖及部分組合圖之繪製，以求切實掌握要領，培養出正確繪製及閱讀各種機械工程圖之能力。

17－7 基本零件圖繪製

1.零件圖

⑴零件圖是表達單獨零件之圖樣，一般在一張圖紙上只畫一個零件，使用於生產和管理。

⑵也有工廠習慣於將多個零件集中於一張圖紙中。

⑶零件圖繪製方式，如圖 17–7–1～圖 17–7–5 所示。

2.零件圖繪製要點

⑴繪製時各個零件圖應盡量按相關的裝配位置排列，或按加工方法及材料相同者放在同一張圖紙中。

⑵充分地表達清楚零件之各部分形狀所需的視圖，含多視圖、局部圖、剖面圖、輔助圖等。

(3)精確地標註出零件各部的尺寸和位置、配合公差等資料。

(4)說明零件在製造和檢驗時應達到的一些技術要求，例如表面粗糙度、尺寸公差、形狀及位置公差、材料及熱處理等。

(5)零件的件號用阿拉伯數字寫於視圖之上方，字高是尺寸數字的二倍。

(6)完整之標題欄及零件表以說明零件的名稱、材料、數量及圖號等資料，若有多個零件畫在同一張圖紙或組合圖中，都應有零件表對每個零件加以註明，其規格及內容後頁再另行介紹。

3.零件圖繪製步驟

(1)根據零件的用途、形狀特點、加工方法等選取前視圖和其他相關視圖。

(2)根據視圖的數目和實物大小確定適當的比例，並選擇合適的標準圖幅。

(3)畫出圖框及標題欄。

(4)畫出各視圖的中心線、軸線、基準線，把各視圖的位置定下來，各圖之間要注意預留充分的標註尺寸空間。

(5)依次由前視圖開始，繪製各視圖的主要輪廓線，畫圖時要注意各視圖間的投影關係，並應將各部分形狀的三個視圖同時畫出，如此可以提高繪圖效率，並保持視圖之準確性。

(6)畫出各視圖上的細節，如螺栓孔、銷孔、退刀槽、圓角等。

(7)仔細檢查草稿後，繪出剖面部分之剖面線。

(8)畫出全部尺寸線，並標註尺寸數字。

(9)標註公差及表面粗糙度符號。

(10)填寫技術要求和標題欄、零件表。

(11)最後進行檢查，確定無誤後，在標題欄內簽名。

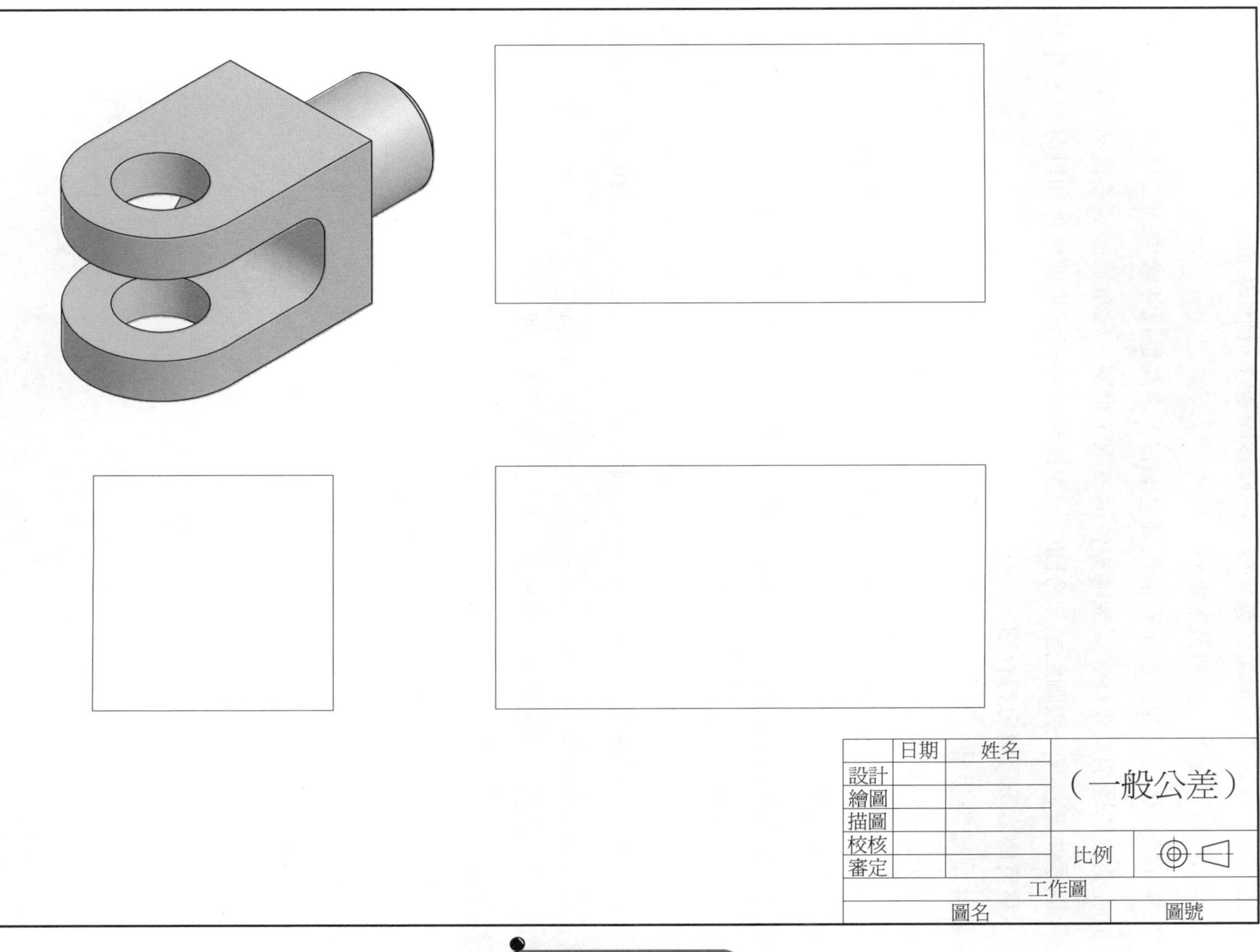

圖 17-7-1 布圖

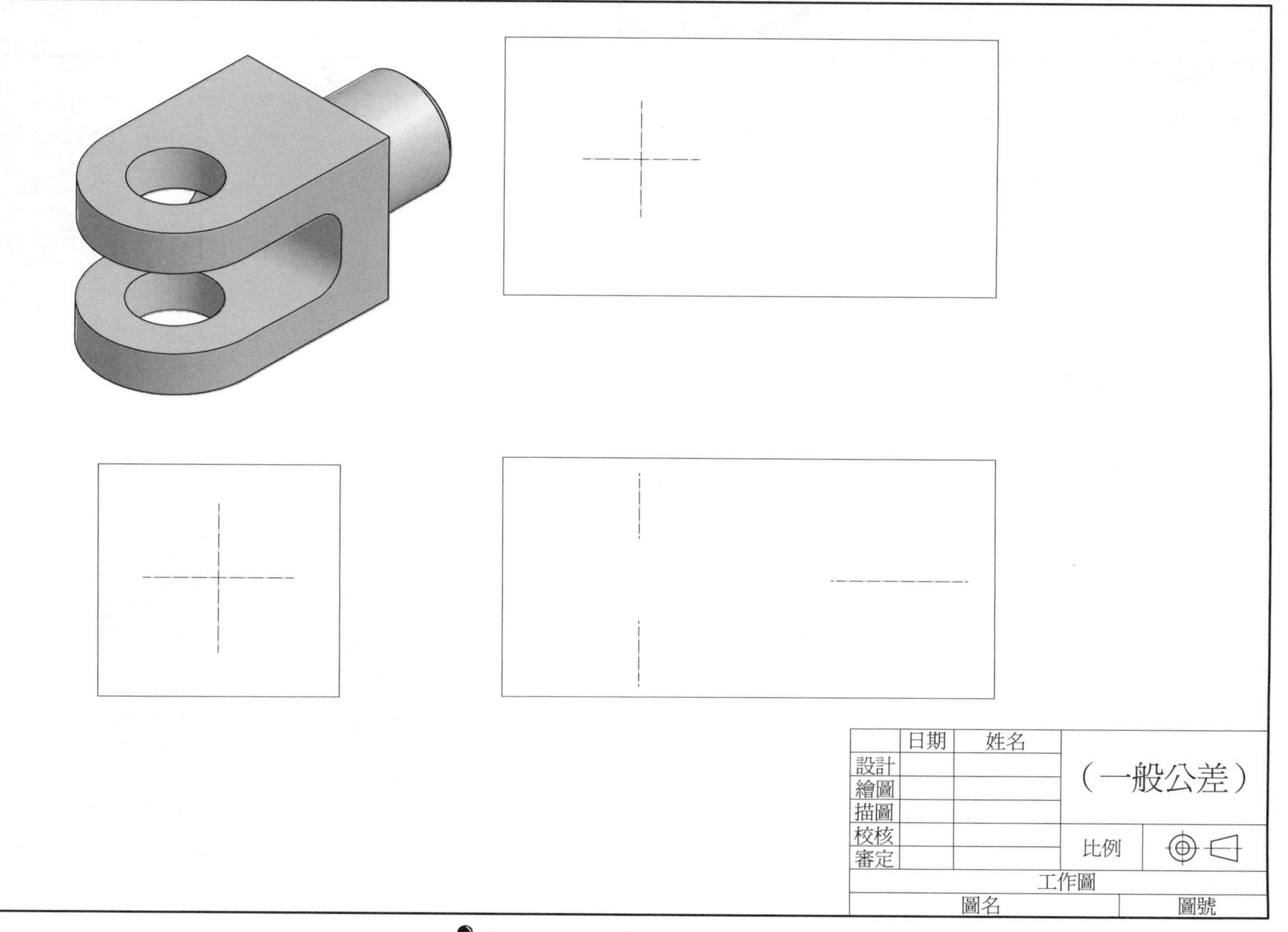

圖 17-7-2　繪製基準中心線

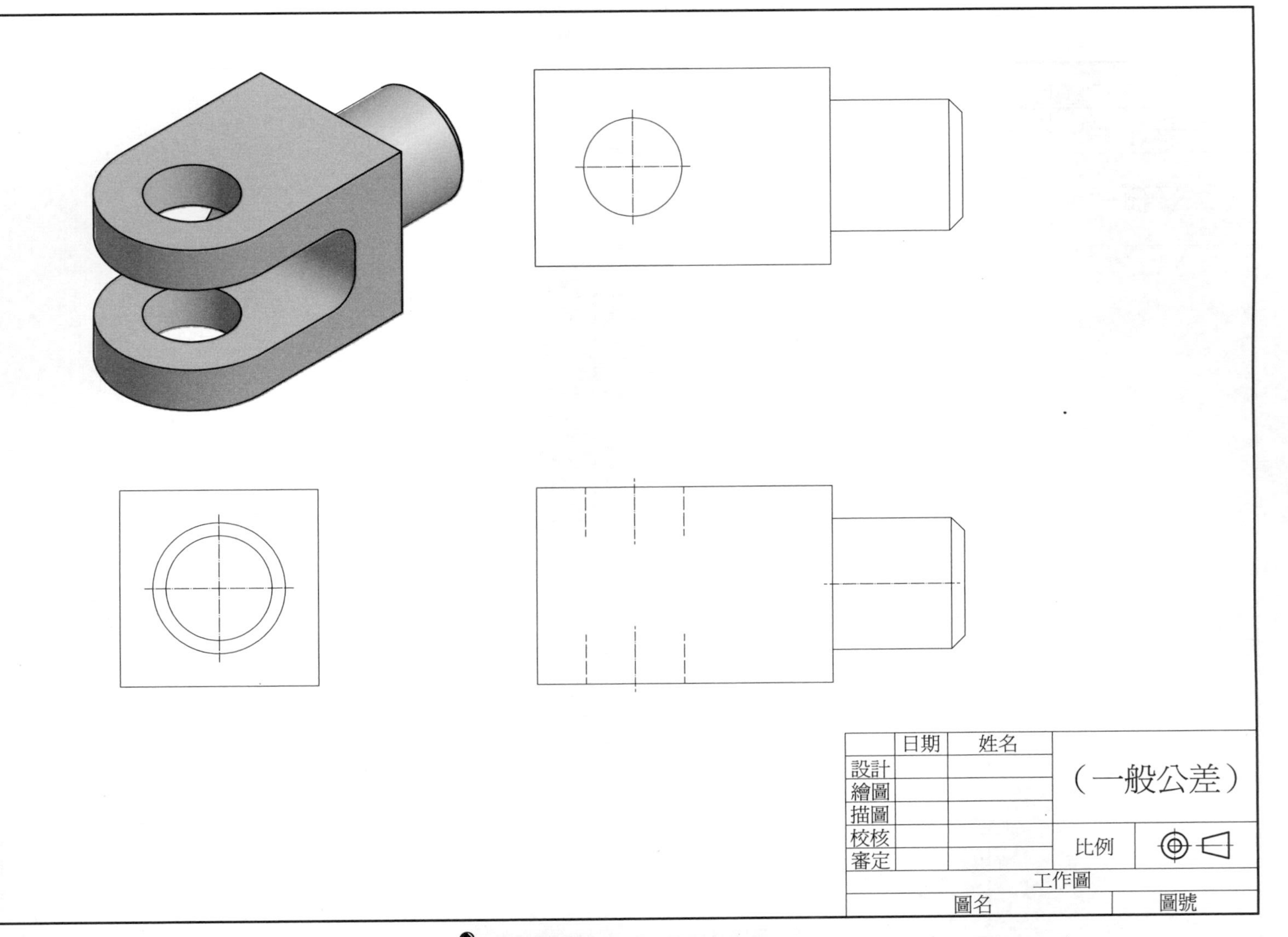

圖 17-7-3 繪製大致輪廓線

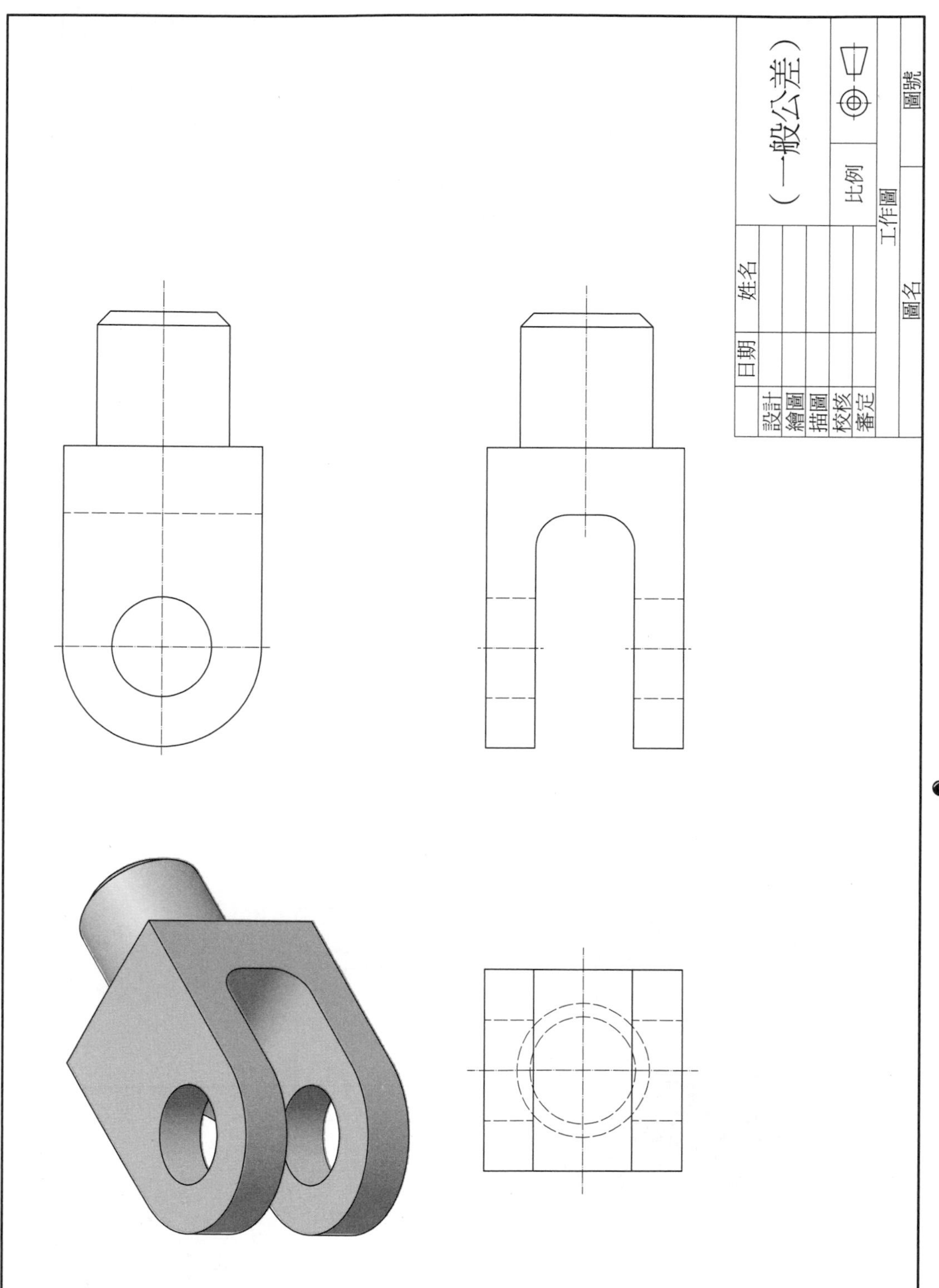

圖 17-7-4　完成投影

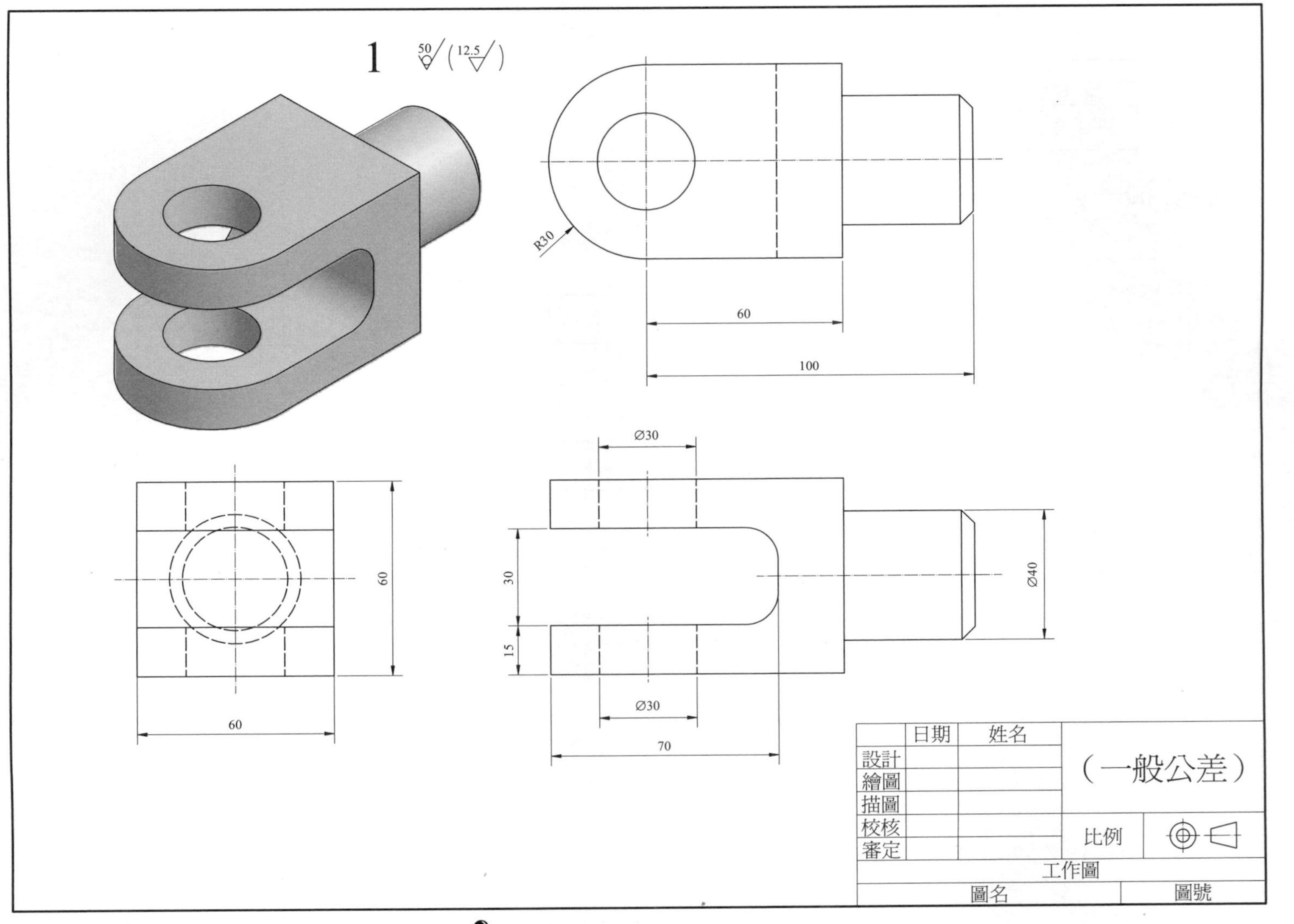

圖 17-7-5 尺度標註及完成

17－8 基本組合圖繪製

1.組合圖

⑴組合圖是表示機械全部組成的圖樣，使讀圖者能對該產品有一個總體概念。

⑵組合圖能了解各組成部分之用及相互關係，以作為裝配或拆卸之依據。

⑶組合圖繪製方式，如圖 17–8–1～圖 17–8–6 所示。

2.組合圖分類

⑴部分組合圖：是將複雜產品的各獨立組成部分，分別畫出其部分裝配圖，以表達該組成部分的詳細裝配結構及零件間的相互位置，主要裝配尺寸和配合代號，裝配的技術要求、零件表等。

⑵全部組合圖：表示機械全部組成的圖樣，以表達全部詳細裝配結構及零件間的相互位置，主要裝配尺寸和配合代號，裝配的技術要求、零件表等。

3.組合圖繪製要點

⑴完整表達產品輪廓或成套設備組成部分的安置位置圖形。

⑵完整表達產品的基本特性、主要參數及型號、規格等。

⑶完整表達產品的外形尺寸、安裝尺寸及安裝技術要求。

⑷完整表達機構運動部分的極限位置。

⑸總圖不可能表達產品的所有細節。

⑹不須畫出內部結構，盡量不使用隱藏線，以求圖形之清晰。

⑺件號在零件圖與組合圖中，每個零件都應編有件號，同一零件的件號在零件圖、組合圖中應保持一致。

⑻組合圖中之零件件號係由零件內以細實線引，在零件內的一端加畫小黑點，另一端標註件號。

⑼件號線不能與剖面線方向平行，也不要畫成水平或垂直，件號應依順時針或逆時針方向順序編製，並保持在水平及垂直方向上整齊排列，以達美觀、清晰易找的效果。

⑽完整之標題欄及零件表以說明零件的名稱、材料、數量及圖號等資料，若有多個零件畫在同一張圖紙或組合圖中，都應有零件表對每個零件加以註明，其規格及內容後頁再另行介紹。

4.組合圖繪製步驟

⑴按照選定的表達方案，根據所畫對象的大小，決定圖的比例、各視圖的位置以及圖幅的大小，畫出圖框並定出標題欄和零件表的位置；零件多時，零件表可以另外表列。

⑵畫各視圖的主要基準，例如主要的中心線、對稱線或主要端面的輪廓線等。

⑶畫主要裝配線，以前視圖為主，另外幾個視圖同時考慮，同步進行其他各視圖的繪製。

⑷依次畫其他裝配線，如小軸、滾輪、進、出口單向閥。

⑸畫細緻結構，如彈簧、螺釘、銷釘、螺釘孔以及各零件上的螺紋、倒角、退刀槽、圓角等。

⑹經過檢查後，加重線條，畫剖面線、標註尺寸及公差配合等。

⑺編註零件件號、填寫零件表、技術要求，等最後校核後，在設計繪圖欄內簽署名字和日期。

工作圖、組合圖之範例，如圖 17–8–1～圖 17–8–11。

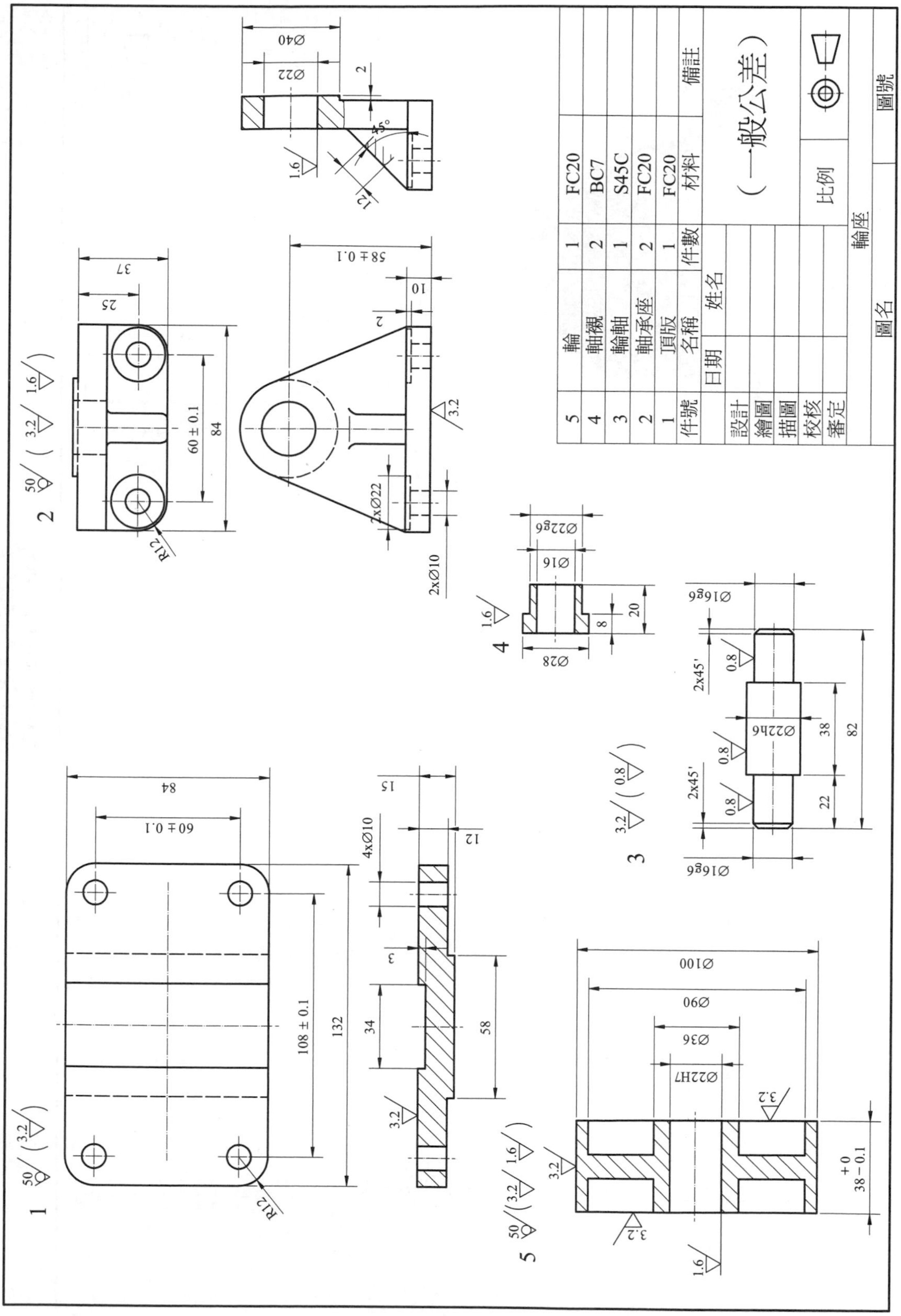

件號	名稱	件數	材料	備註
5	輪	1	FC20	
4	軸襯	2	BC7	
3	輪軸	1	S45C	
2	軸承座	2	FC20	
1	頂版	1	FC20	

（一般公差）

	日期	姓名	比例	
設計				
繪圖				
描圖				
校核				
審定				
圖名	輪座		圖號	

圖 17-8-1　充分了解零件圖

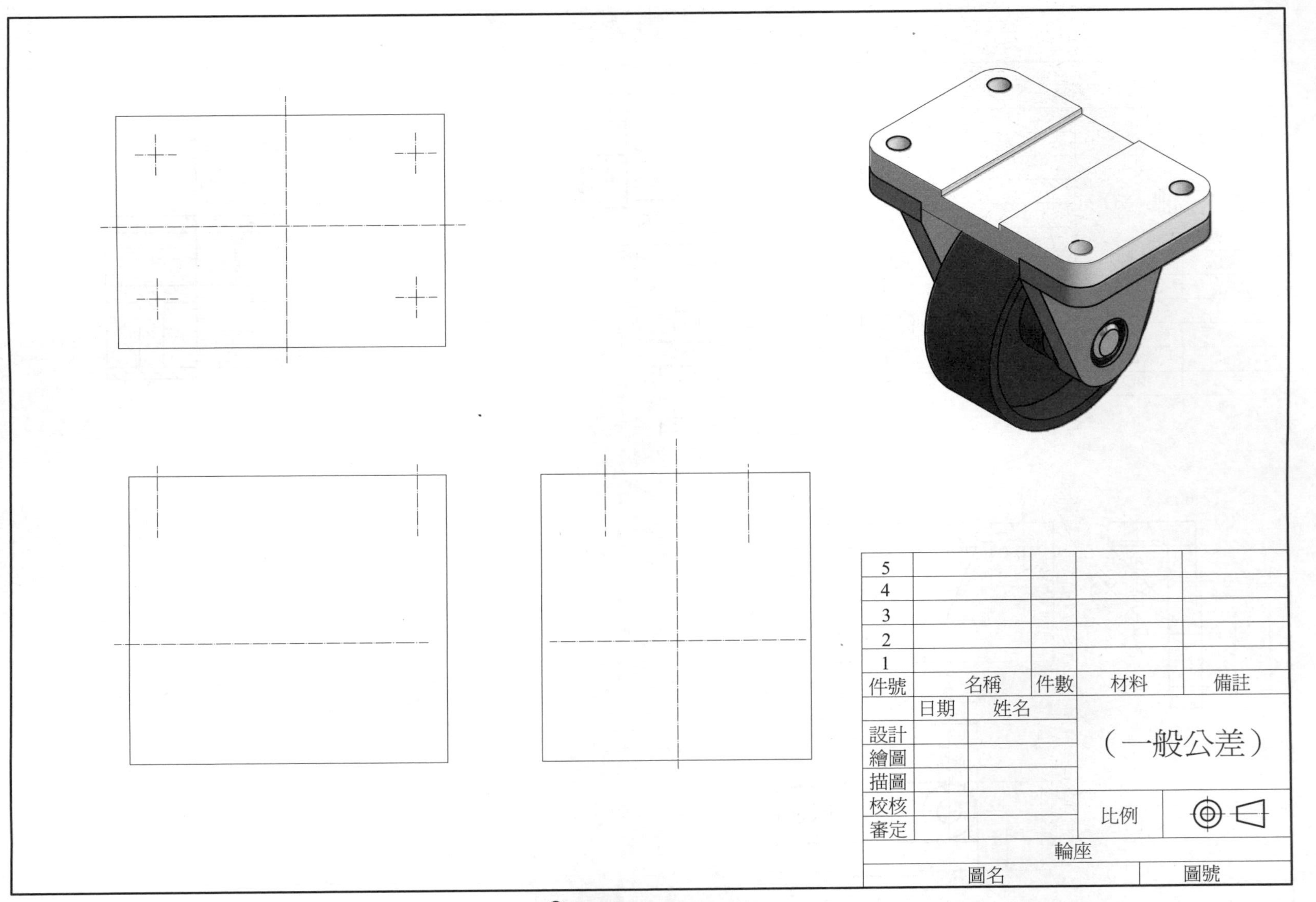

圖 17-8-2 布圖

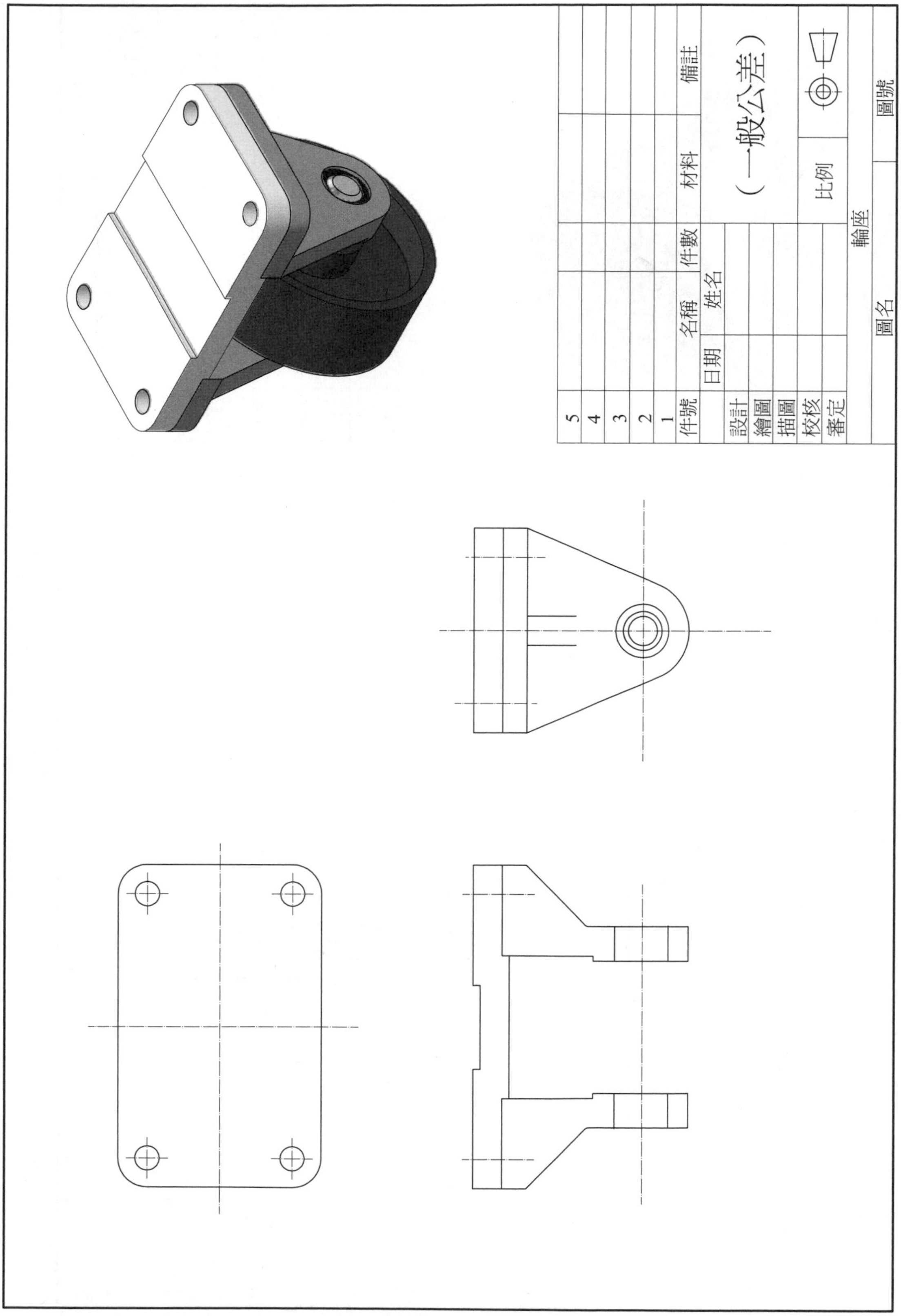

圖 17-8-3 繪製大致輪廓線

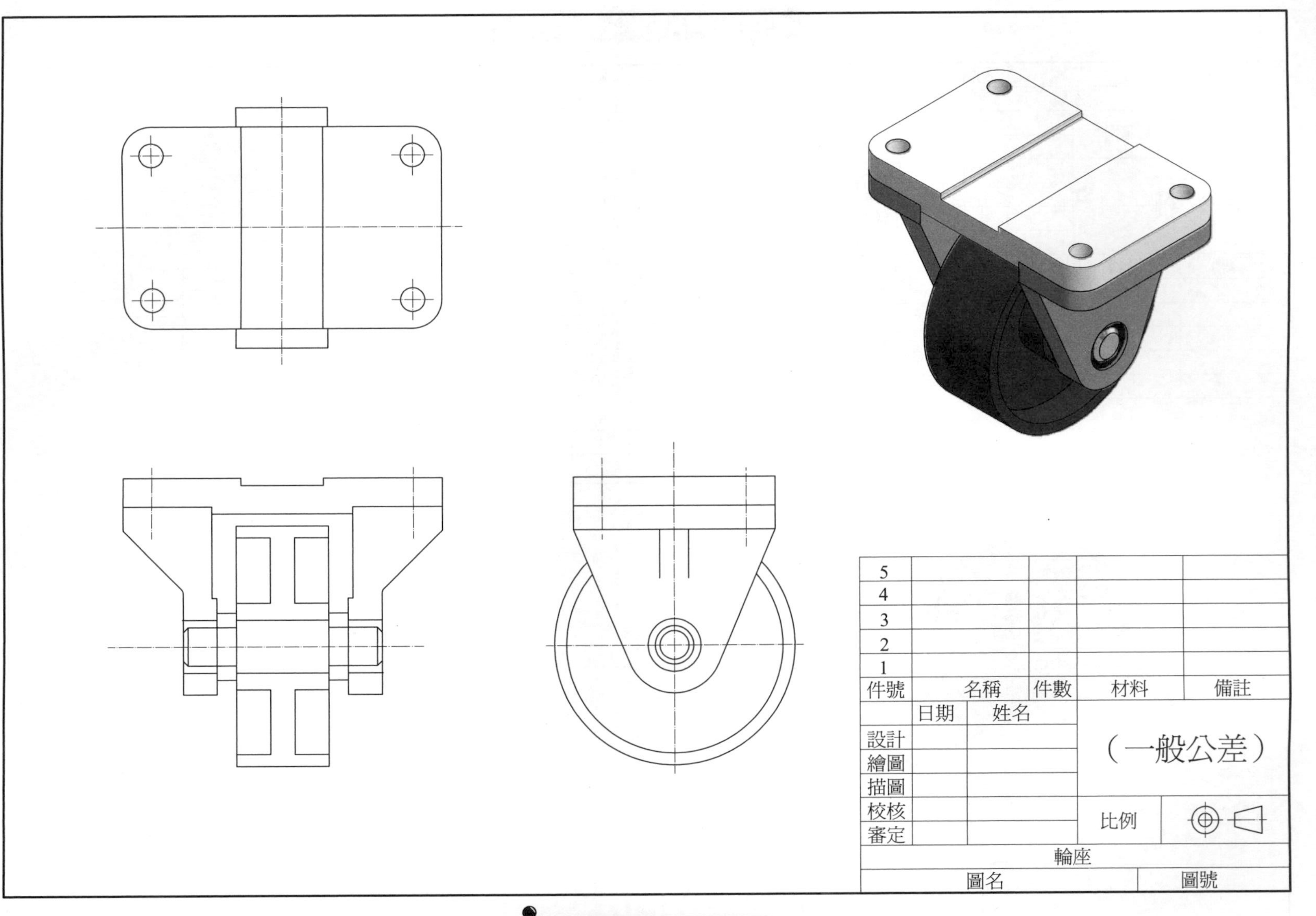

圖 17-8-4 完成投影

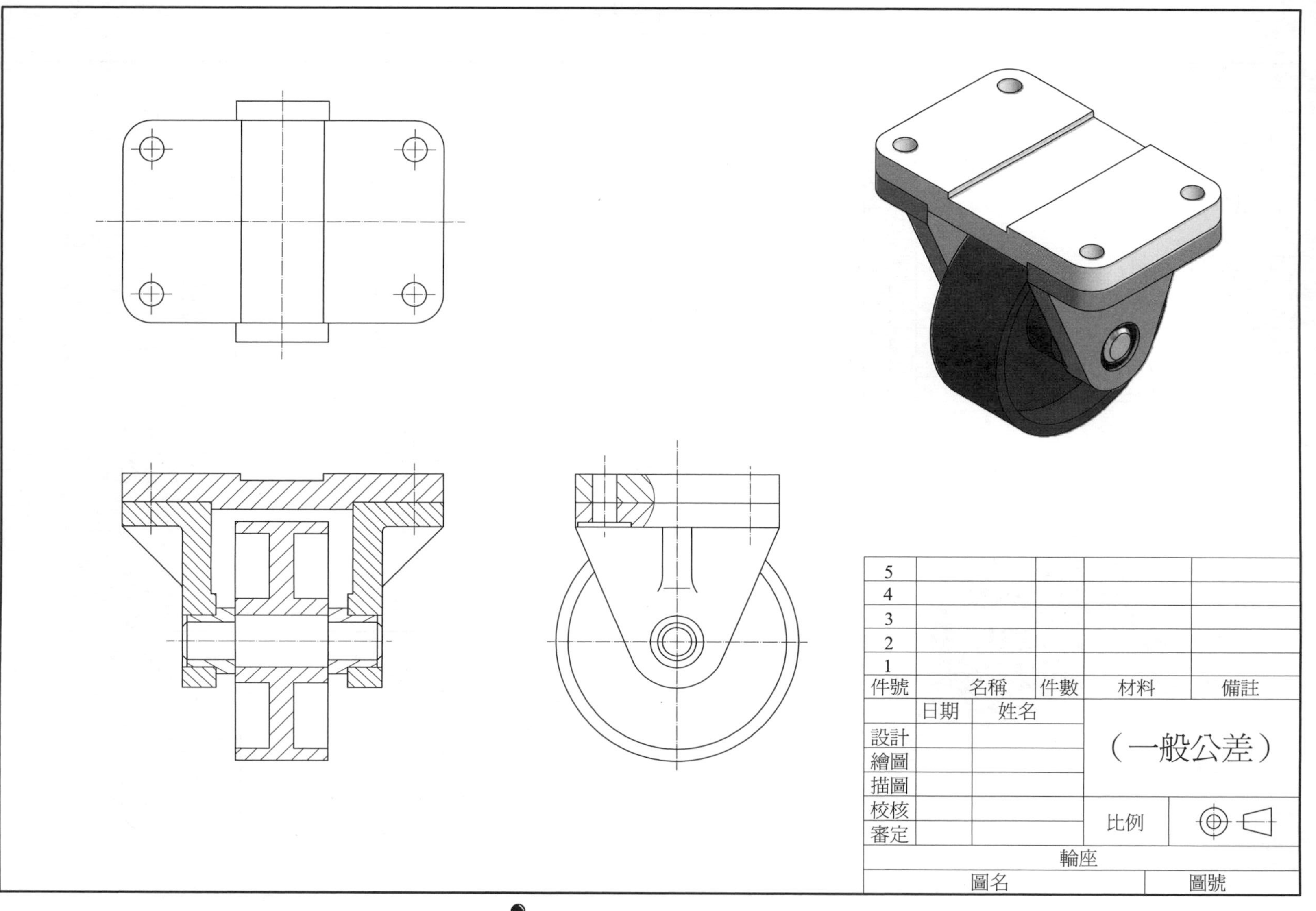

圖 17-8-5　繪製剖面線

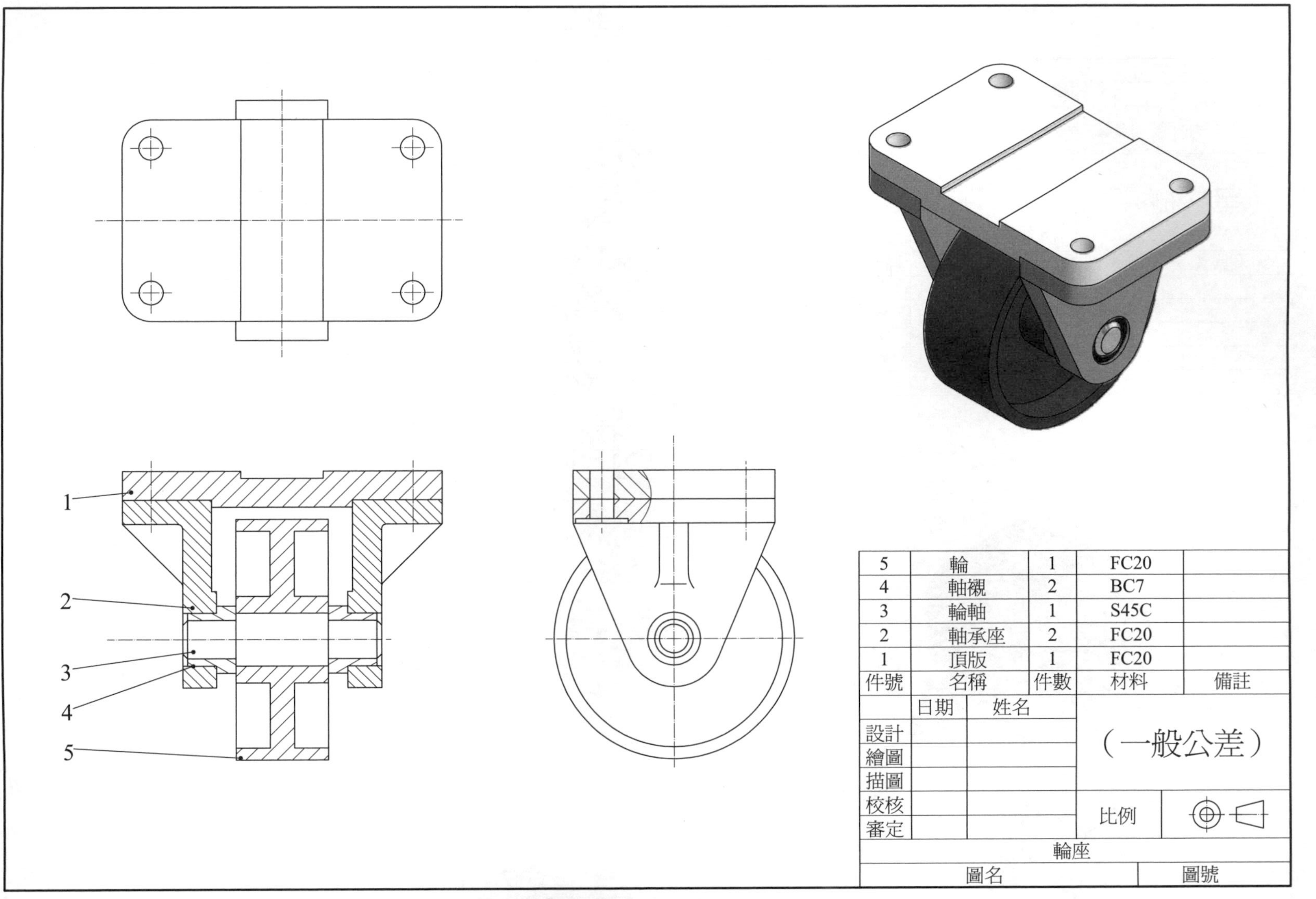

1
2
3
4
5
5 輪 1 FC20
4 軸襯 2 BC7
3 輪軸 1 S45C
2 軸承座 2 FC20
1 頂版 1 FC20
件號 名稱 件數 材料 備註
日期 姓名
設計
繪圖
描圖
校核
審定
(一般公差)
比例
輪座
圖名
圖號

圖 17-8-6 完成

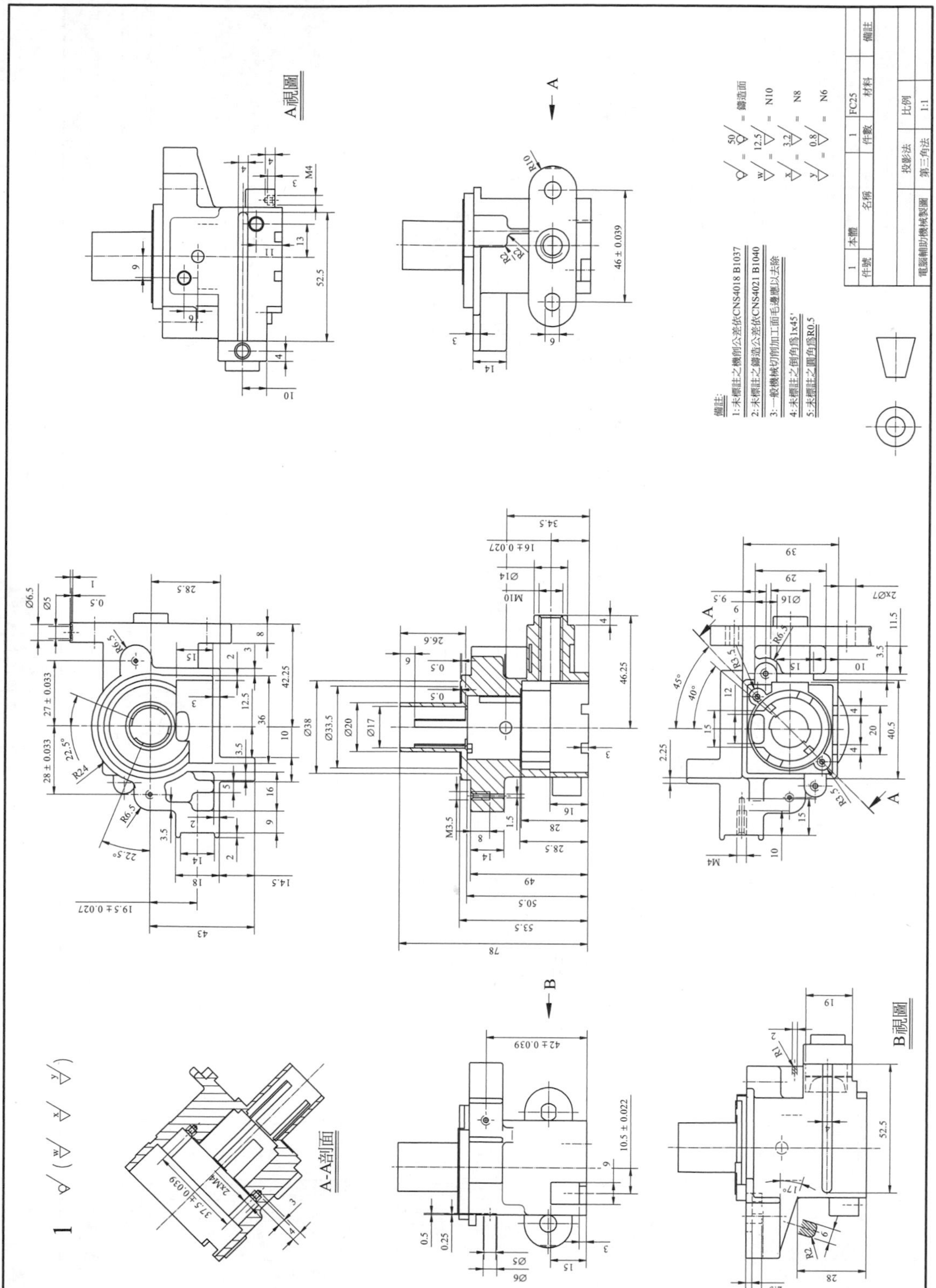
A視圖
B視圖
A-A剖面
備註:
1:未標註之機削公差依CNS4018 B1037
2:未標註之鑄造公差依CNS4021 B1040
3:一般機械切削加工面毛邊應以去除
4:未標註之倒角爲1x45°
5:未標註之圓角爲R0.5
1 本體 1 FC25
件號 名稱 件數 材料 備註
電腦輔助機械製圖 投影法 第三角法 比例 1:1

圖 17-8-7

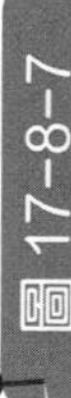

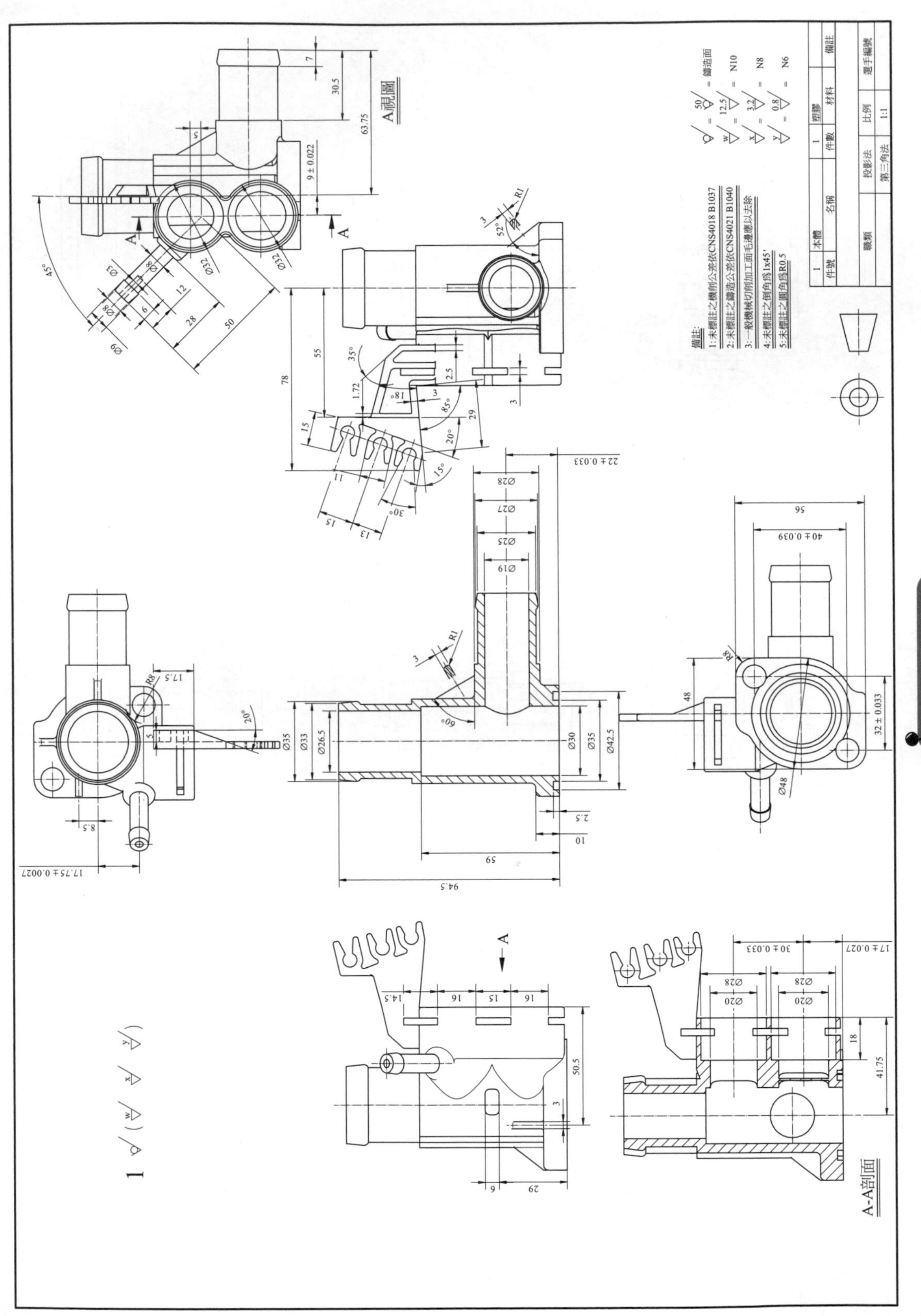

備註:
1:未標註之機削公差依CNS4018 B1037
2:未標註之鑄造公差依CNS4021 B1040
3:一般機械切削加工面毛邊應以去除
4:未標註之倒角為1x45°
5:未標註之圓角為R0.5
件號 | 名稱 | 件數 | 材料 | 備註
1 | 本體 | 1 | 塑膠
職類 | 投影法 | 比例 | 選手編號
第三角法 | 1:1
A視圖
A-A剖面

圖 17-8-8

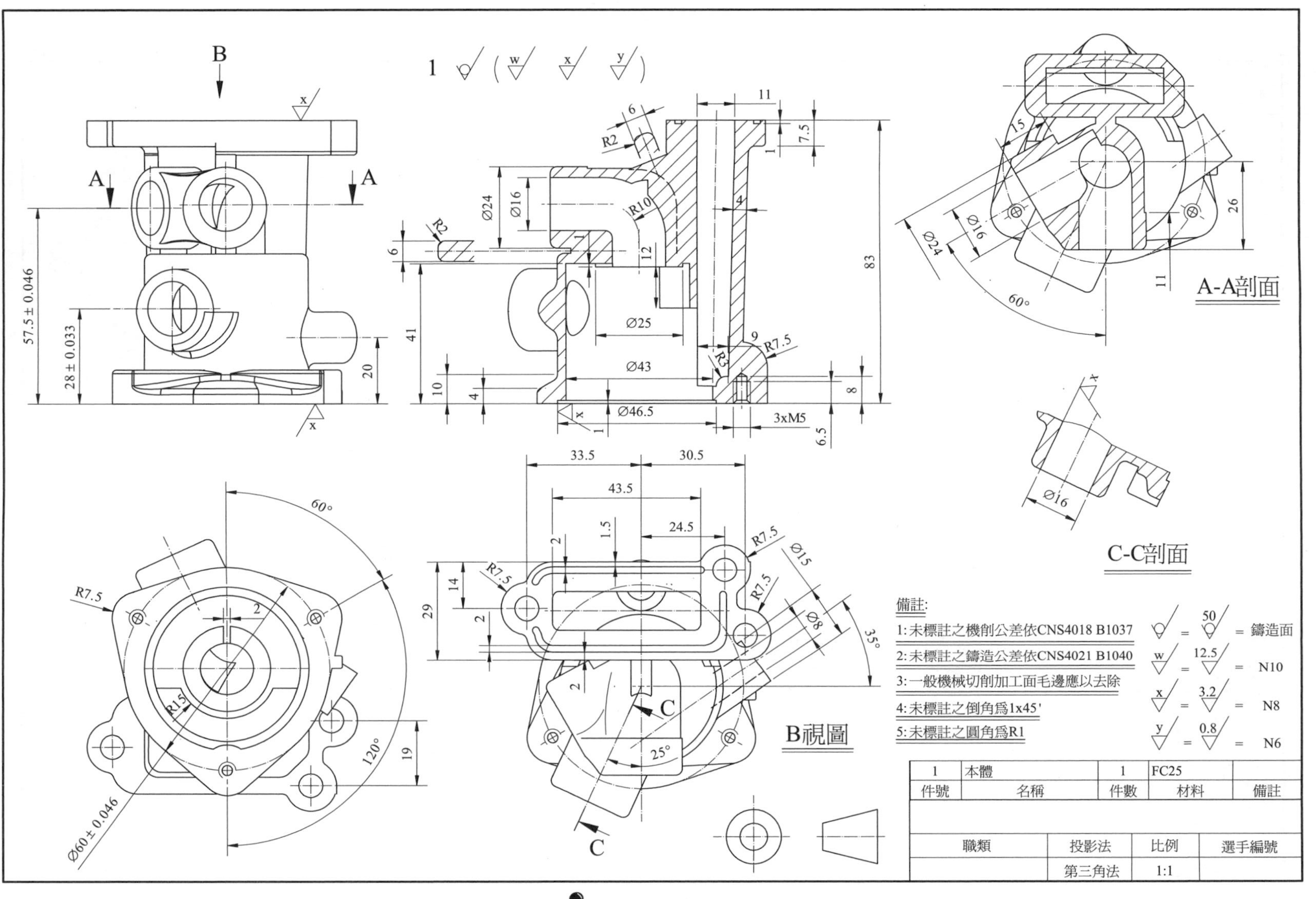
A-A剖面
C-C剖面
B視圖
備註:
1:未標註之機削公差依CNS4018 B1037
2:未標註之鑄造公差依CNS4021 B1040
3:一般機械切削加工面毛邊應以去除
4:未標註之倒角爲1x45'
5:未標註之圓角爲R1
= 鑄造面
= N10
= N8
= N6
1 本體 1 FC25
件號 名稱 件數 材料 備註
職類 投影法 比例 選手編號
第三角法 1:1

圖 17-8-9

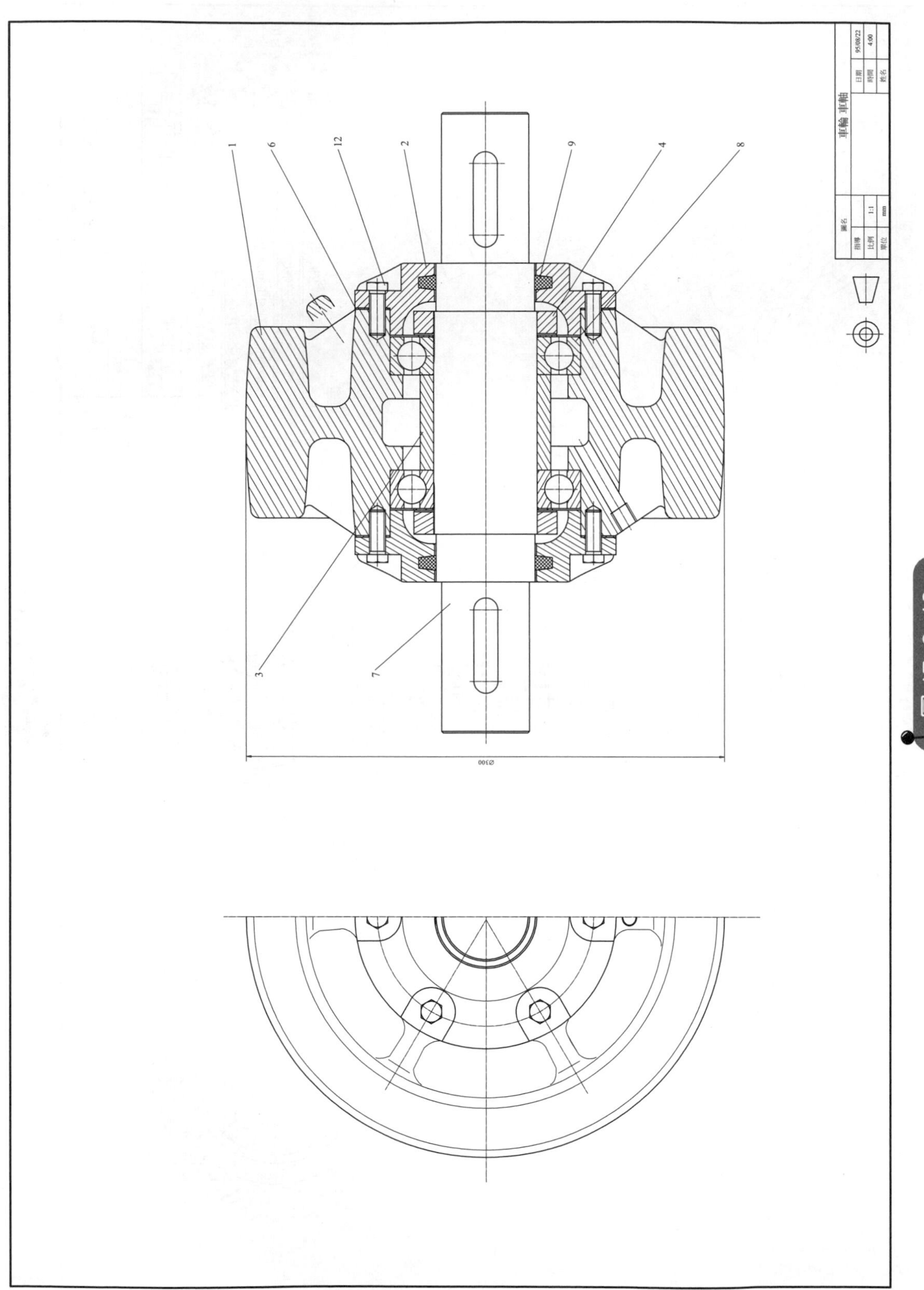

圖 17-8-10

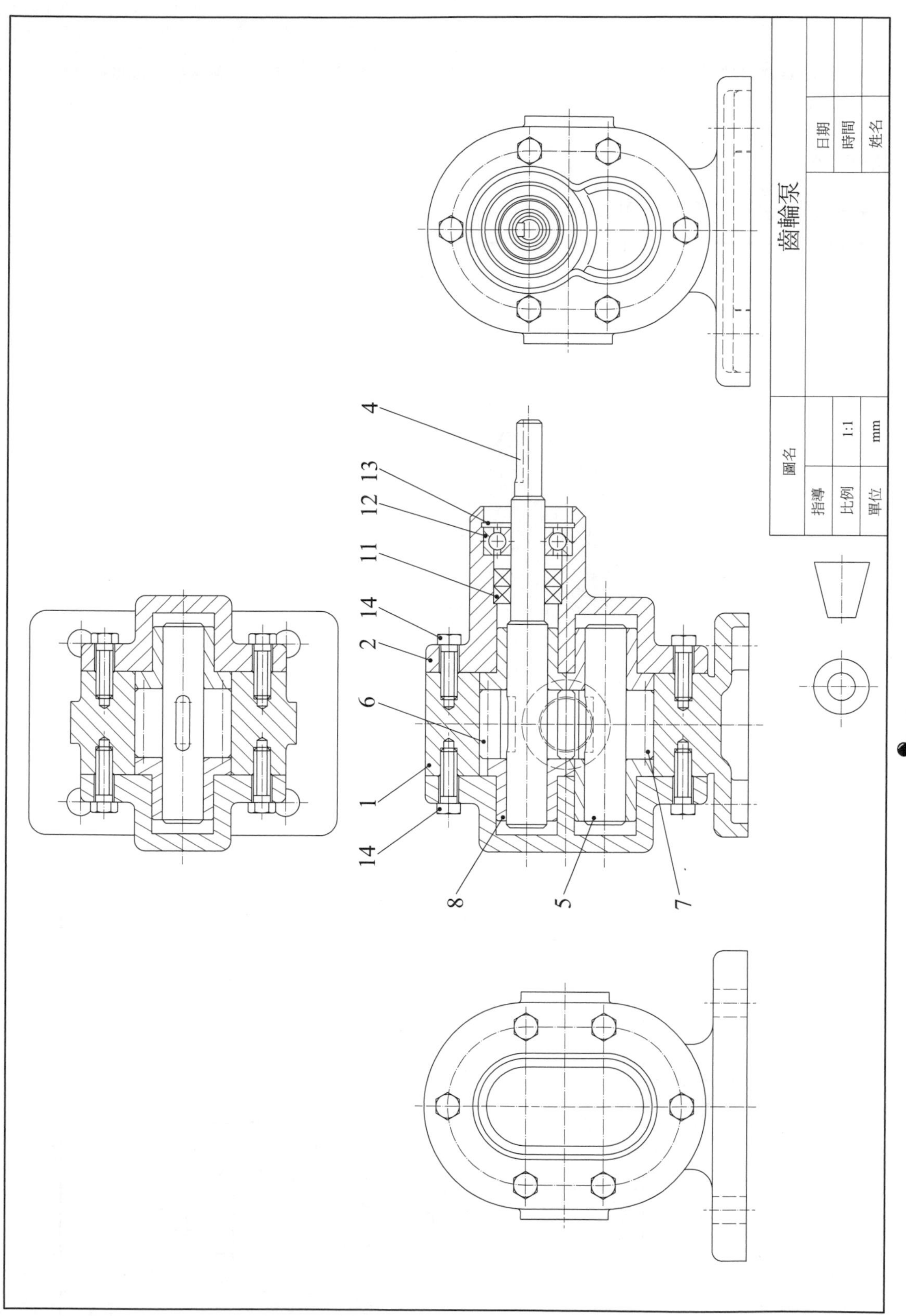

圖 17-8-11

習　題

PART A

1. 繪出下圖之工作圖（比例 1:1）

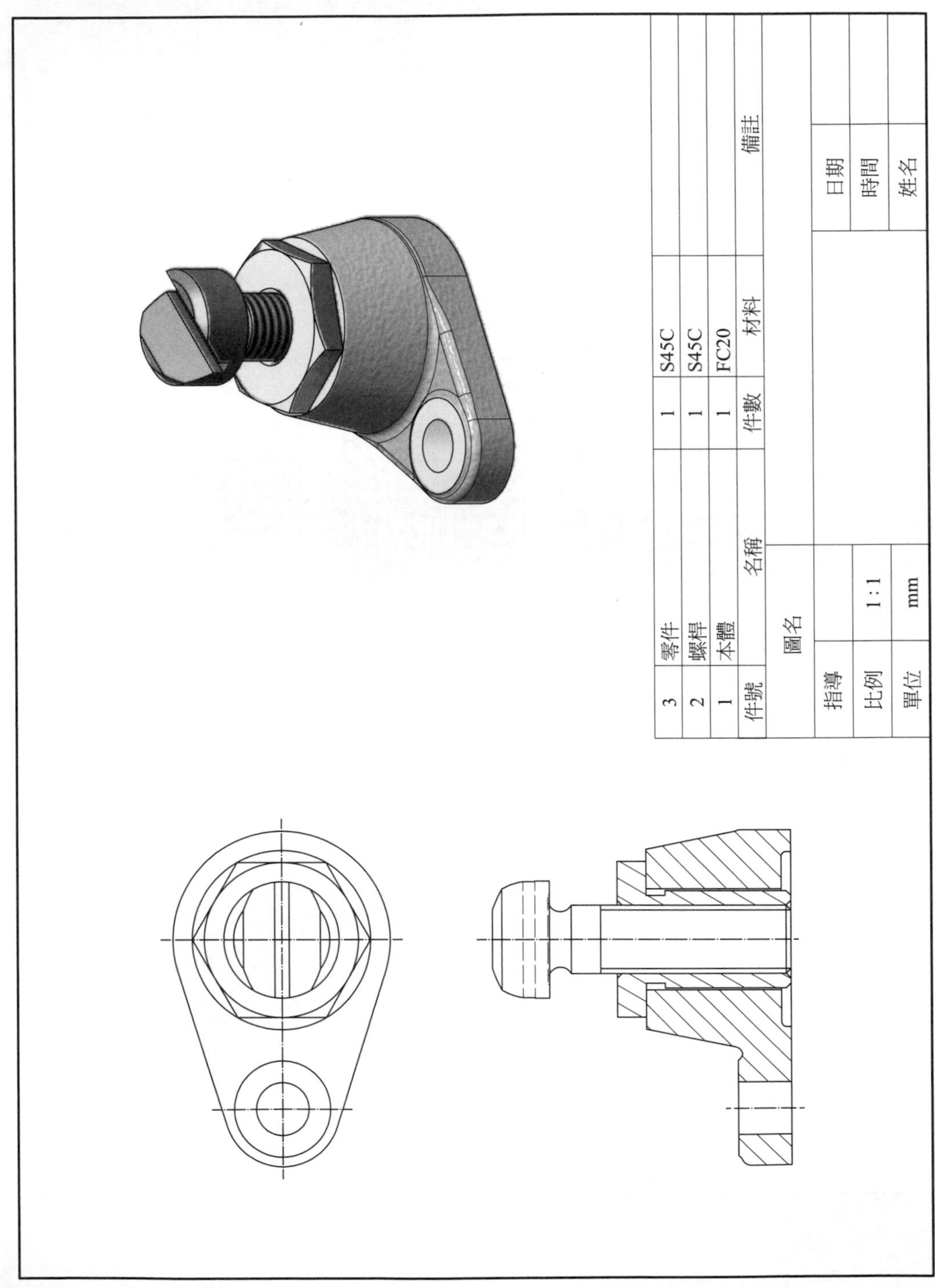

2. 繪出零件 1、2、3 的工作圖（比例 1:1）

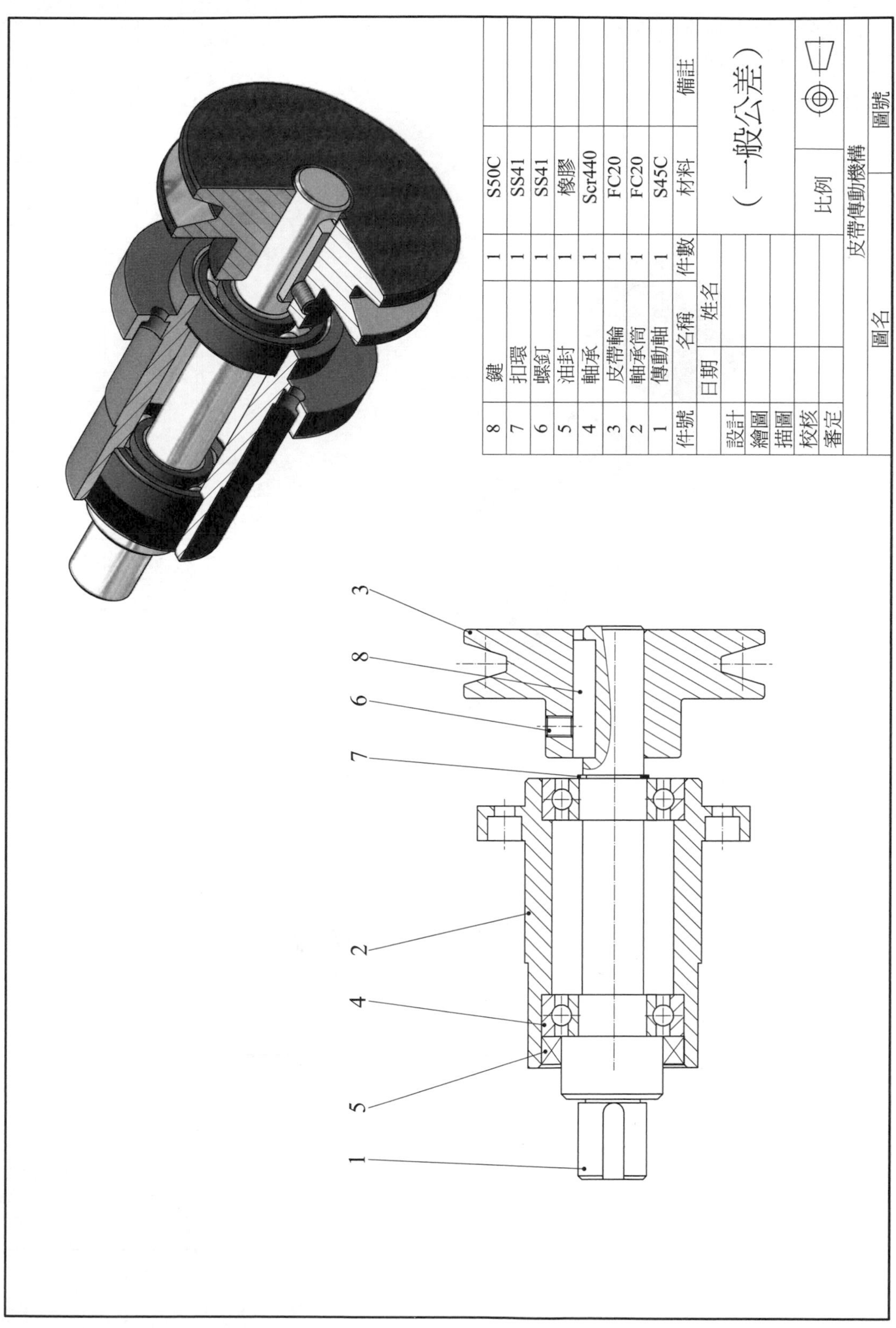

件號	名稱	件數	材料	備註
8	鍵	1	S50C	
7	扣環	1	SS41	
6	螺釘	1	SS41	
5	油封	1	橡膠	
4	軸承	1	Scr440	
3	皮帶輪	1	FC20	
2	軸承筒	1	FC20	
1	傳動軸	1	S45C	

	日期	姓名
設計		
繪圖		
描圖		
校核		
審定		

立體系統圖參考

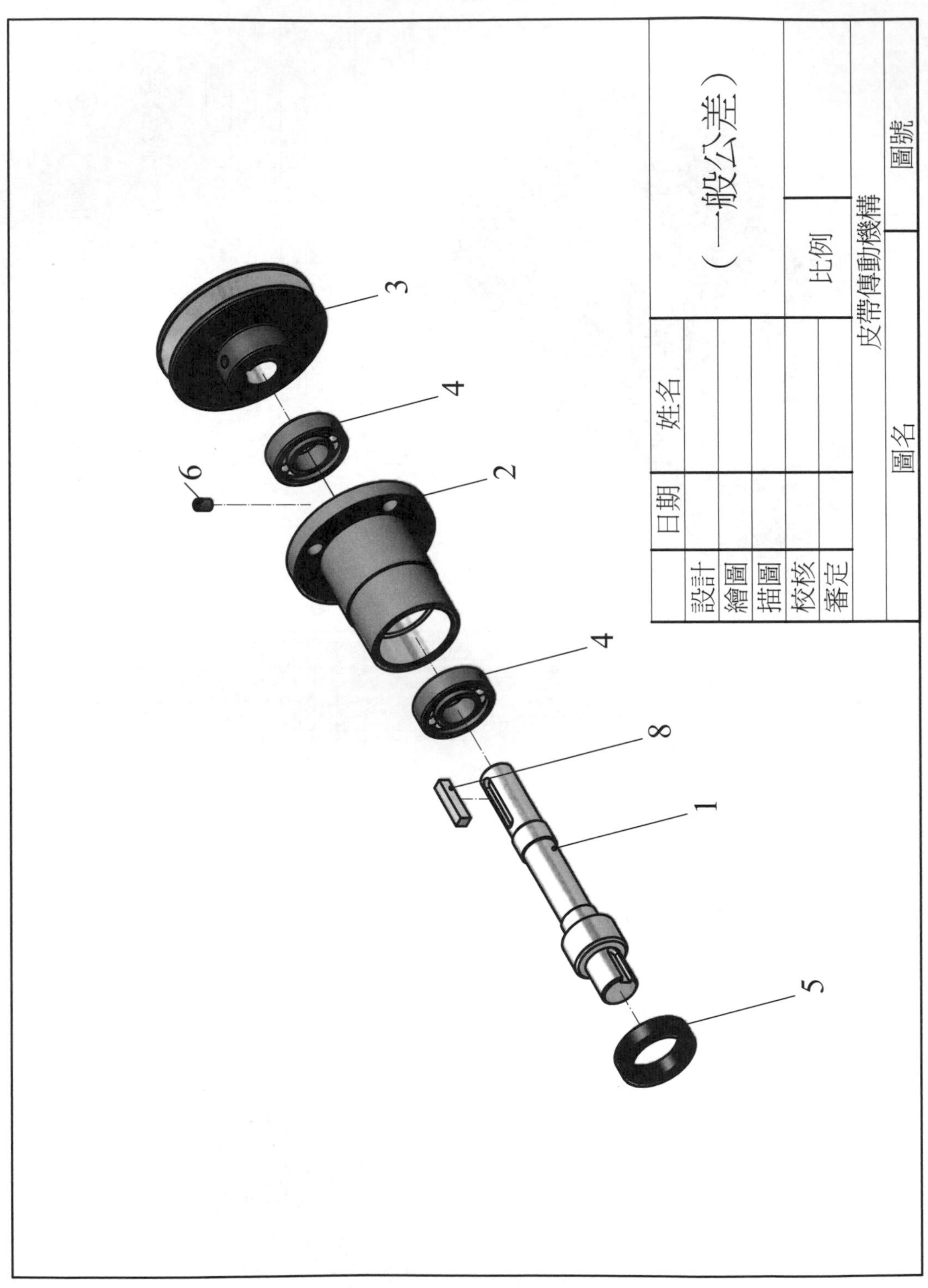

PART B：繪製組合工作圖（比例 1:1）

熟悉組合圖的繪製程序並完整的正確抄繪組合工作圖

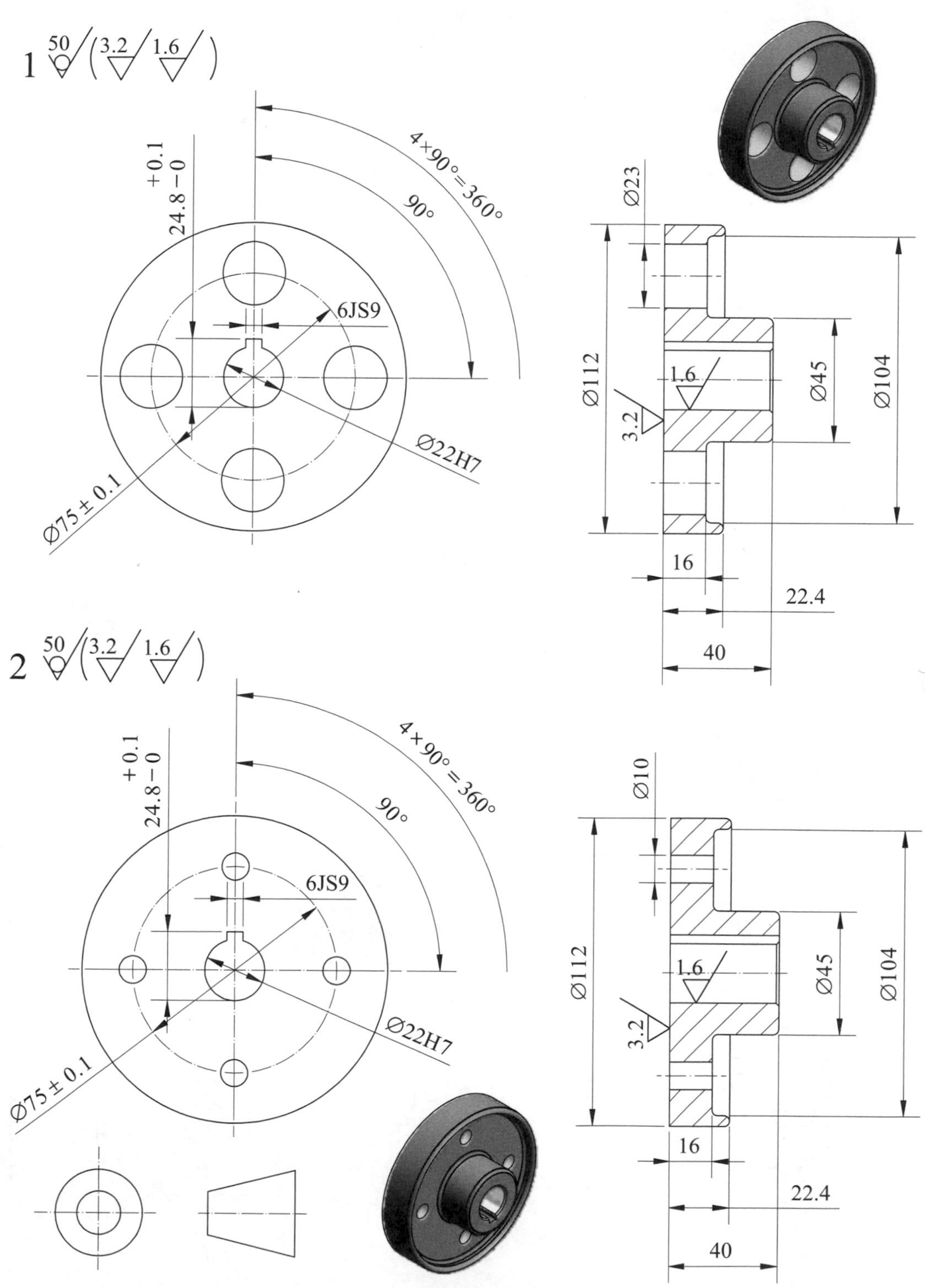

8 12.5 (3.2)

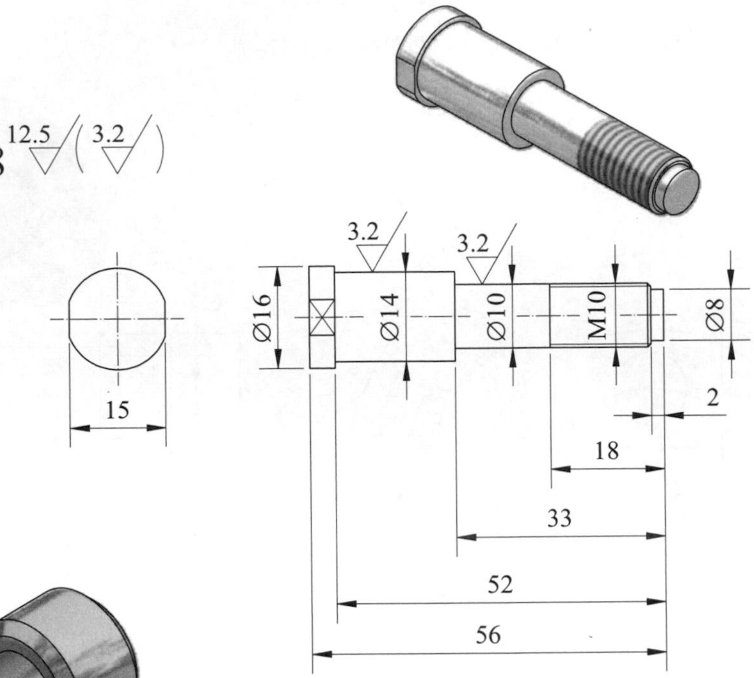

3.2 3.2

Ø16 Ø14 Ø10 M10 Ø8

15 2 18 33 52 56

7 50

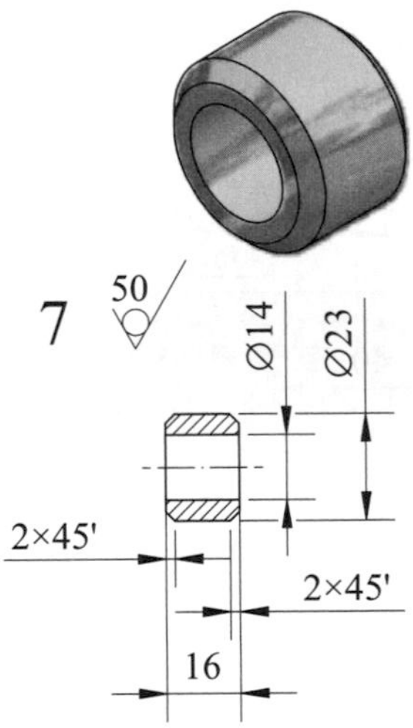

Ø14 Ø23

2×45' 2×45'

16

5 12.5

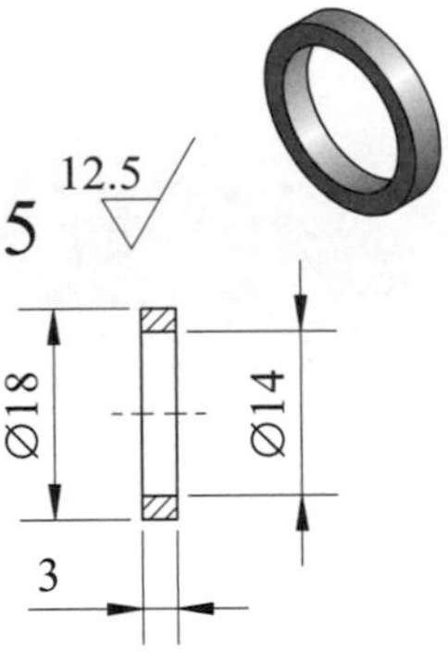

Ø18 Ø14

3

6 12.5

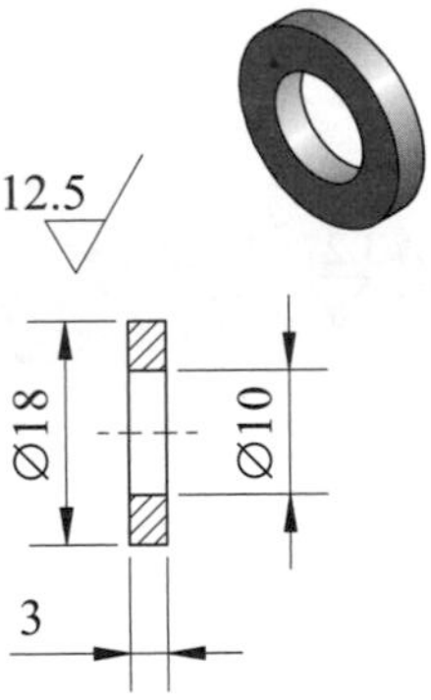

Ø18 Ø10

3

3 12.5

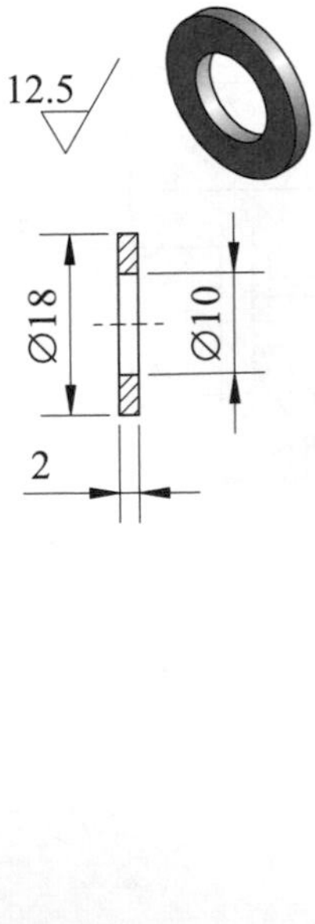

4 12.5

Ø18 Ø10

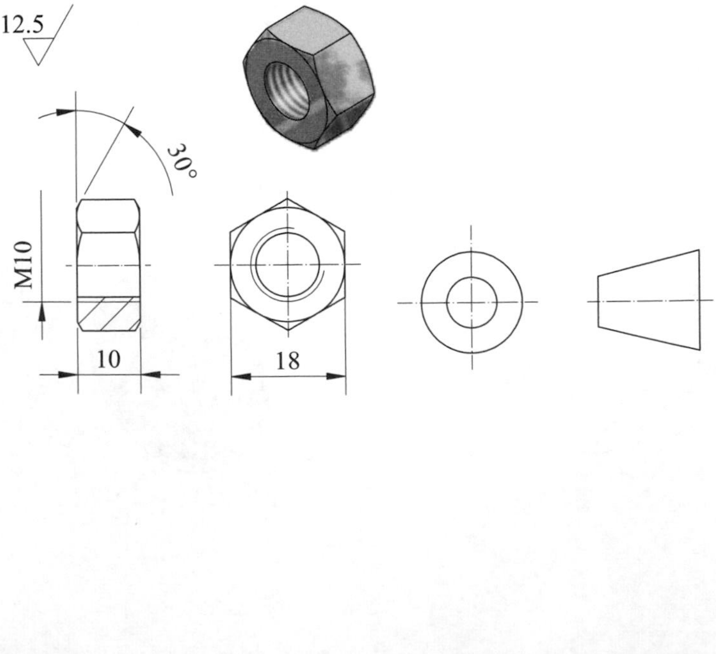

2

30°

M10

10 18

立體系統圖參考

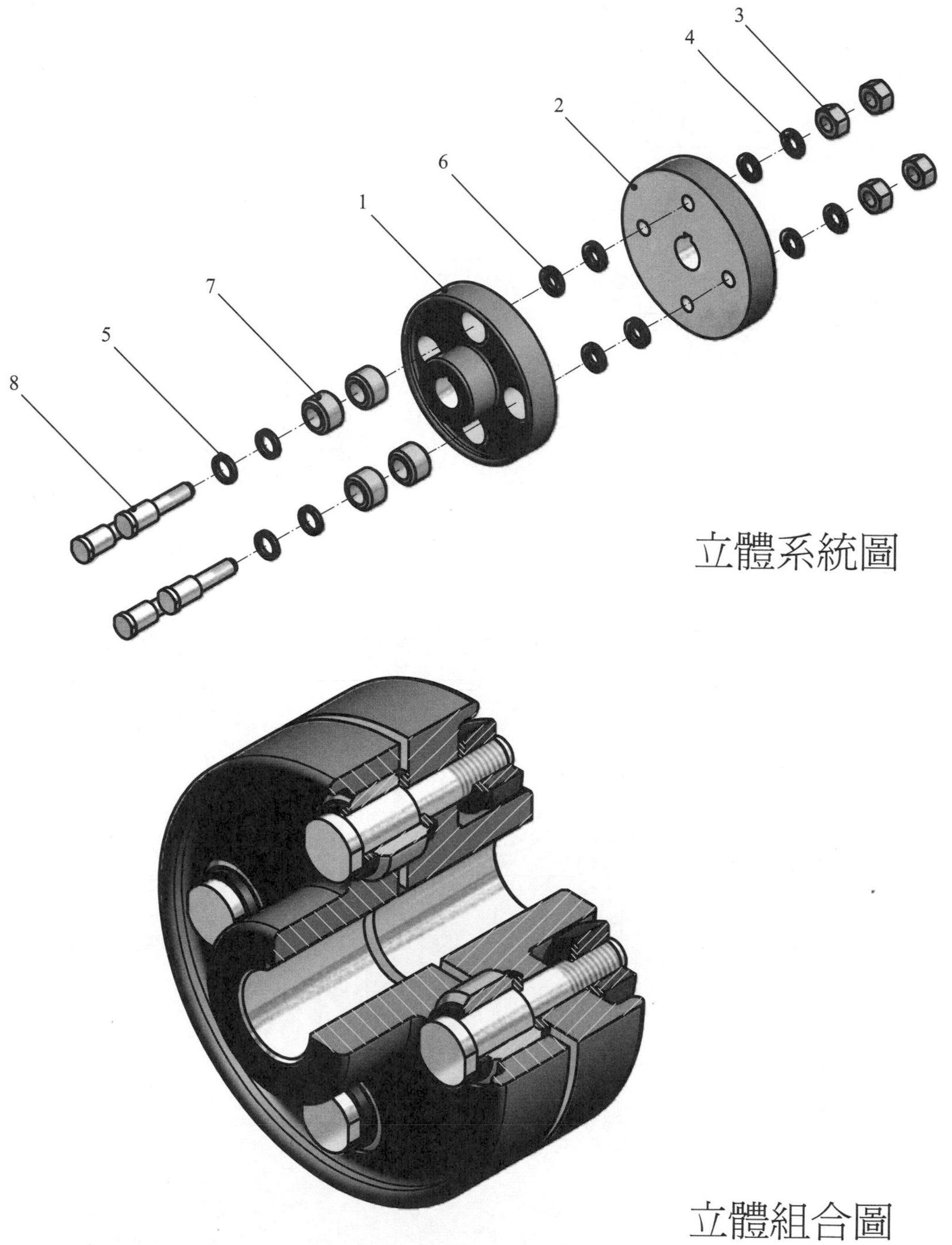

立體系統圖

立體組合圖

〈參考〉下面為電腦輔助機械製圖乙級之工作圖

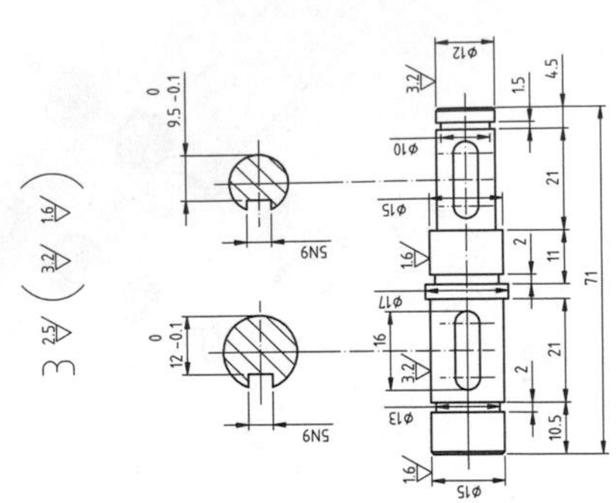

註解：
1.未標註之機銷公差依CNS4018 B1037之中級規定
2.未標註之鑄造公差依CNS4021 B1041之中級規定
3.未標註之內外倒角為1X45°
4.未標註之內外圓角為R2

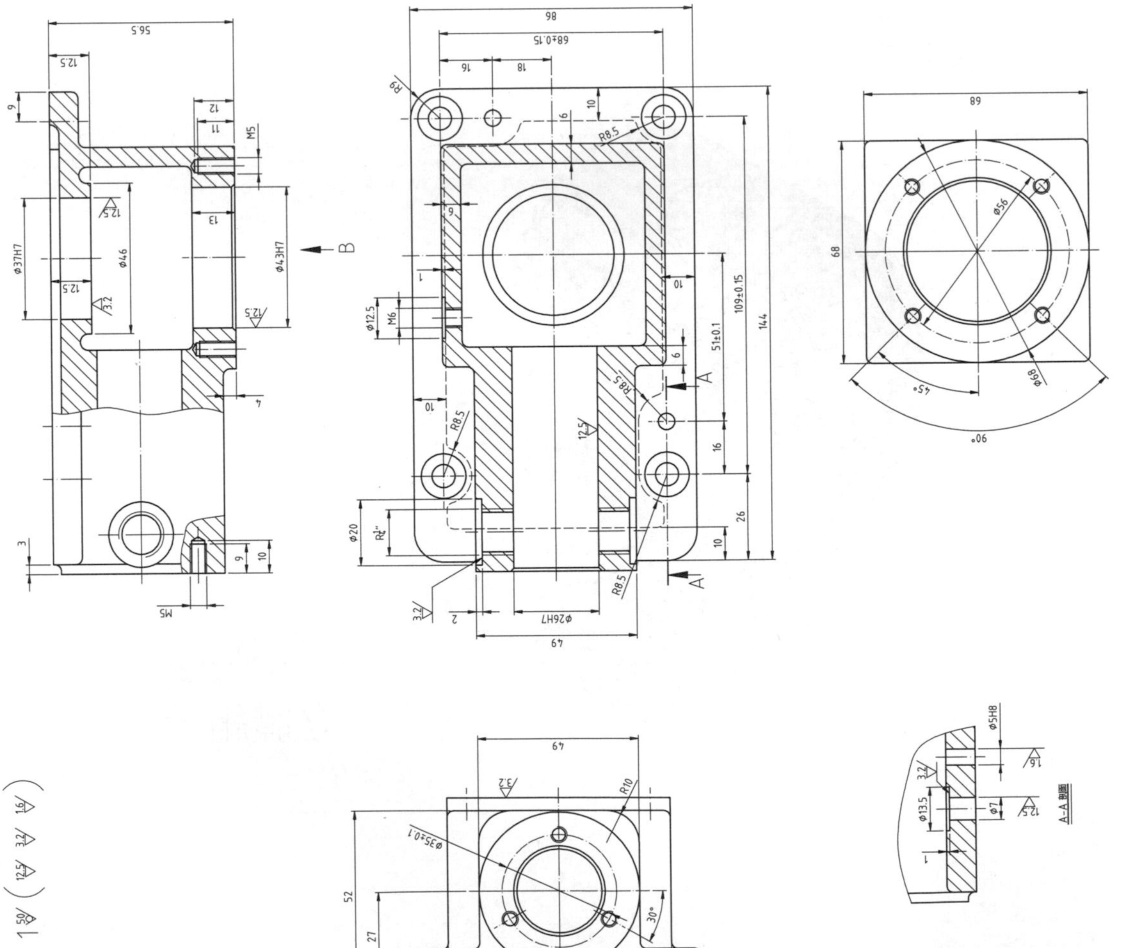

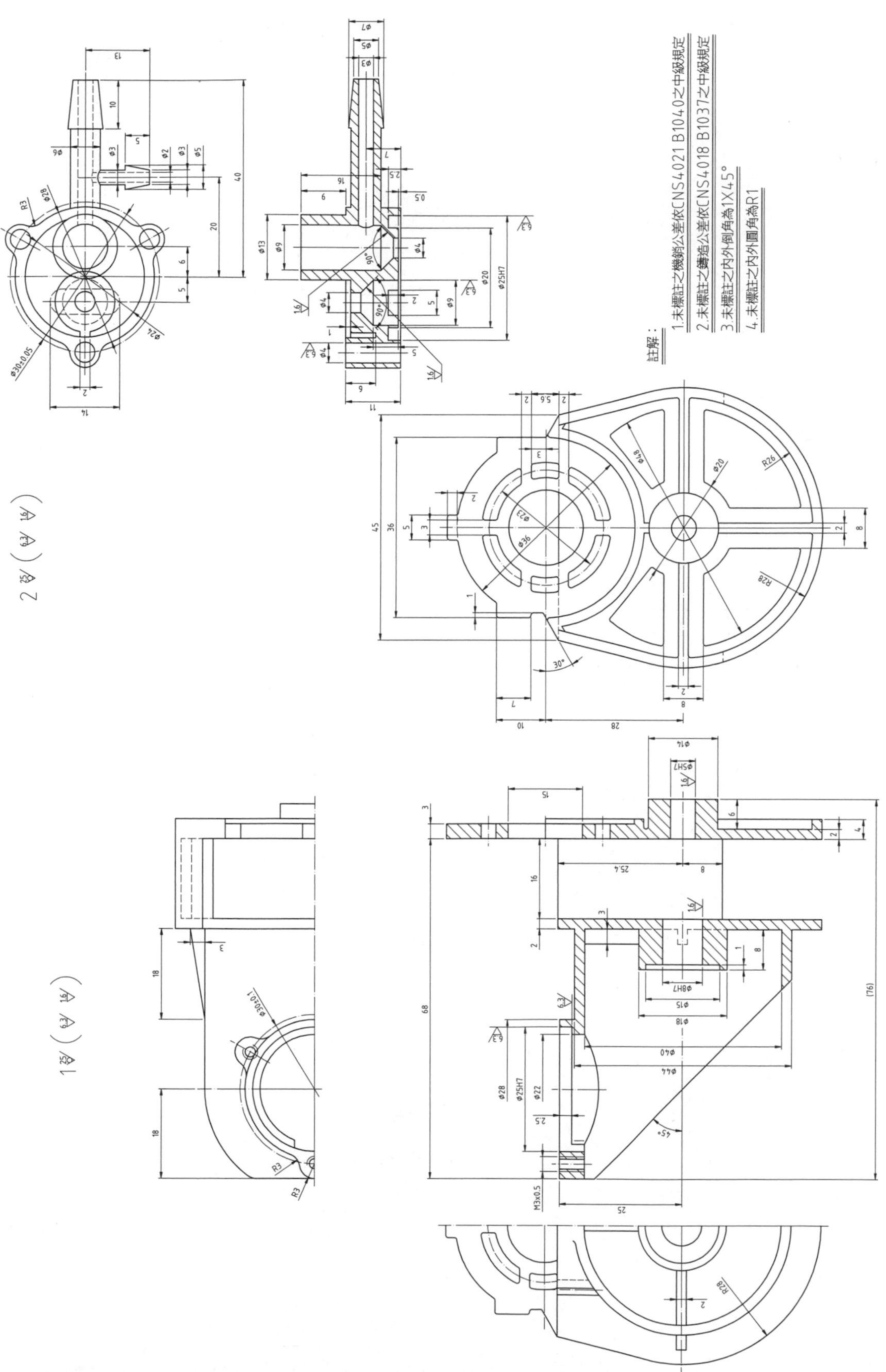
註解：
1.未標註之機銷公差依CNS4021 B1040之中級規定
2.未標註之鑄造公差依CNS4018 B1037之中級規定
3.未標註之內外倒角為1X45°
4.未標註之內外圓角為R1

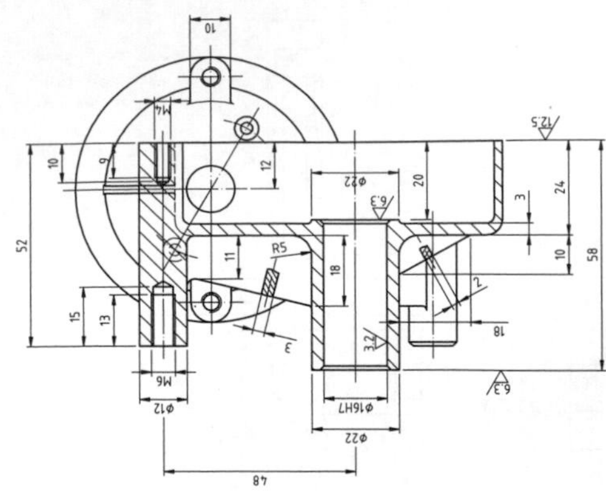

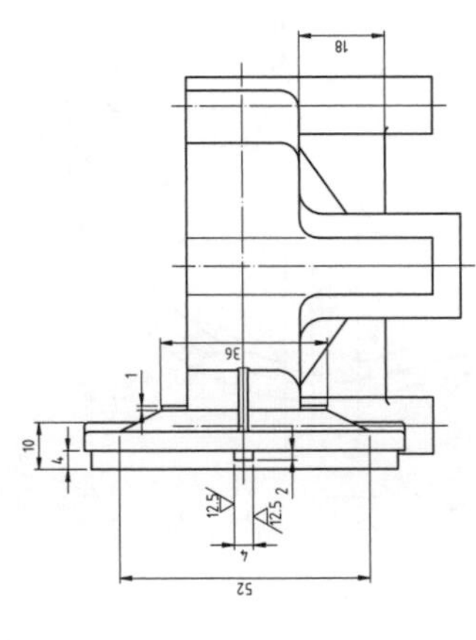

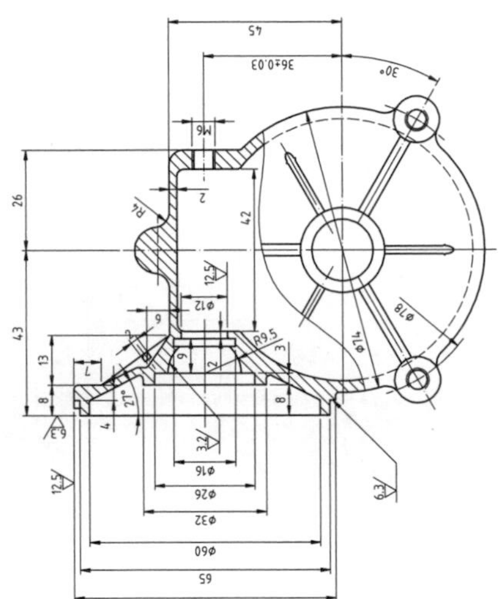

註解：

1.未標註之機銷公差依CNS4021 B10401之中級規定

2.未標註之鑄造公差依CNS4018 B1037之中級規定

3.未標註之內外倒角為1X45°

4.未標註之內外圓角為R1

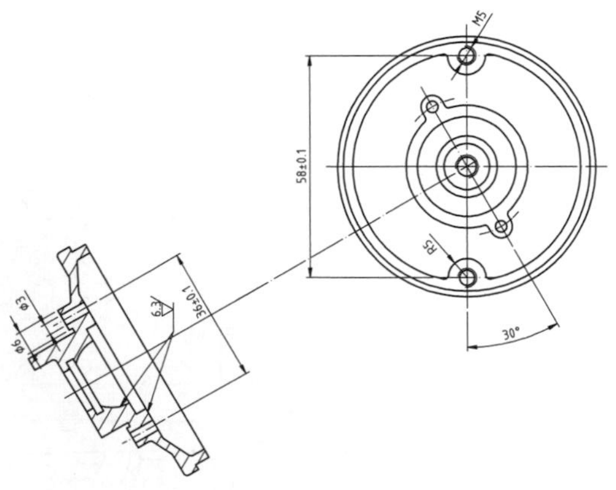

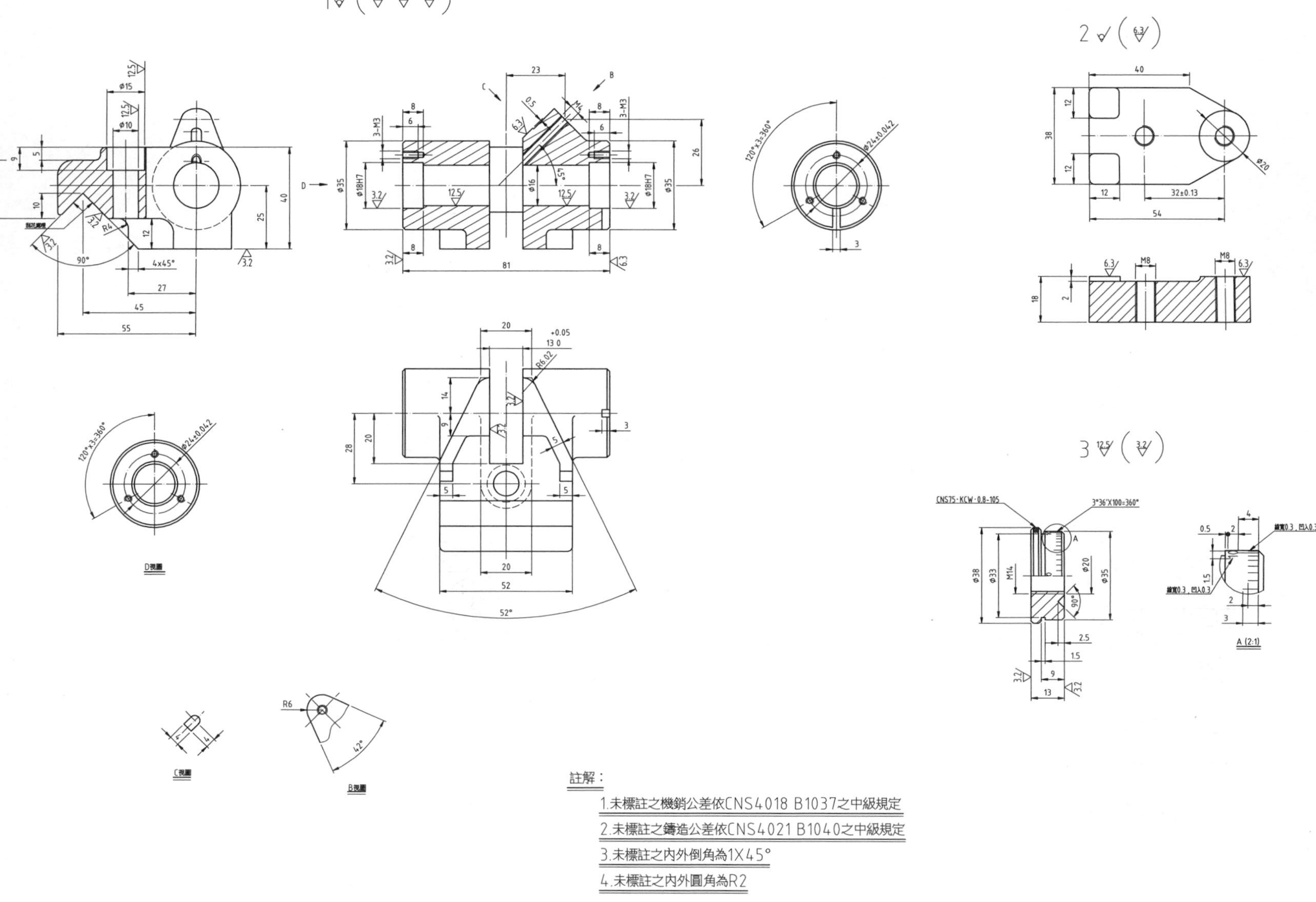
D視圖
C視圖
B視圖
A (2:1)
註解：
1.未標註之機銷公差依CNS4018 B1037之中級規定
2.未標註之鑄造公差依CNS4021 B1040之中級規定
3.未標註之內外倒角為1X45°
4.未標註之內外圓角為R2

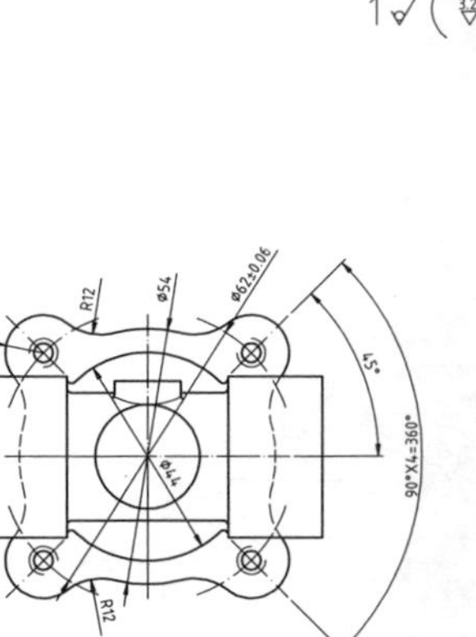

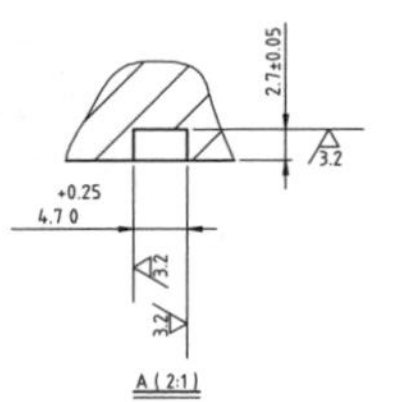

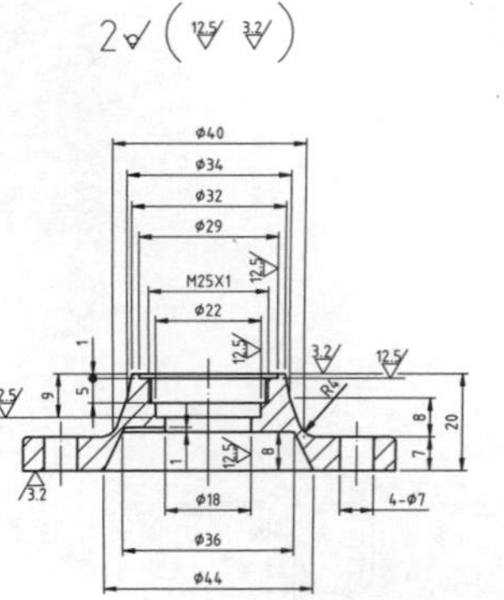

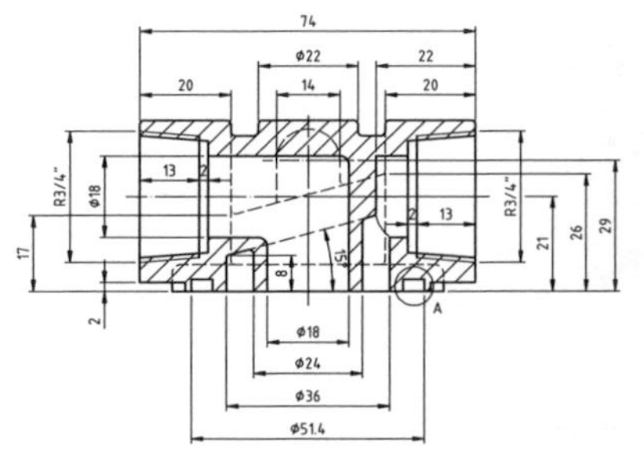

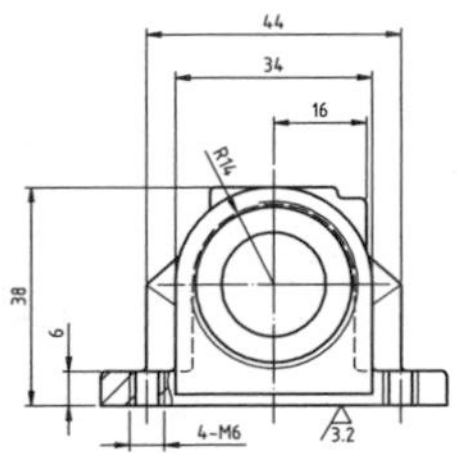

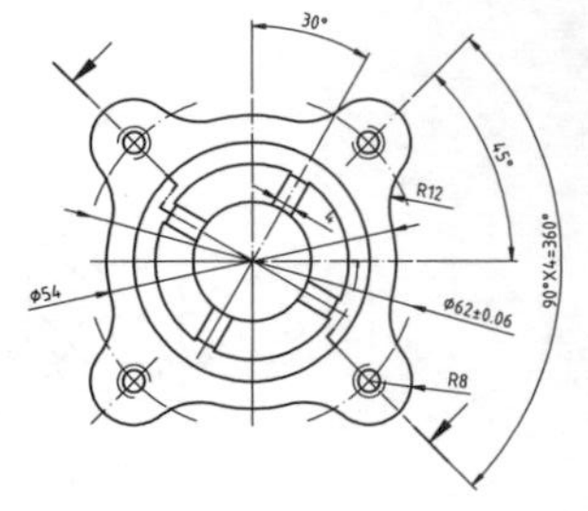

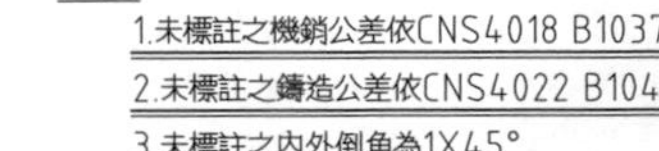

註解：

1.未標註之機銷公差依CNS4018 B1037之中級規定

2.未標註之鑄造公差依CNS4022 B1041之中級規定

3.未標註之內外倒角為1X45°

4.未標註之內外圓角為R2

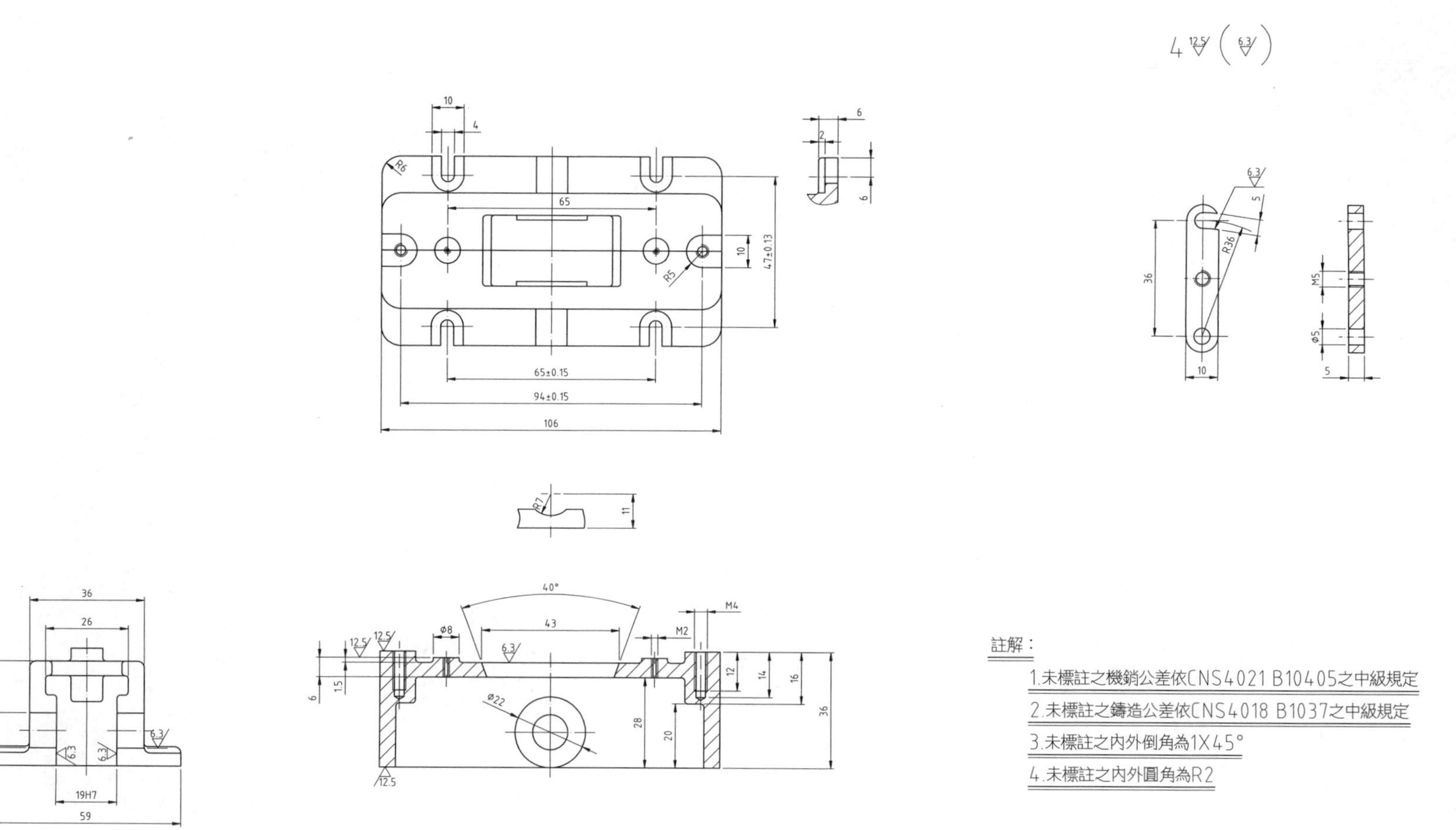
註解：
1.未標註之機銷公差依CNS4021 B10405之中級規定
2.未標註之鑄造公差依CNS4018 B1037之中級規定
3.未標註之內外倒角為1X45°
4.未標註之內外圓角為R2

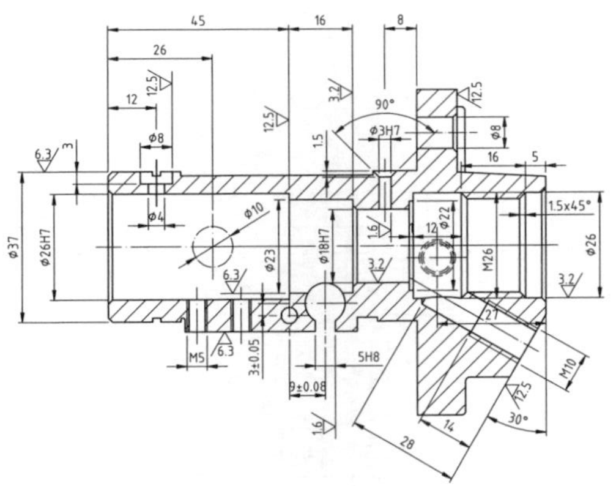

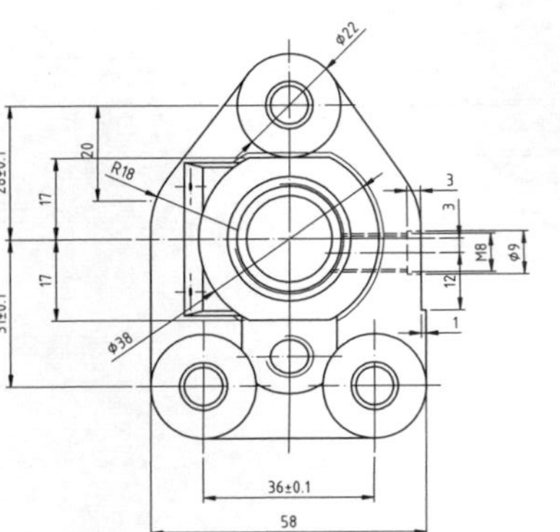

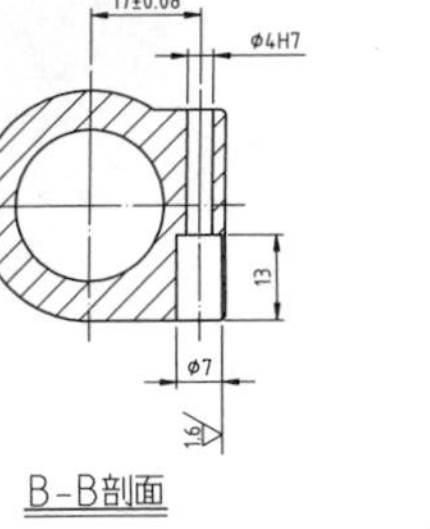

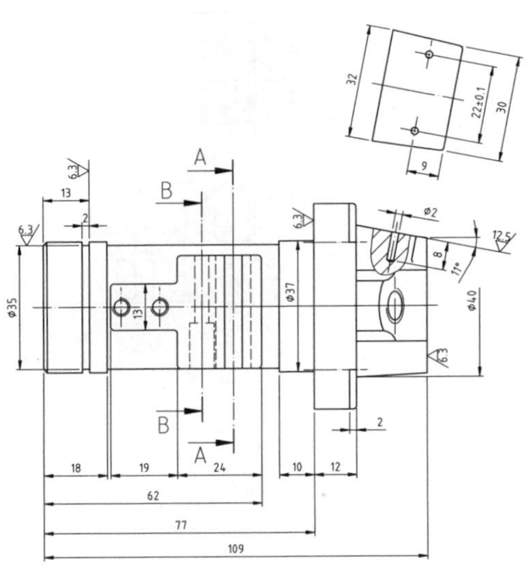

註解：

1.未標註之機銷公差依CNS4018 B1037之中級規定

2.未標註之鑄造公差依CNS4218 B1040之中級規定

3.未標註之內外倒角為1X45°

4.未標註之內外圓角為R2

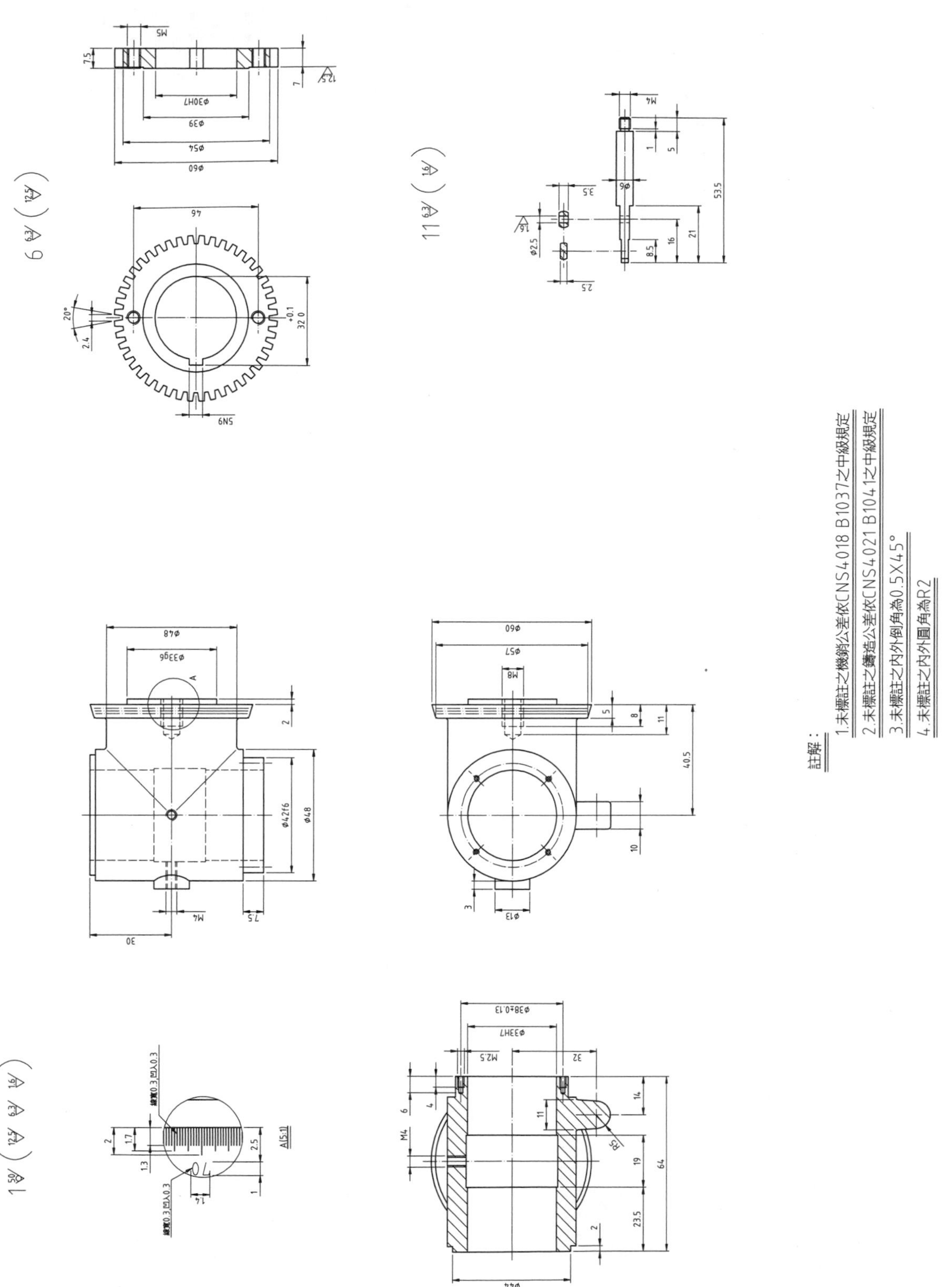
註解：
1.未標註之機銷公差依CNS4018 B1037之中級規定
2.未標註之鑄造公差依CNS4021 B1041之中級規定
3.未標註之內外倒角為0.5X45°
4.未標註之內外圓角為R2

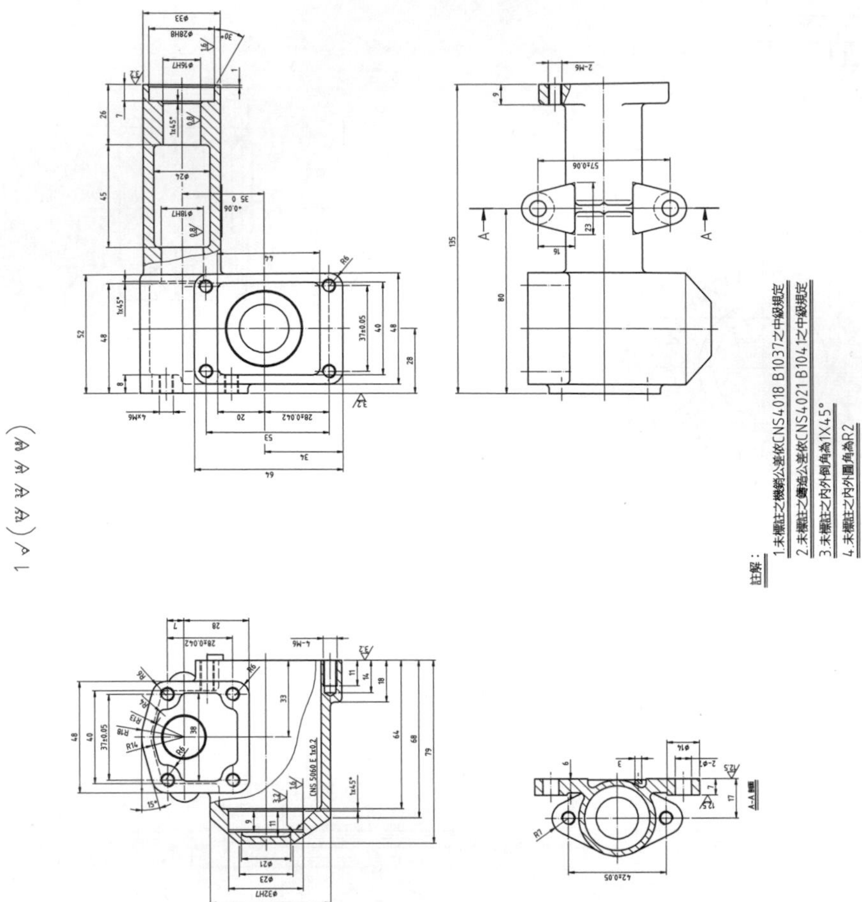
註解：
1.未標註之機削公差依CNS4018 B1037之中級規定
2.未標註之鑄造公差依CNS4021 B1041之中級規定
3.未標註之內外倒角為1X45°
4.未標註之內外圓角為R2
A-A剖面

註解：

1.未標註之機銷公差依CNS4018 B1037之中級規定

2.未標註之鑄造公差依CNS4021 B1041之中級規定

3.未標註之內外倒角為1X45°

4.未標註之內外圓角為R2

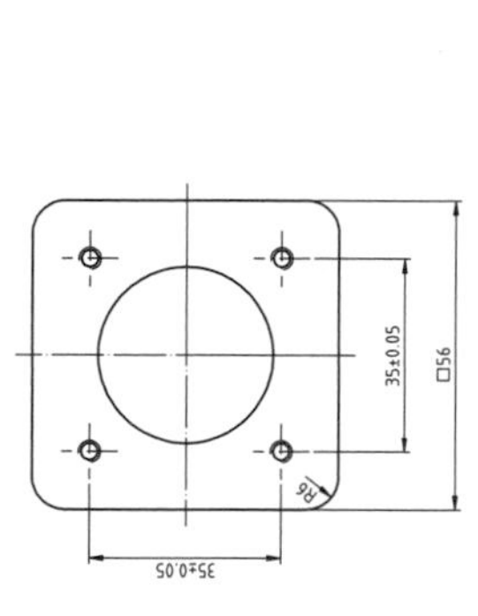

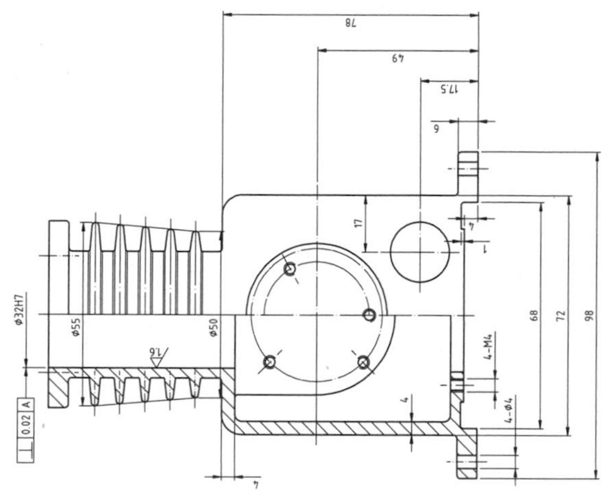

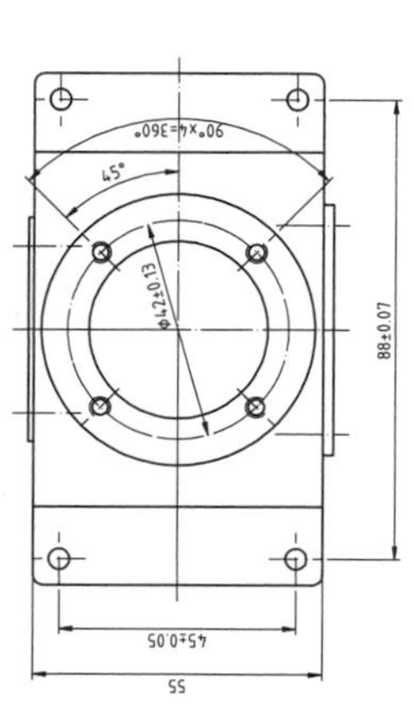

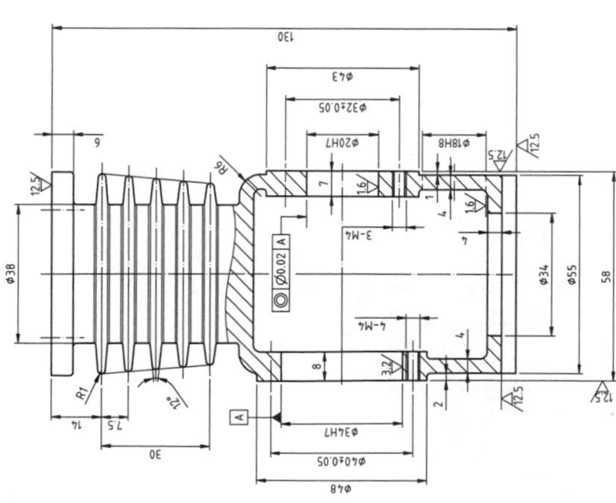

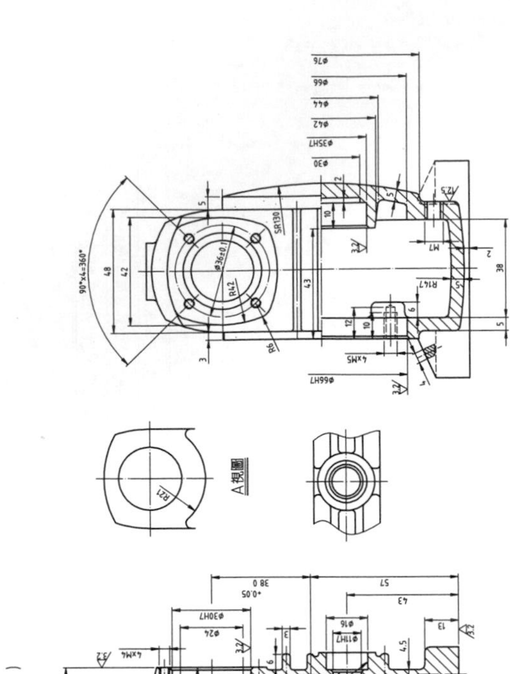

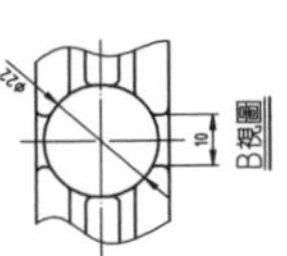
B視圖

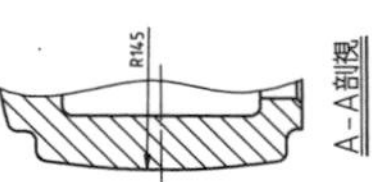
A-A剖視

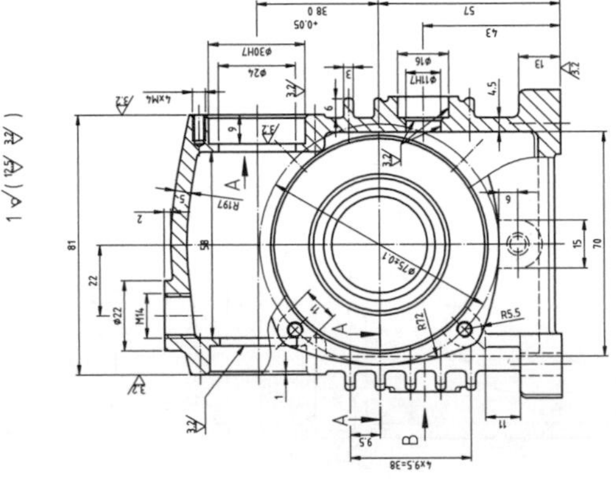

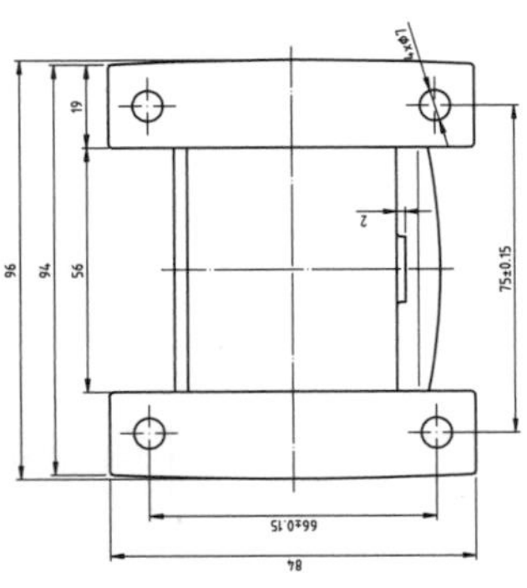

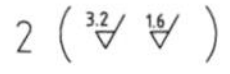
2

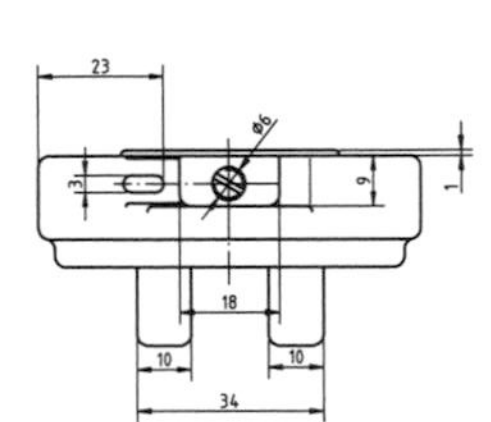

5

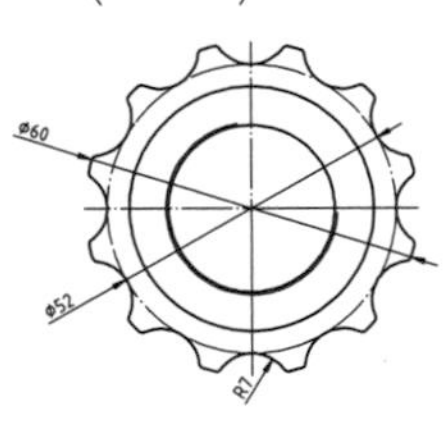

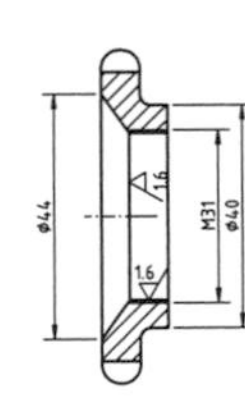

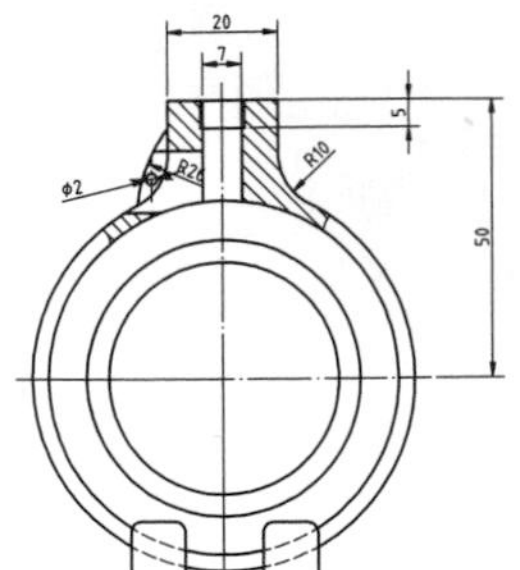

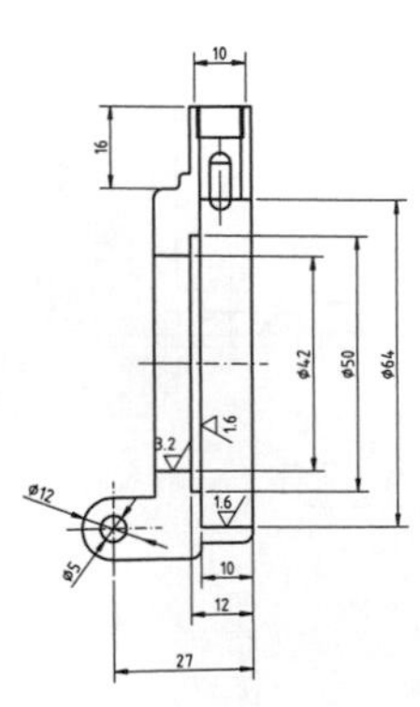

11

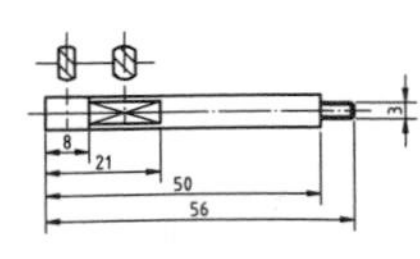

註解:
1.為註明之幾何公差依CNS 4018 B1037 之中級規定
2.為註明之鑄造公差依CNS4012 B1040
3.為註明之內外倒角1*45°
4.為註明之內外圓角為R2

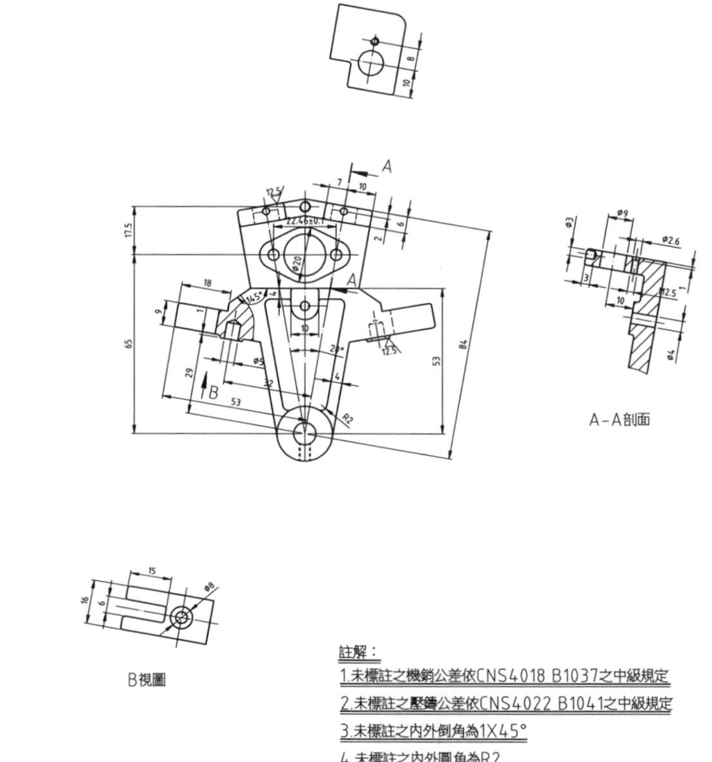

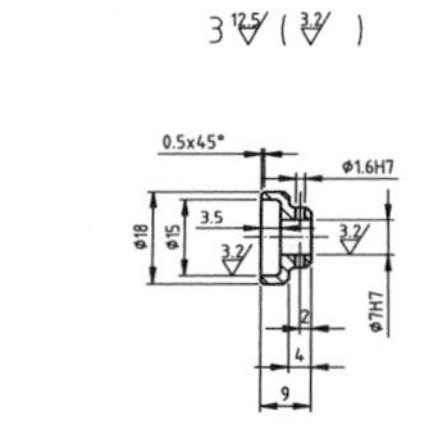

註解：

1.未標註之機銷公差依CNS4018 B1037之中級規定

2.未標註之壓鑄公差依CNS4022 B1041之中級規定

3.未標註之內外倒角為1X45°

4.未標註之內外圓角為R2

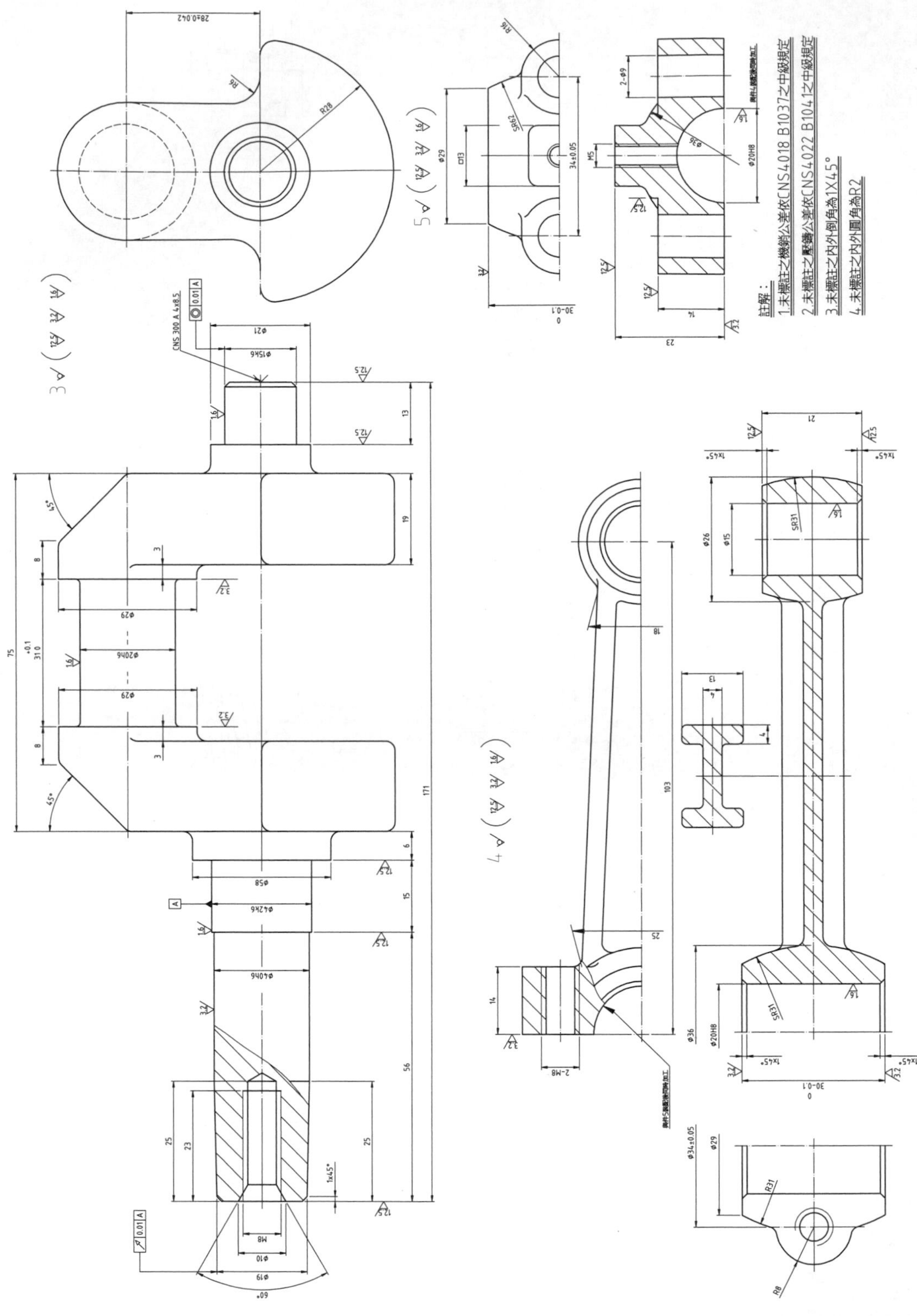
註解：
1.未標註之機銷公差依CNS4018 B1037之中級規定
2.未標註之壓鑄公差依CNS4022 B1041之中級規定
3.未標註之內外倒角為1X45°
4.未標註之內外圓角為R2

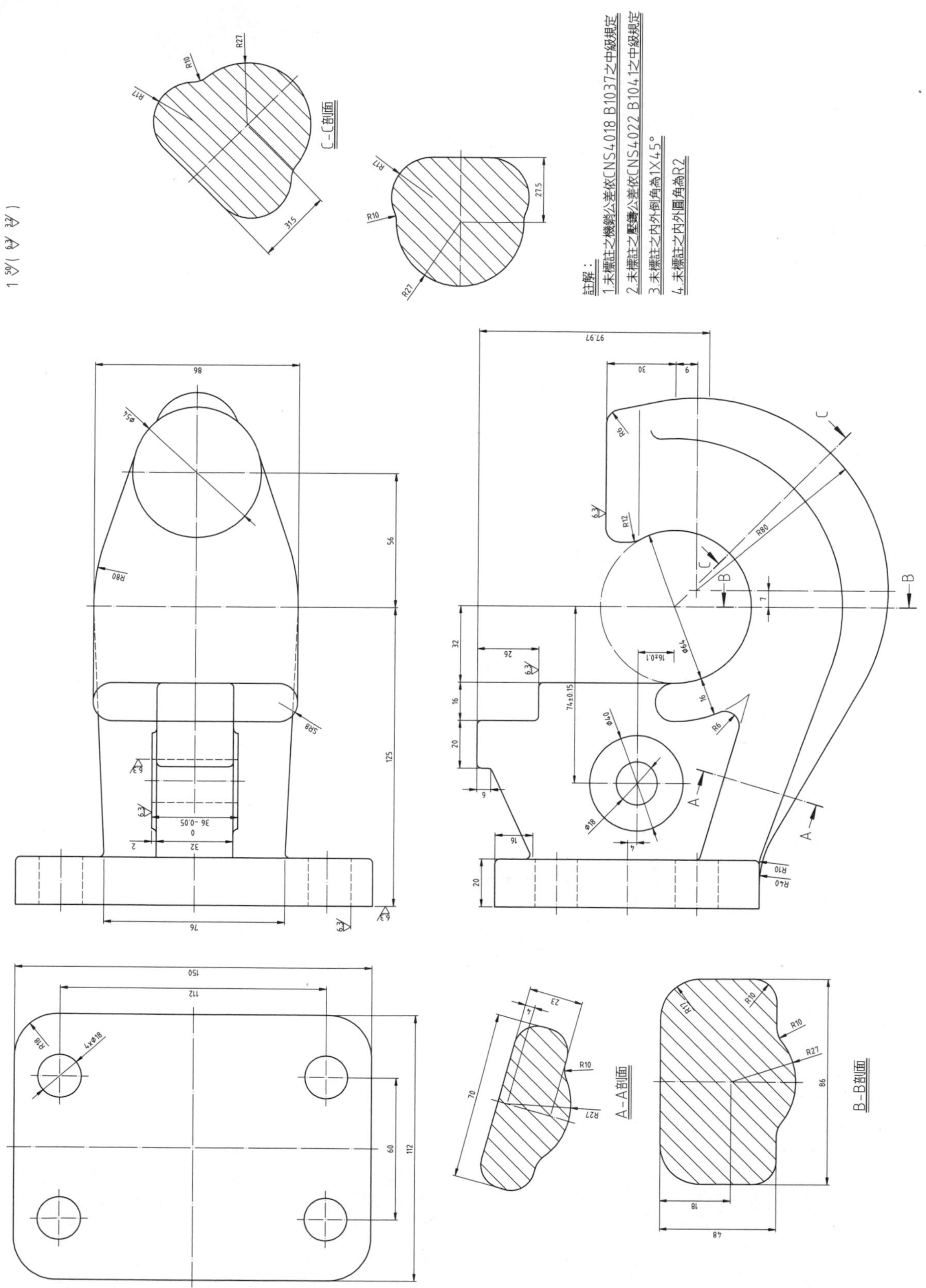
註解：
1.未標註之機製公差依CNS4018 B1037之中級規定
2.未標註之壓鑄公差依CNS4022 B1041之中級規定
3.未標註之內外倒角為1X45°
4.未標註之內外圓角為R2
C-C剖面
A-A剖面
B-B剖面

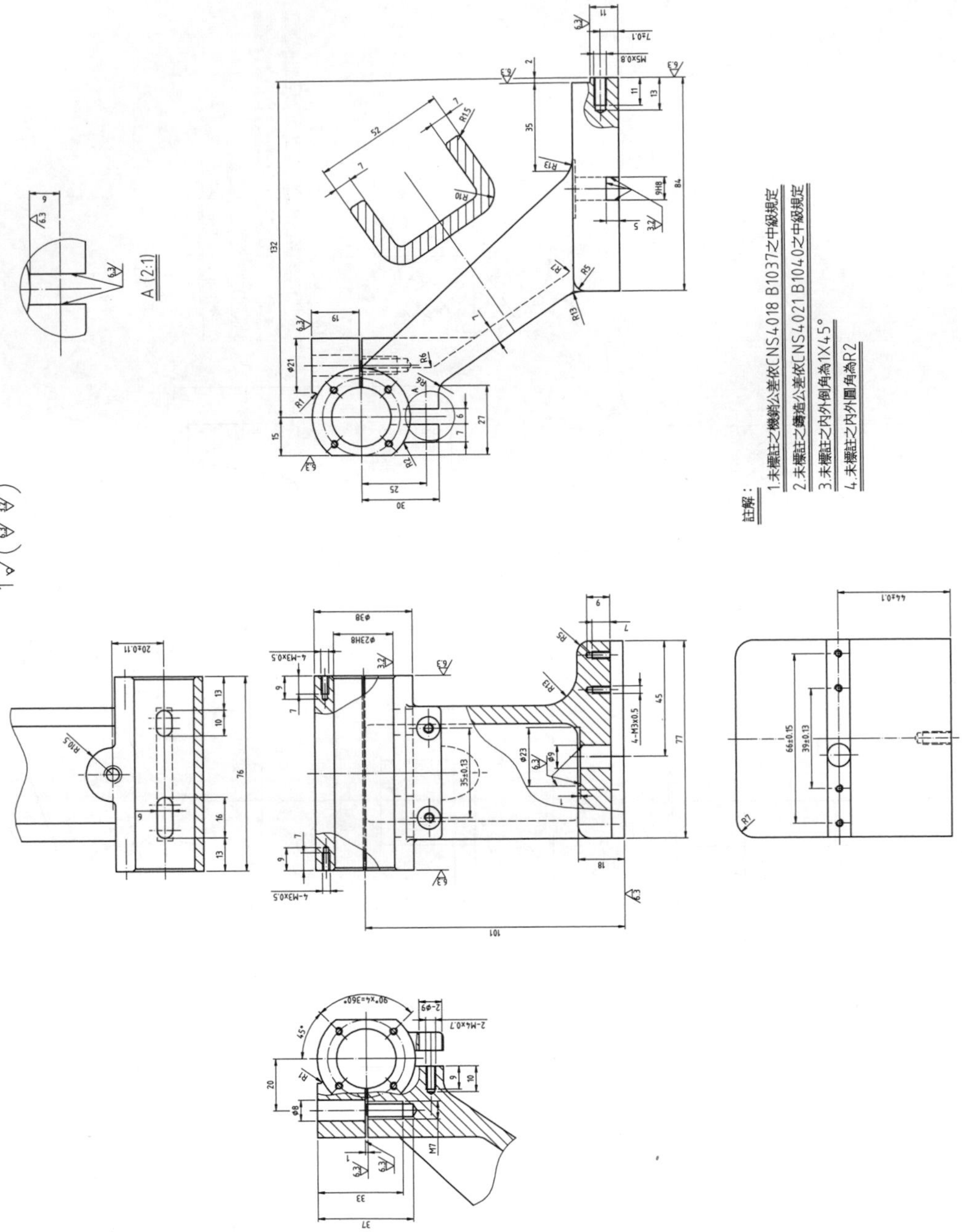

A (2:1)

註解：

1.未標註之機銷公差依CNS4018 B1037之中級規定
2.未標註之鑄造公差依CNS4021 B1040之中級規定
3.未標註之內外倒角為1X45°
4.未標註之內外圓角為R2

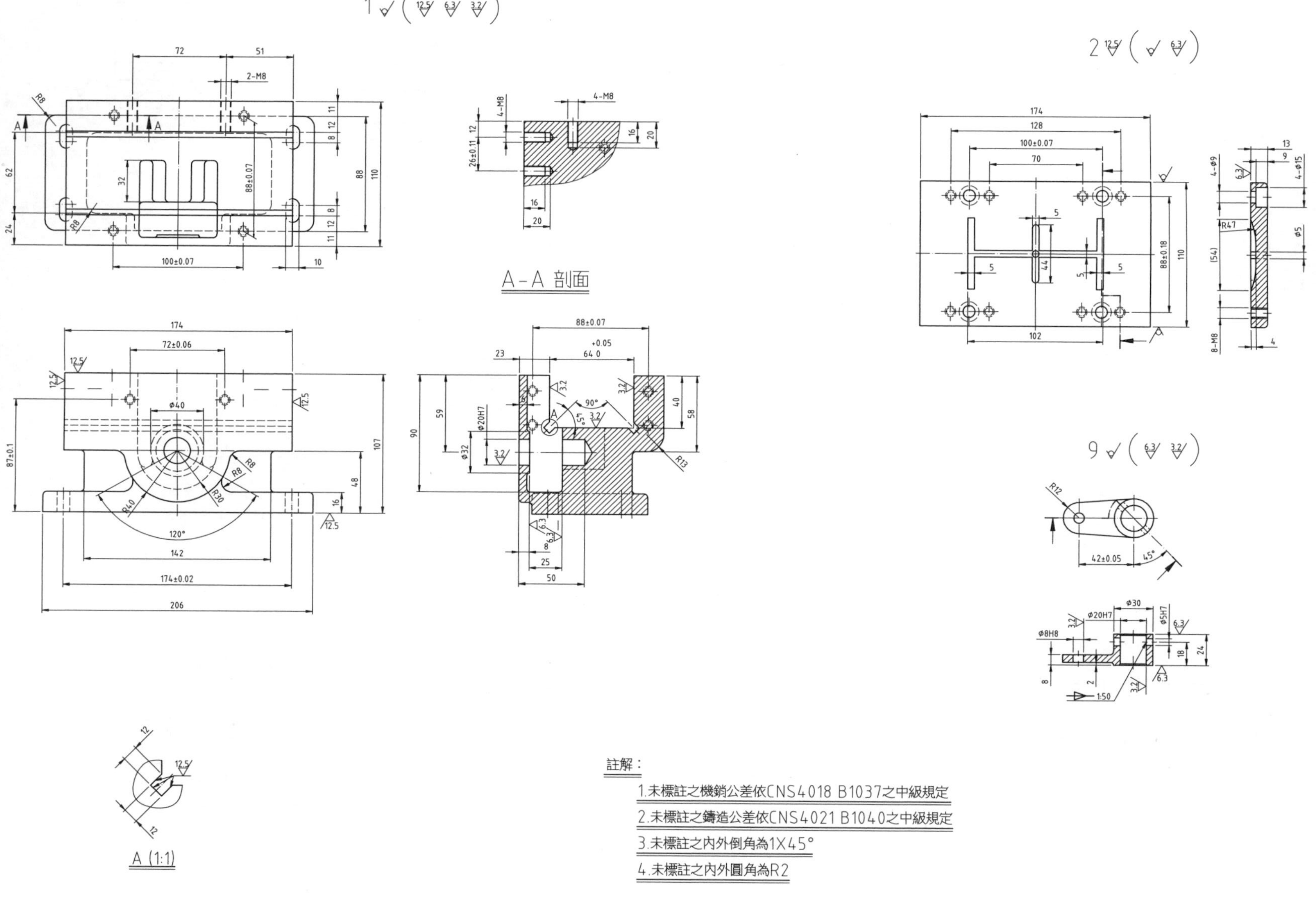
1
2
9
A-A 剖面
A (1:1)
註解：
1.未標註之機銷公差依CNS4018 B1037之中級規定
2.未標註之鑄造公差依CNS4021 B1040之中級規定
3.未標註之內外倒角為1X45°
4.未標註之內外圓角為R2

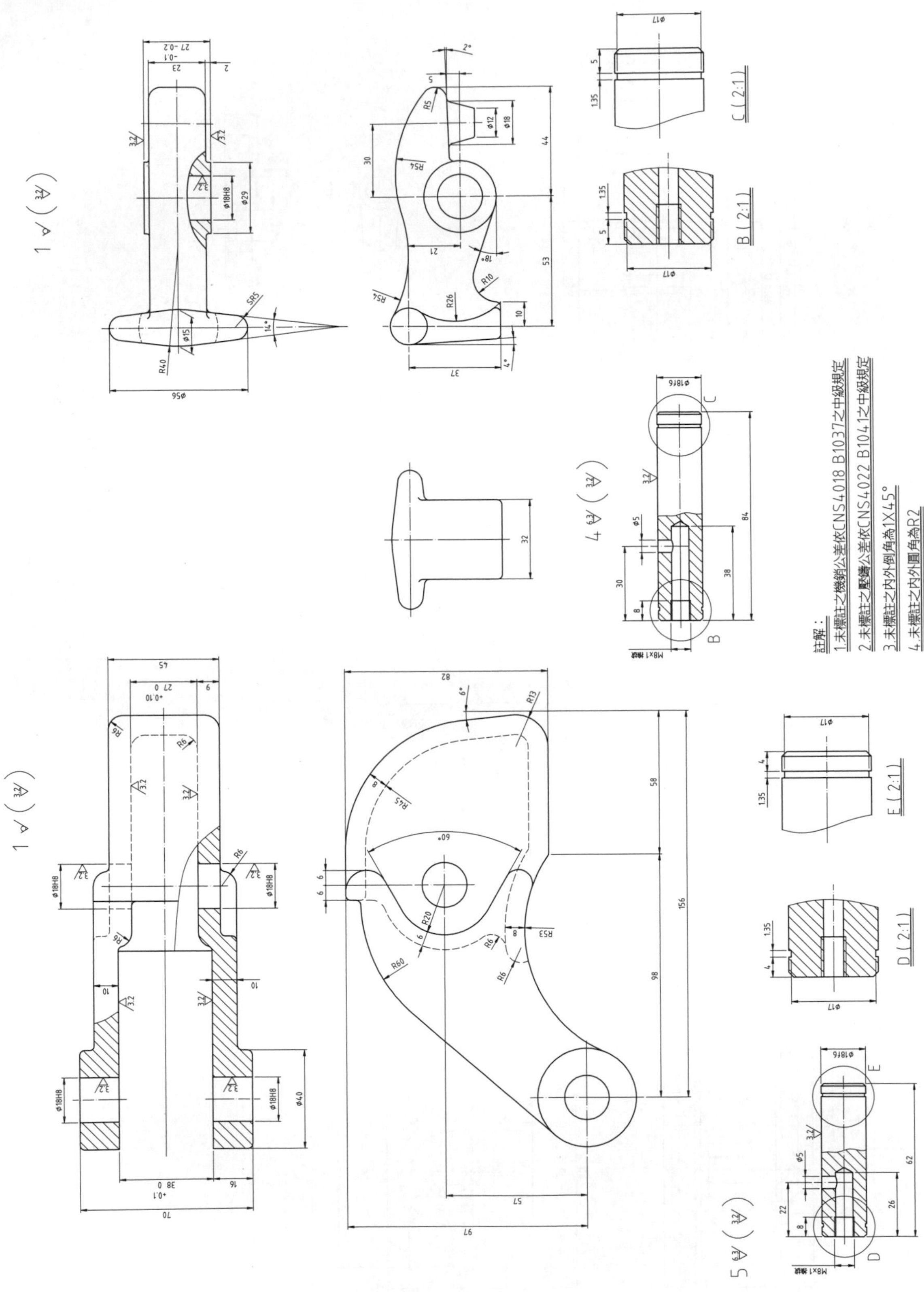
註解：
1.未標註之機銷公差依CNS4018 B1037之中級規定
2.未標註之壓鑄公差依CNS4022 B1041之中級規定
3.未標註之內外倒角為1X45°
4.未標註之內外圓角為R2
B(2:1)
C(2:1)
D(2:1)
E(2:1)

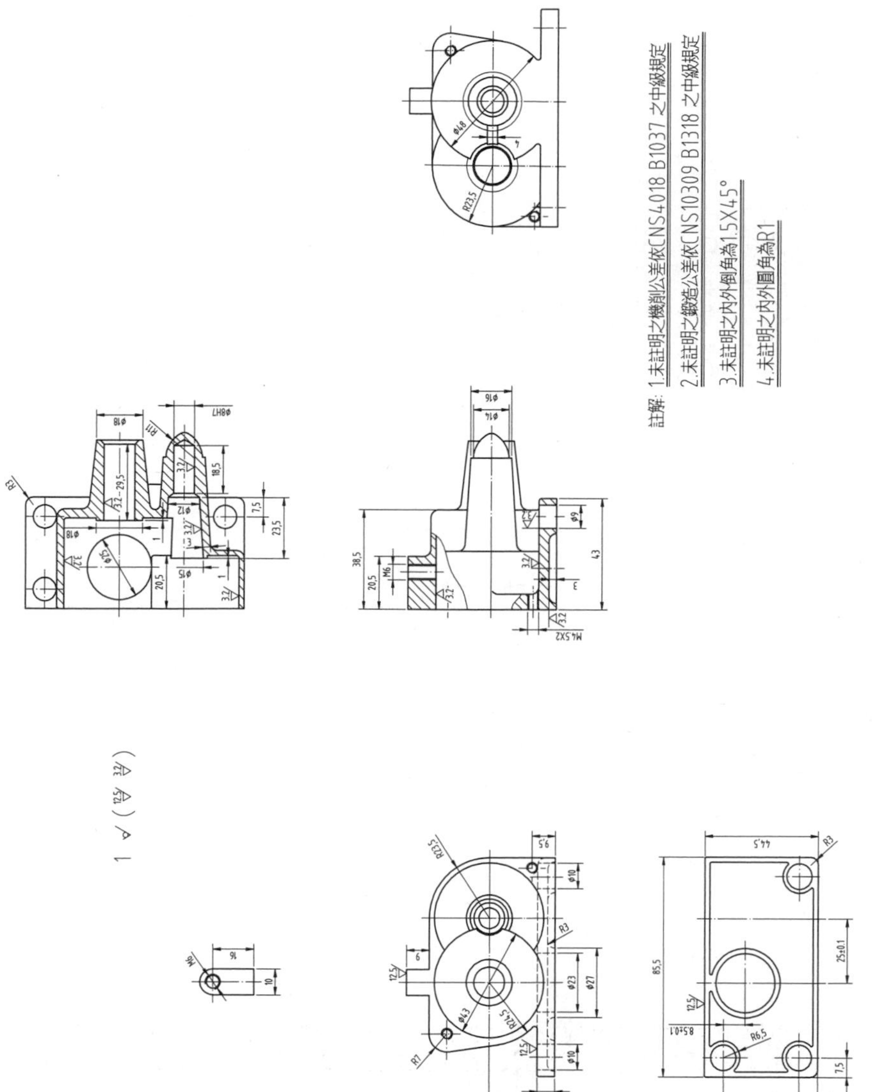
註解:
1.未註明之機削公差依CNS4018 B1037 之中級規定
2.未註明之鍛造公差依CNS10309 B1318 之中級規定
3.未註明之內外倒角為1.5X45°
4.未註明之內外圓角為R1

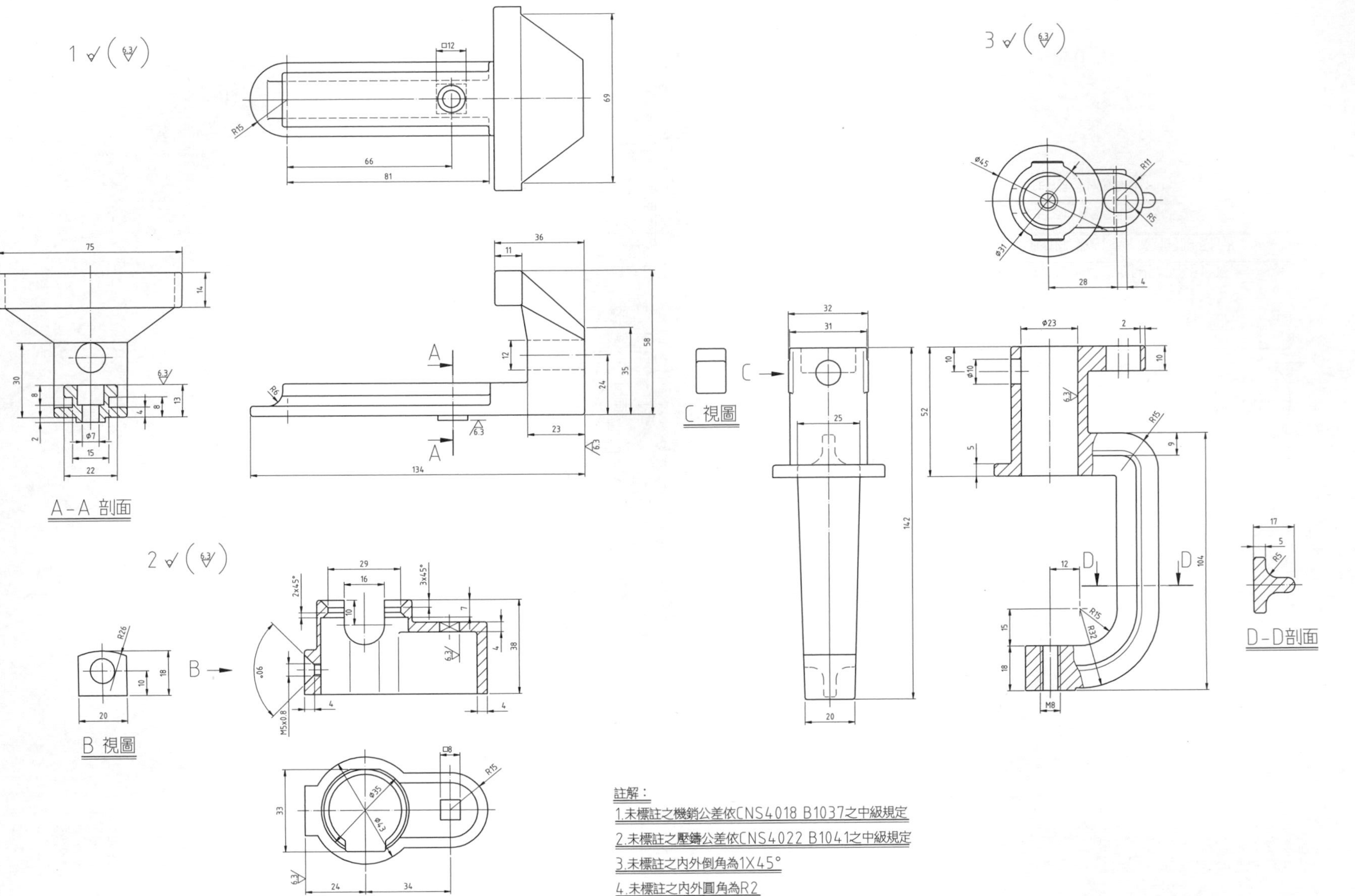
A-A 剖面
B 視圖
C 視圖
D-D剖面
註解：
1.未標註之機銷公差依CNS4018 B1037之中級規定
2.未標註之壓鑄公差依CNS4022 B1041之中級規定
3.未標註之內外倒角為1X45°
4.未標註之內外圓角為R2

PART C

1. 試述工作圖之內涵及功用。
2. 試述工作圖的內容。
3. 試述工作圖的分類。
4. 何謂零件圖？試述其繪製要點。
5. 何謂組合圖？試述其繪製要點。
6. 何謂標題欄？
7. 標題欄中包括哪些？
8. 何謂零件表？零件表內容包括哪些？

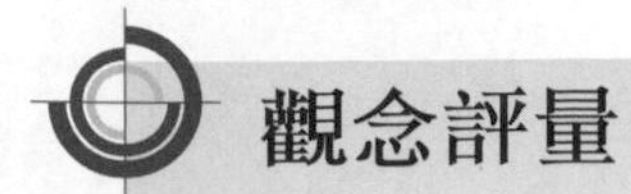

觀念評量

( ) 1.工作圖圖示方式一般分為
⒜組合圖與裝配圖 ⒝前視圖與側視圖 ⒞剖視圖與立體圖 ⒟零件圖與組合圖。

( ) 2.將機件之形狀大小繪出並提供尺度、表面粗糙度、公差、材質等之圖面稱為
⒜零件圖 ⒝組合圖 ⒞加工程序圖 ⒟表圖。

( ) 3.工作圖中之零件圖不包含的項目為
⒜每部分形狀之全圖 ⒝每部分之數字尺寸 ⒞說明性之註解置於各圖上，以規定材料、熱處理、加工等 ⒟各機件之相關位置。

( ) 4.能提供標題欄、零件表、零件圖、組合圖、尺度標註、裝配技術要求等完整資訊之圖面為
⒜零件圖 ⒝剖視圖 ⒞工作圖 ⒟加工程序圖。

( ) 5.表示一機件的外形、尺寸、公差、加工方法及材料種類等之圖面為
⒜一般圖 ⒝零件圖 ⒞組合圖 ⒟設計圖 ⒠裝配圖。

( ) 6.一般組合圖在不影響功能表達的情形下，下列何種線條可以省略不畫？
⒜虛線 ⒝中心線 ⒞剖面線 ⒟假想線。

( ) 7.關於組合圖，下列敘述何者不正確？
⒜零件之件號線用粗實線 ⒝件號線由該零件內引出 ⒞件號線引出處須在該零件內加一小黑點 ⒟件號線引出另端加寫件號數字。

( ) 8.關於零件表，下列敘述何者不正確？
⒜通常加在標題欄上方 ⒝件號次序由下往上遞增書寫 ⒞若零件太多可採單頁零件表 ⒟單頁零件表件號書寫次序由下而上遞增填寫。

( ) 9.以車床加工之工作物，其工作圖應以
⒜鉛垂 ⒝水平 ⒞傾斜 ⒟任意 方向繪之。

( ) 10.一張工作圖之標題欄在整張圖之
⒜左上角 ⒝右上角 ⒞右下角 ⒟左下角。

(　) 11.下列工作圖中視圖之選擇何者<u>不正確</u>？
⑷最少虛線者取為前視圖　⑻視圖之多寡以能明顯表示目的物而定　⒞同一零件在組合圖、零件圖或零件表中之編號可不同　⒟作剖面能較外形清晰。

(　) 12.同一張圖上有數個零件時，應盡量採用
⑷相同比例　⑻不同尺度單位　⒞視材質不同採用不同比例　⒟視零件相關位置採用不同比例。

(　) 13.在工作圖上通常使用的投影方法為
⑷等角投影　⑻斜投影　⒞正投影　⒟透視投影。

(　) 14.標準零件於工作圖中可以不繪製零件圖，但必須將其規格詳填於
⑷組合圖中　⑻零件表內　⒞標題欄內　⒟更改欄內。

(　) 15.組合圖除外形裝配圖及線圖外，一般常採用
⑷剖視圖　⑻輔視圖　⒞對稱圖　⒟立體圖。

(　) 16.在工作圖中的零件表<u>不包括</u>
⑷件號、名稱　⑻重量、標準件號　⒞數量、材料　⒟日期及圖號。

(　) 17.組合圖的件號線由該零件引出，在零件內之一端加上
⑷小圓圈　⑻一箭頭　⒞小黑點　⒟不必加。

(　) 18.尺度修改時，需將原尺度用雙線畫去，而將新尺度寫在其附近，並加註更改符號及號碼，其符號為
⑷▽1　⑻△1　⒞□1　⒟○1

(　) 19.更改欄其填寫次序是
⑷由下而上　⑻由左而右　⒞由上而下　⒟由右而左。

(　) 20. CNS 標題欄內零件表排列，原則應
⑷由上而下　⑻由下而上　⒞由左而右　⒟由右而左。

(　) 21.通常件號數字之大小為尺度數字高的
⑷ 4 倍　⑻ 3 倍　⒞ 2 倍　⒟ 1 倍。

(　) 22.機械製圖時，下列有關圖框與圖框線的敘述，何者正確？
⑷圖框線為粗實線　⑻圖框線可當作尺度界線使用　⒞圖框線可當作輪廓線使用　⒟當視圖尺度太大時，視圖可畫到圖框外。

(　) 23. A0～A4 圖紙，標題欄大小約為多少 mm？

(A) 55 × 175　(B) 55 × 110　(C) 55 × 75　(D) 18 × 175。

(　) 24. 下列有關工作圖的敘述，何者正確？

(A)孔與軸配合件之裕度 (Allowance) 為孔之最小尺度與軸之最大尺度之差 (B)公差乃最大極限尺度與基本尺度之差 (C)表面符號之基本符號上僅加註表面粗糙度而未再加任何符號，係表示不得切削加工 (D)一般測定表面粗糙度之公制單位為 mm。

(　) 25. 為方便複製時準確定位而設，中心記號線為粗實線，向圖框內延伸約

(A) 5 mm　(B) 10 mm　(C) 15 mm　(D) 20 mm。

CNS 建築製圖概論

18–1　圖紙尺度及摺法

18–2　度量衡制與比例尺

18–3　文字及字體

18–4　標題欄、修改欄、附註欄

18–5　圖號及圖樣編號

18–6　指北針及箭頭流向

18–7　線條之種類及粗細

18–8　圖樣圖示準則

18–9　角度及坡度表示法

18–10　建築圖符號

18–11　建築圖表示法

18–12　建築結構圖基本符號

18－1 圖紙尺度及摺法

1.圖紙之尺度

如表 18–1–1 所示。

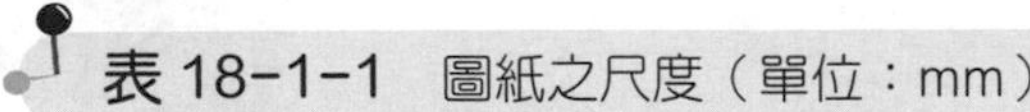
表 18-1-1 圖紙之尺度（單位：mm）

圖紙號碼	縱向	橫向
A0	841	1189
A1	594	841
A2	420	594
A3	297	420
A4	210	297
	297	210

2.圖紙之圖框尺度

如表 18–1–2 所示。

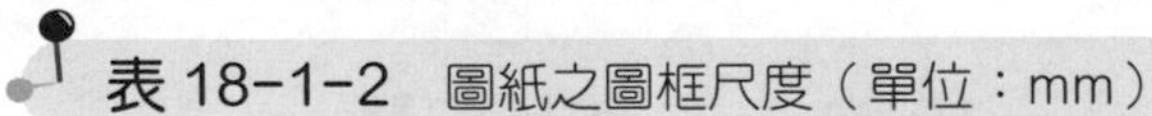
表 18-1-2 圖紙之圖框尺度（單位：mm）

圖紙號碼	上下及右邊框	左 邊 框	圖框尺度
A0	15	25	841 × 1149
A1	15	25	564 × 801
A2	15	25	390 × 554
A3	12.5	25	272 × 382.5

註：(1)左邊框較其他邊為寬，以供裝訂。
(2)右邊框得視需要放大為 25 mm，以供右邊裝訂。

3.圖紙之摺法

(1)較 A4 大的圖紙通常可摺成 A4 大小，以便置於文書夾中，或裝訂成冊保存。

(2)摺疊時，圖的標題欄在上面，以便查閱。

(3)摺疊的方法如圖 18–1–1、圖 18–1–2、圖 18–1–3、圖 18–1–4 所示，各摺線旁的數字為摺疊次序。

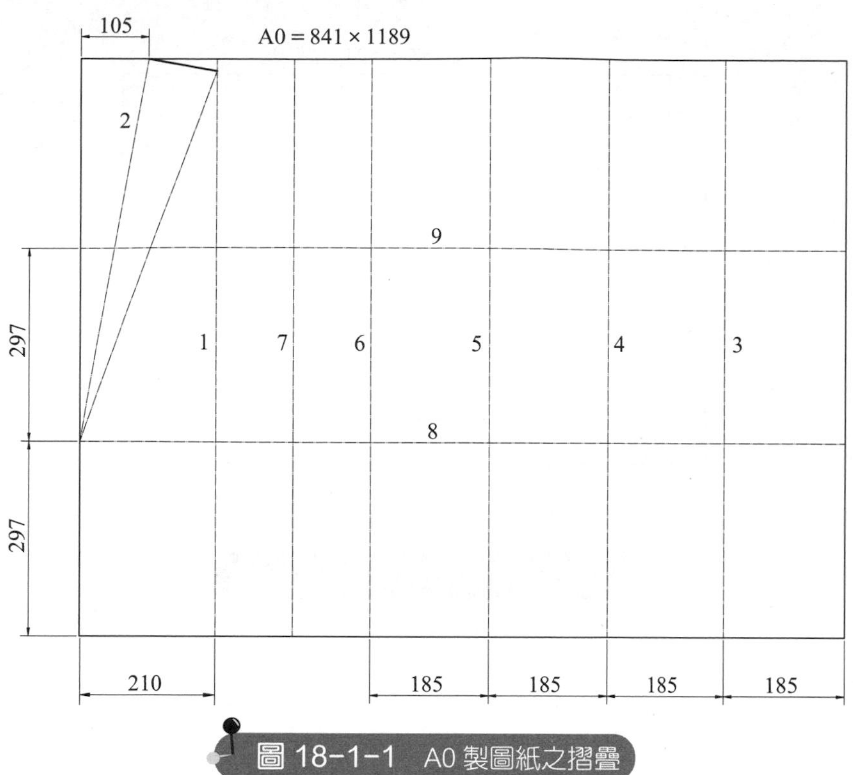

圖 18-1-1　A0 製圖紙之摺疊

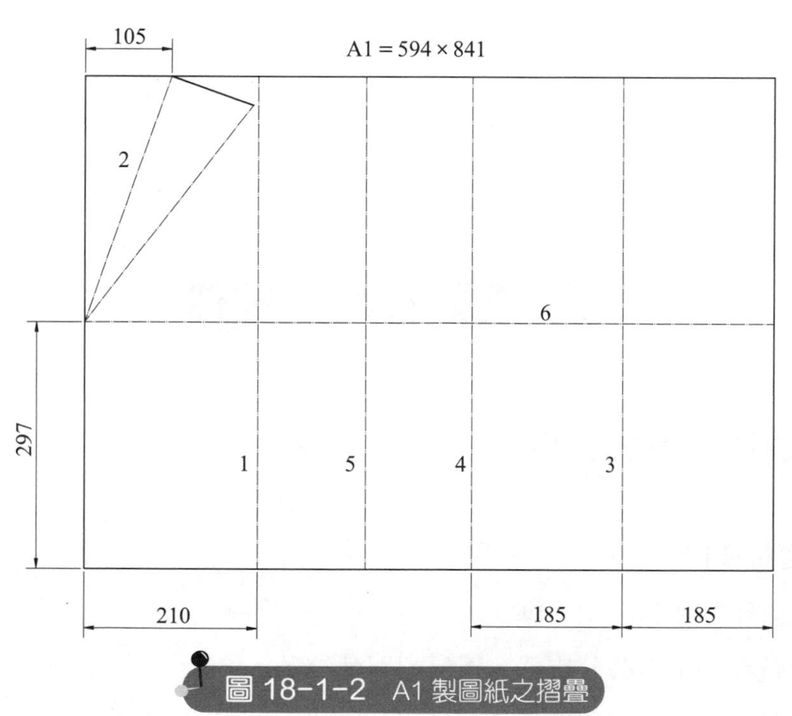

圖 18-1-2　A1 製圖紙之摺疊

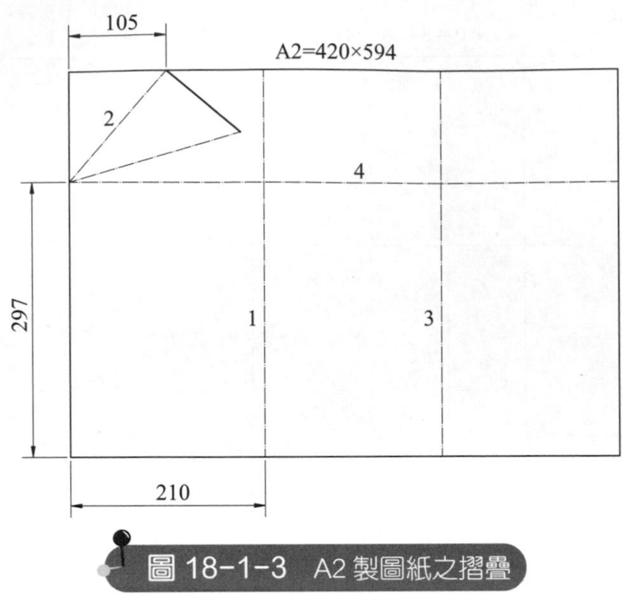

圖 18-1-3 A2 製圖紙之摺疊

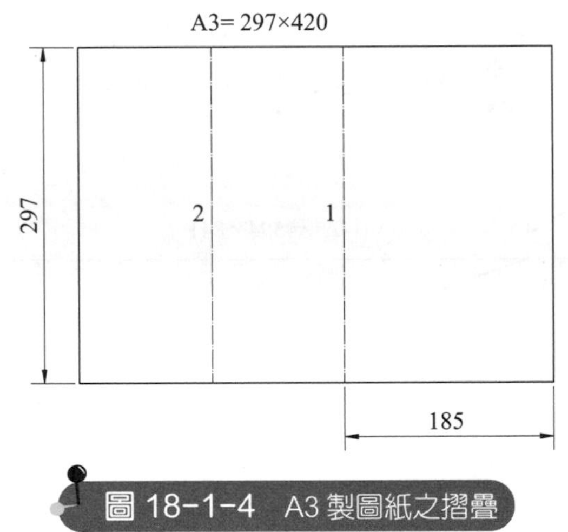

圖 18-1-4 A3 製圖紙之摺疊

18-2 度量衡制與比例尺

1. 圖樣之度量衡制

(1)除特別註明外，以公制為準。

(2)尺度單位原則上以公分表示，不另記單位符號。

(3)若用其他尺度單位時應另行註明其單位符號，如表 18-2-1。

表 18-2-1　用其他尺度單位標註

100	985	1500
1 m	9.85 m	15 m
1000 mm	9850 mm	15000 mm

2. 比例尺

(1)建築製圖應標示比例尺。

(2)常用比例尺如下列 18 種：

$\frac{1}{1}$、$\frac{1}{2}$、$\frac{1}{5}$、$\frac{1}{10}$、$\frac{1}{20}$、$\frac{1}{30}$、$\frac{1}{50}$、$\frac{1}{100}$、$\frac{1}{200}$、$\frac{1}{300}$、$\frac{1}{500}$、$\frac{1}{600}$、$\frac{1}{1000}$、$\frac{1}{1200}$、$\frac{1}{2000}$、$\frac{1}{3000}$、$\frac{1}{6000}$、$\frac{1}{10000}$

(3)比例尺之表示法，依下列二例之方式為準，其位置置於圖名之後，如下：

$\frac{1}{20}$、1:20

(4)必要時得以下列之表示法標示以供參考，其位置視圖樣情況訂定。

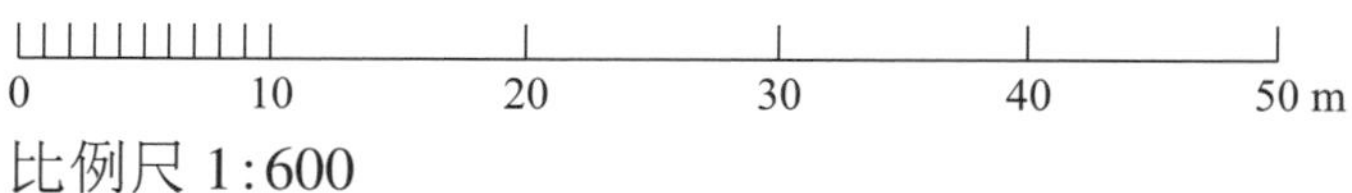

比例尺 1:600

(5)各種圖樣之比例尺：

如表 18-2-2 所示。

表 18-2-2　各種圖樣之比例尺

項目	圖名	比例尺
1	位置圖	$\frac{1}{2000}$、$\frac{1}{3000}$、$\frac{1}{6000}$、$\frac{1}{10000}$
2	現況圖、配置圖	$\frac{1}{100}$、$\frac{1}{200}$、$\frac{1}{300}$、$\frac{1}{400}$、$\frac{1}{500}$、$\frac{1}{600}$、$\frac{1}{1000}$、$\frac{1}{1200}$
3	日照圖	$\frac{1}{100}$、$\frac{1}{200}$、$\frac{1}{300}$、$\frac{1}{500}$、$\frac{1}{600}$
4	平面圖	$\frac{1}{50}$、$\frac{1}{100}$、$\frac{1}{200}$
5	立面圖	$\frac{1}{50}$、$\frac{1}{100}$、$\frac{1}{200}$
6	剖面圖	$\frac{1}{50}$、$\frac{1}{100}$、$\frac{1}{200}$

7	平面詳圖	$\frac{1}{5}$、$\frac{1}{10}$、$\frac{1}{20}$、$\frac{1}{30}$、$\frac{1}{50}$
8	立面詳圖	$\frac{1}{5}$、$\frac{1}{10}$、$\frac{1}{20}$、$\frac{1}{30}$、$\frac{1}{50}$
9	剖面詳圖	$\frac{1}{5}$、$\frac{1}{10}$、$\frac{1}{20}$、$\frac{1}{30}$、$\frac{1}{50}$
10	樓梯昇降機詳圖	$\frac{1}{5}$、$\frac{1}{10}$、$\frac{1}{20}$、$\frac{1}{30}$、$\frac{1}{50}$
11	門窗圖	$\frac{1}{5}$、$\frac{1}{10}$、$\frac{1}{20}$、$\frac{1}{30}$、$\frac{1}{50}$
12	結構平面圖	$\frac{1}{50}$、$\frac{1}{100}$、$\frac{1}{200}$
13	結構詳圖	$\frac{1}{20}$、$\frac{1}{30}$、$\frac{1}{50}$
14	設備圖	$\frac{1}{20}$、$\frac{1}{30}$、$\frac{1}{50}$、$\frac{1}{100}$、$\frac{1}{200}$
15	其他特殊詳圖	$\frac{1}{1}$、$\frac{1}{2}$、$\frac{1}{5}$、$\frac{1}{10}$、$\frac{1}{20}$、$\frac{1}{30}$、$\frac{1}{50}$

18－3 文字及字體

1. 手寫字體規格

如表 18–3–1 所示。

表 18–3–1 手寫字體規格（單位：mm）

	二號半	三號	三號半	四號	四號半	五號	六號	七號	八號	九號	十號
高	2.5	3.0	3.5	4.0	4.5	5.0	6.0	7.0	8.0	9.0	10.0
寬	1.6	2.0	2.3	2.6	3.0	3.3	4.0	4.6	5.3	6.0	6.6

2. 手寫中文字

採用直仿宋體為原則。

18－4 標題欄、修改欄、附註欄

1. 標題欄

(1)標題欄採用直式，其位置應設於圖之右邊。

(2)標題欄之形式、內容及尺度，如圖 18–4–1 所示。

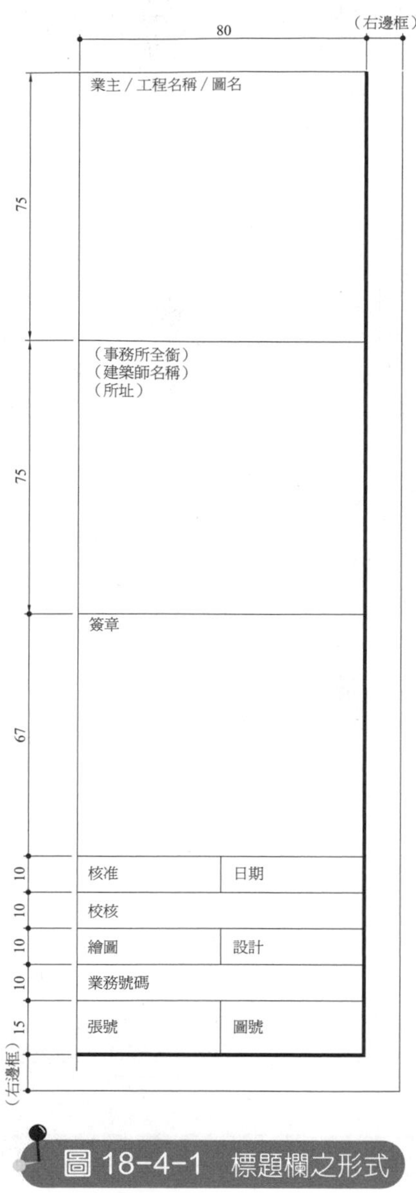

圖 18-4-1　標題欄之形式

2. 修改欄

⑴修改欄應置於標題欄之上方。

⑵修改欄寬度與標題欄同。

⑶所有圖樣一經核准後，任何修改程序應填註於修改欄。

⑷修改部分應以雲狀線框出，框旁加繪一 △，△ 內填註修改次數，如第一次修改，其餘類推，並登錄於修改欄中，如圖 18-4-2 所示。

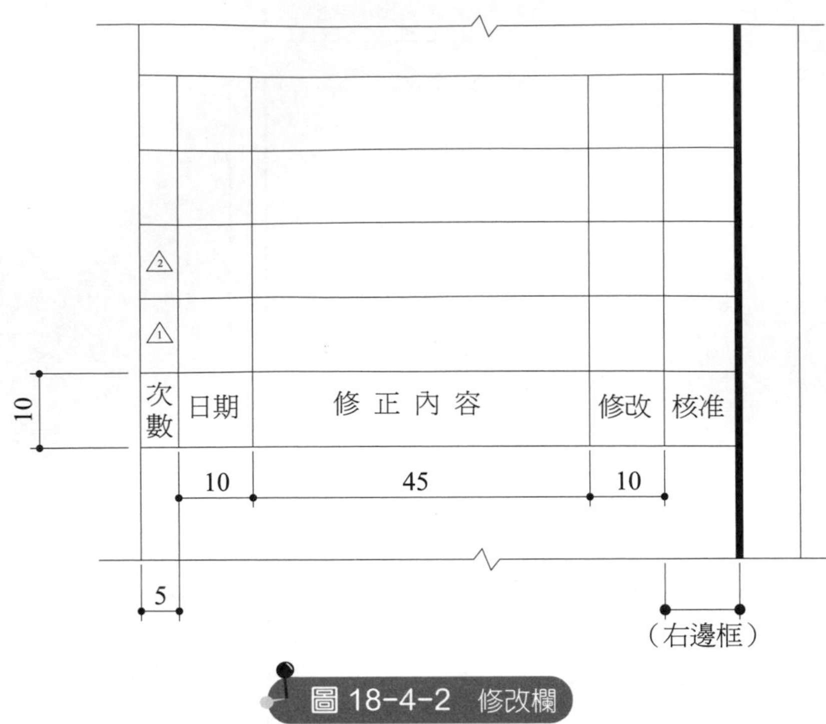

圖 18-4-2 修改欄

3. 附註欄

⑴附註欄應置於修改欄之上方，寬度與修改欄同，作為設計圖之補充說明。

⑵附註欄之形式如圖 18-4-3 所示。

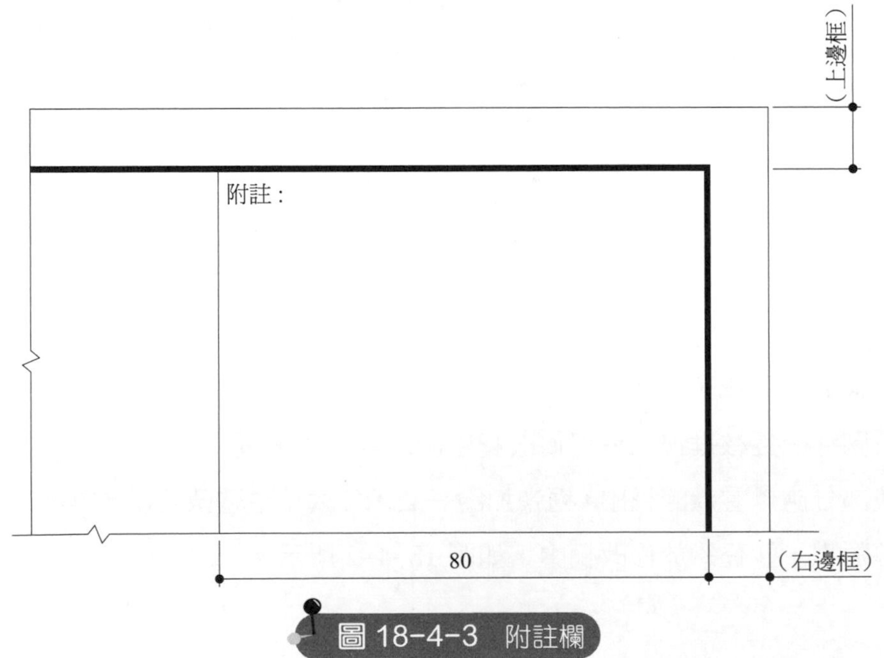

圖 18-4-3 附註欄

18－5 圖號及圖樣編號

1. 圖號之英文代號

(1) A 代表建築圖。

(2) S 代表結構圖。

(3) F 代表消防設備圖。

(4) E 代表電氣設備圖。

(5) P 代表給水、排水及衛生設備圖。

(6) M 代表空調及機械設備圖。

(7) L 代表環境景觀植栽圖。

(8) W 代表污水處理設施圖。

(9) G 代表瓦斯設備圖。

2. 各種圖樣應分別編號

(1)各種圖樣應分別編號，其方式如圖 18–5–1 所示。

(2)右接寫該圖之名稱及比例尺，均置於該圖之下方。

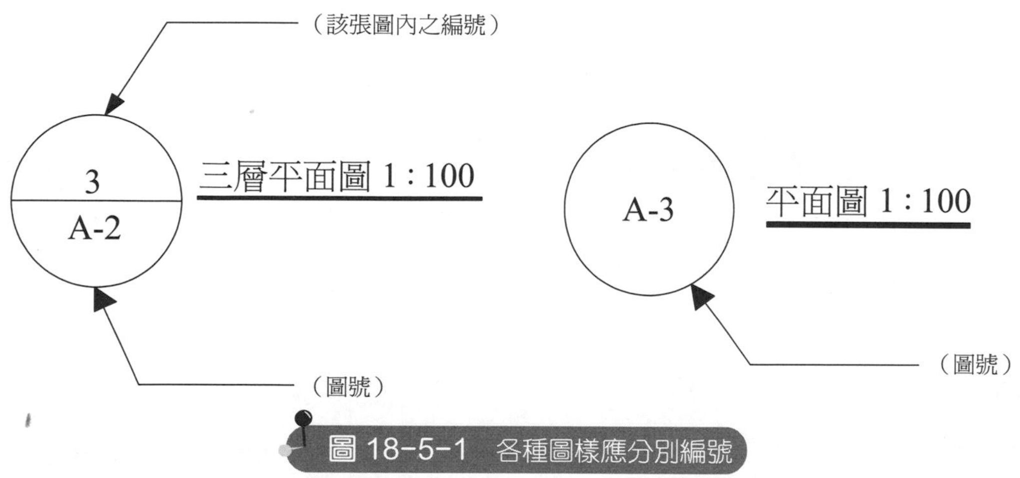

圖 18-5-1　各種圖樣應分別編號

18－6 指北針及箭頭流向

1. 指北針

⑴位置圖、地形圖、地盤圖及配置圖等，原則上以圖之上方為北方，並應標示指北針。

⑵指北針之標示如圖 18–6–1 所示。

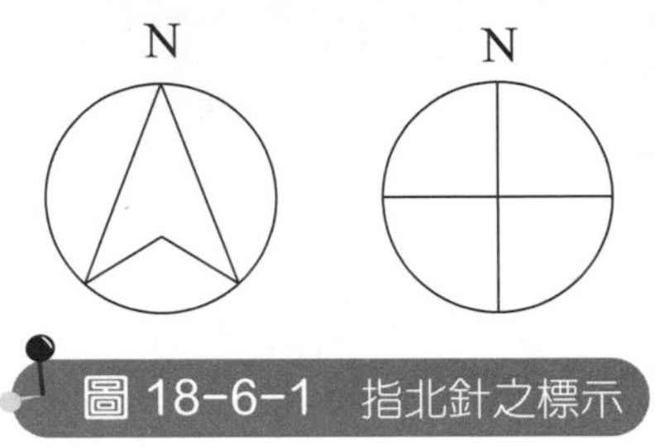

圖 18-6-1 指北針之標示

2. 箭頭流向

⑴箭頭流向表示流動之方向。

⑵箭頭流向分為下列二種：

水流

管路通風或空調

18－7 線條之種類及粗細

1. 線條之種類

⑴實線

⑵虛線

⑶點線

⑷單點線

⑸雙點線

2. 線條之粗細

線條之粗細分為粗、中、細三級，如表 18–7–1 所示。

表 18-7-1　線條之粗細

粗　細	形　狀	粗細值
粗	━━━━━━	0.5～2.5 mm
中	━━━━━━	0.3～0.7 mm
細	──────	0.1～0.3 mm

3.線條之用途

如表 18–7–2 所示。

表 18-7-2　線條之用途

種　類	形　狀	粗　細	用　途
實線	━━━━━━	粗	輪廓線、剖面線、配線、配管、鋼筋、圖框線
實線	━━━━━━	中	一般外形線、截斷線、投影線
實線	──────	細	基準線、尺度線、尺度延伸線、註解線、剖面外形線、投影線、軌跡線、指標線
虛線	－－－－－－－	中、細	隱蔽線、配線、配管、投影線、假設線
點線	…………………	中、細	格子、配線、配管或其他符號
單點線	─·─·─·─	中	配線、線管
單點線	─·─·─·─	細	中心線、建築線、基準線
雙點線	─··─··─	中	接圖線、配管、配線、地界線

18－8 圖樣圖示準則

1.尺度線

(1)尺度線應使用細實線，原則上與尺度延伸線相交成直角，其兩端應加箭頭或圓點符號，如圖 18–8–1 所示。

(2)尺度線如不相垂直時，兩端之尺度延伸線須相互平行。

(3)尺度線端部之符號不得混用。

(4)尺度延伸線為畫尺度線時，從圖形向外所引出之線，原則上以細實線表示之。

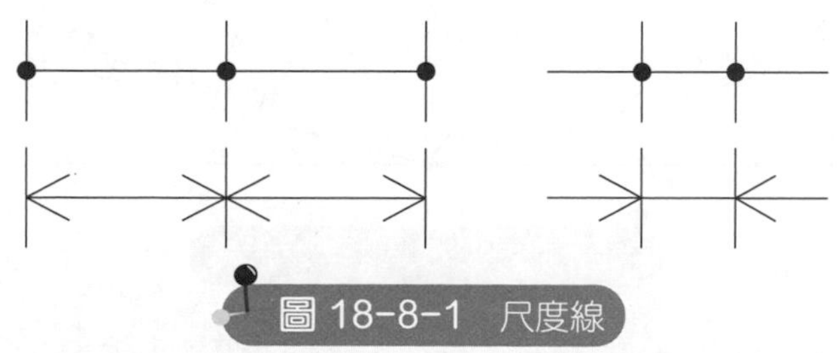

圖 18-8-1　尺度線

2. 尺度

尺度須註於尺度線之上方。

3. 指標線

指標線原則上用直折線或曲線。

4. 截斷線

截斷線原則上用中實線，其中央部位加─╲╱─。

5. 基準線

⑴基準線原則上以細實線表示，但混淆不清時得採用細單點線。

⑵橫座標由左至右以①, ②, ③…… 表示之。

⑶縱座標由下而上以Ⓐ, Ⓑ, Ⓒ…… 表示之，如圖 18–8–2 所示。

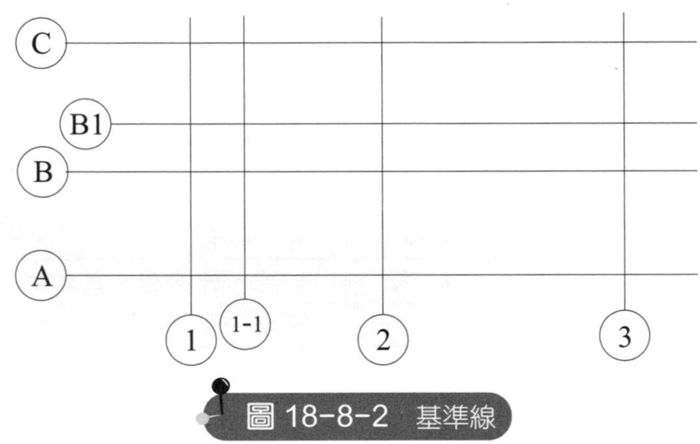

圖 18-8-2 基準線

6. 註字之方向

註字之方向，如圖 18–8–3 所示。

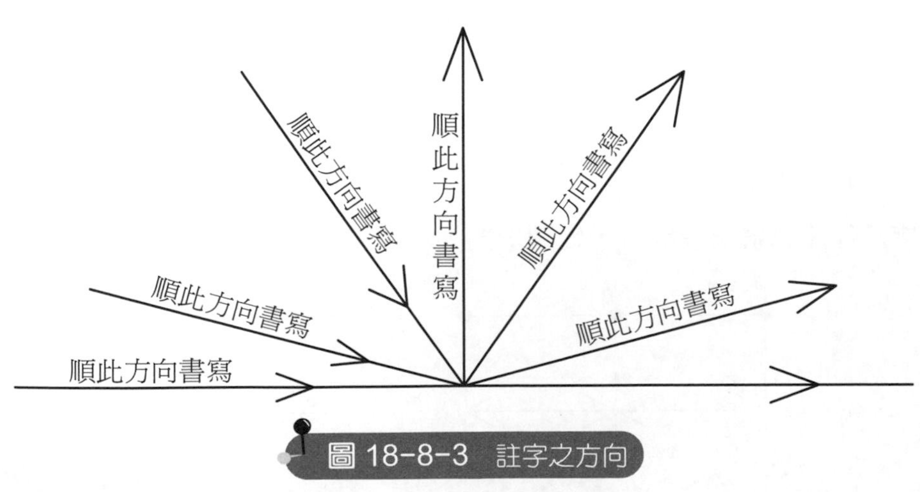

圖 18-8-3 註字之方向

7. 剖面標記之編號

(1)剖面標記之編號以大寫英文字母 A、B、C……（不用 I 及 O），順序由左至右，由下而上。

(2)用於同一序列之圖中，如超過 24 個剖面，則繼續用 A1, B1 … A2, B2 …。

(3)如剖面繪製於他張圖中時應加註該圖之圖號，如圖 18–8–4 所示。

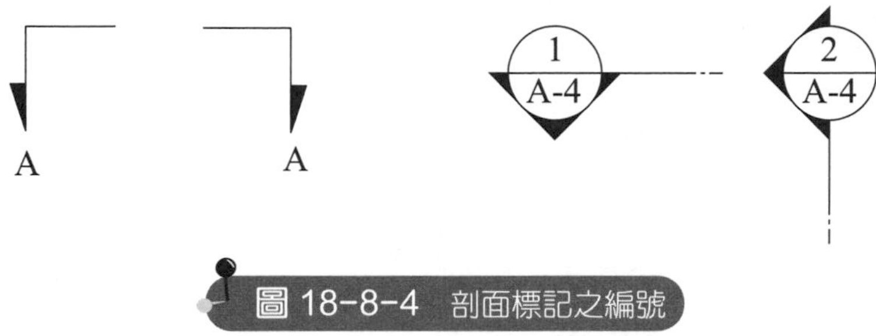

圖 18-8-4　剖面標記之編號

18 – 9 角度及坡度表示法

1. 角度表示法

(1)角度表示法如圖 18–9–1 所示。

(2)尺度線以角之頂點為中心，兩端各加箭頭符號。

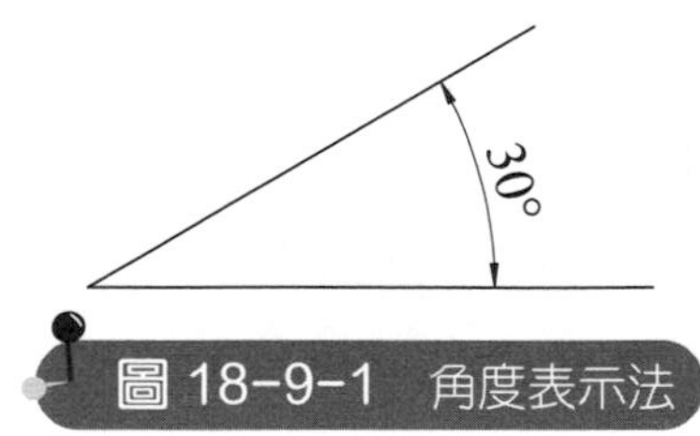

圖 18-9-1　角度表示法

2. 坡度表示法

如表 18–9–1 所示。

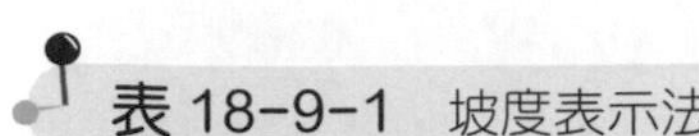
表 18-9-1 坡度表示法

種類		圖例	適用場合
角度法		30°	一般用
正切法	用 $\frac{Y}{100}$ 表示	Y 100	道路坡度用
	用 $\frac{Y}{10}$ 表示	10 Y	斜屋頂坡度
	用 $\frac{1}{X}$ 表示	1 X $\frac{1}{X}$	水溝或天溝坡度、平屋頂排水坡度、地坪坡度
	用 1:X 表示	X 1 1:X	擋土牆或道路邊坡

3.弧、弦及大圓弧之表示法

如圖 18-9-2 所示。

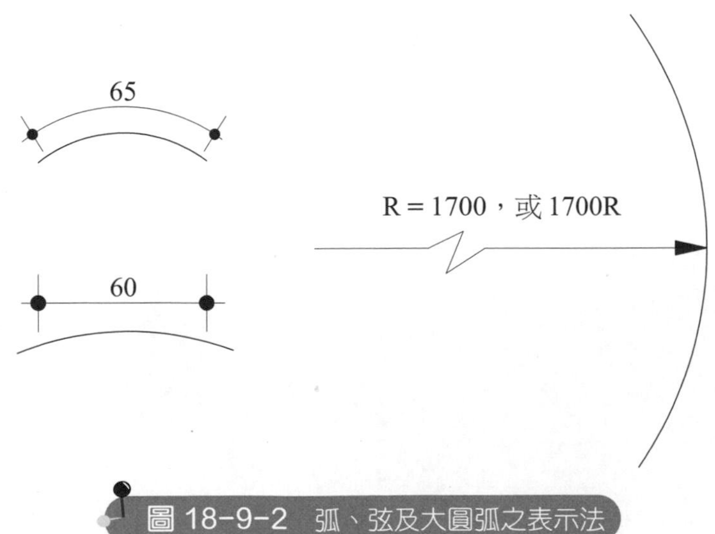

圖 18-9-2 弧、弦及大圓弧之表示法

18 – 10 建築圖符號

常用建築圖符號文字簡寫符號，如表 18–10–1 所示。

表 18–10–1　常用建築圖符號文字簡寫符號

用　途	符　號	說　明
尺度及位置	D、d	直徑
	R、r	半徑
	W	寬度
	L	長度
	D	深度
	H	高度
	t	厚度
	@	間隔
	C. C.	中心間隔
	CL	中心線
	BM	水準點
	HL	水平線
	VL	垂直線
	GL	地盤線
	WL	牆面線
	CL	天花板線
	1F	一樓地板面
	2F	二樓地板面
	B1	地下一層
	B2	地下二層
	FL	地板面線
	FFL	地板裝飾面線
	PH	屋頂突出物
	RF	屋頂
垂直交通	UP	上（樓梯、坡道）
	DN	下（樓梯、坡道）
	R	樓梯級高
	T	樓梯級深
	ELEV	昇降機
	ESCA	電扶梯
門窗	D	門
	W	窗
	DW	門連窗
材料	W	寬緣 I 形鋼
	S	標準 I 形鋼
	H	H 形鋼
	Z	Z 形鋼
	T	T 形鋼
	匚	槽形鋼
	C	C 輕型鋼
	L	角鋼
	B	螺栓
	R	鉚釘
	FB	扁鋼
	PL	鋼板
	GIP	鍍鋅鋼管
	CIP	鑄鐵管
	SSP	不鏽鋼管
	RCP	鋼筋混凝土管
	PVCP	聚氯乙烯管
	GIS	鍍鋅鋼板
	#	規格號碼
	D, d, ∅	直徑

18－11 建築圖表示法

1.索引表

載明各種圖樣之張號、圖號及名稱。

2.索引圖

(1)標示各棟建築物之編號。

(2)標示剖面圖、剖面詳圖之剖視位置、方向及編號。

(3)五棟以上或剖面圖在十幅以上應附索引圖。

3.基地位置圖

(1)載明基地位置、方位、都市計劃土地使用分區。

(2)載明區域計劃非都市土地使用編定情形。

4.現況圖

(1)載明基地方位。

(2)載明四周現有巷道、道路、防火間隔、房屋層數、構造及排水方向。

(3)載明山坡地加附地形測量圖。

(4)其他現況。

(5)視需要可併入配置圖表示。

5.配置圖

(1)載明基地方位。

(2)載明都市計劃地籍套繪圖（包括四周鄰地、地號、界限、計劃道路等）。

(3)載明建築物之位置、尺度、騎樓、防火間隔、空地。

(4)載明未附排水系統配置圖者其排水系統排水方向。

6.面積計算表

(1)載明面積計算式及計算結果。

(2)載明基地面積（含各筆土地地號及其面積，全部基地實測面積）。

(3)載明建築面積。

(4)載明各層樓地板面積、屋頂突出物面積、陽臺面積及總樓地板面積。

(5)載明容許建築面積或法定容積率。

(6)載明建蔽率、容積率。

⑺載明停車空間檢討。

⑻載明防空避難設備檢討。

⑼其他。

7. 日照分析表及日照圖

⑴載明超高建築之冬至日日照分析表（包括太陽方位角、太陽高度角）。

⑵載明日照平面圖（日照不足一小時範圍內須著色）。

8. 平面圖

⑴載明各層平面。

⑵載明各部分之用途。

⑶載明各部尺度。

⑷載明牆身構造及厚度。

⑸載明門窗位置、符號、編號及開啟方向。

⑹載明樓梯位置、編號及上下方向。

⑺載明昇降梯位置及編號。

⑻載明走廊通道、樓梯之淨寬。

⑼載明新舊溝渠及排水方向。

⑽載明各層平面相同時可共用一個平面。

⑾載明必要時可於一層平面圖加繪建築物之位置、尺度、騎樓、防火間隔、空地。

⑿其他。

9. 立面圖

⑴載明各向立面外形、門窗開口位置。

⑵載明建築線及高度限制線。

⑶載明建築物高度、簷高、屋頂突出物高度、各層尺度。

⑷載明外表材料。

⑸載明避雷針。

10. 剖面圖

⑴載明剖面狀況。

⑵載明建築線及高度限制線。

⑶載明建築物高度、簷高、層高、屋頂突出物高度、天花板淨高等。

11.剖面詳圖

載明各部詳細尺度及材料。

12.樓梯昇降梯間詳圖

載明各部尺度、材料及淨寬(包括電扶梯、坡道等)。

13.門窗圖

(1)載明門窗立面、編號、尺度。

(2)載明門窗表。

(3)載明材料說明。

14.室內裝修表

載明室內裝修材料、粉刷等。

15.其他

載明特殊詳圖。

18－12 建築結構圖基本符號

建築結構圖的基本符號如表 18–12–1 所示。

表 18–12–1 建築結構圖基本符號

用途	符號	說明	用途	符號	說明
構材	C	柱	構材	T	桁架
	F	基腳		P	桁條
	FG	地梁		J	欄柵
	G	構架梁		UU	上弦構材
	b	非構架梁		LL	下弦構材
	TG	構架繫梁		UL	腹構材
	Tb	非構架繫梁	層別	R	屋頂
	CG	構架懸臂梁		P	屋頂突出物
	Cb	非構架懸臂梁		B	地下室
	S	板		M	夾層
	CS	懸臂板	構造	RC	鋼筋混凝土造
	W	牆		S	鋼構造
	WB	牆梁		SRC	鋼骨鋼筋混凝土造
	SS	樓梯梯板		B	磚構造
	FS	基礎板		RB	加強磚造
	BW	承重牆		W	木構造
	SW	剪力牆			

習　題

1. 試述建築製圖圖紙之尺度。
2. 試述建築製圖圖紙之圖框尺度。
3. 試述建築製圖圖紙之摺法。
4. 試述建築製圖圖紙之比例尺。
5. 試述建築製圖各種圖樣之比例尺。
6. 試述建築製圖圖號之英文代號。
7. 試述建築製圖各種圖樣應如何編號。
8. 試述建築製圖指北針之意義。
9. 試述建築製圖線條之種類。
10. 試述建築製圖線條之用途。
11. 試述常用建築製圖符號文字簡寫符號。
12. 試述建築製圖索引圖表示法內容。
13. 試述建築製圖現況圖表示法內容。
14. 試述建築製圖配置圖表示法內容。
15. 試述建築製圖平面圖表示法內容。
16. 試述建築製圖立面圖表示法內容。
17. 試述建築製圖剖面圖表示法內容。
18. 試述建築製圖結構圖基本符號。

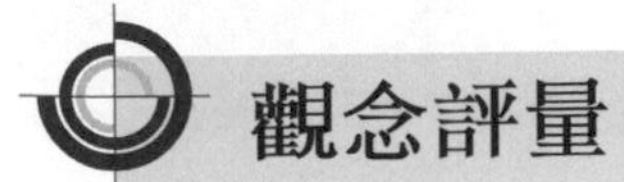

觀念評量

( ) 1. 建築製圖右邊框得視需要放大多少，以供右邊裝訂？

(A) 10 mm (B) 15 mm (C) 25 mm (D) 35 mm。

( ) 2. 標準建築製圖圖紙 A0 規格的尺度為

(A) 1189×841 (B) 841×594 (C) 594×420 (D) 420×297 mm。

( ) 3. 標準建築製圖圖紙 A4 規格的尺度為

(A) 1189×841 (B) 841×594 (C) 594×420 (D) 210×297 mm。

( ) 4. 有關建築製圖圖紙摺疊，下列敘述何者正確？

(A)可隨意摺成適當大小 (B)圖紙標題欄必須摺在上面 (C)一般摺成 A5 大小 (D)圖的標題欄應摺在裡頁以防洩密。

( ) 5. 建築製圖，比例尺 $\frac{1}{2000}$、$\frac{1}{3000}$、$\frac{1}{6000}$、$\frac{1}{10000}$，常用於何種圖樣？

(A)位置圖 (B)現況圖、配置圖 (C)日照圖 (D)平面詳圖。

( ) 6. 建築製圖，比例尺 $\frac{1}{100}$、$\frac{1}{200}$、$\frac{1}{300}$、$\frac{1}{400}$、$\frac{1}{500}$、$\frac{1}{600}$、$\frac{1}{1000}$、$\frac{1}{1200}$，常用於何種圖樣？

(A)位置圖 (B)現況圖、配置圖 (C)日照圖 (D)平面詳圖。

( ) 7. 建築製圖，比例尺 $\frac{1}{5}$、$\frac{1}{10}$、$\frac{1}{20}$、$\frac{1}{30}$、$\frac{1}{50}$，常用於何種圖樣？

(A)位置圖 (B)現況圖、配置圖 (C)日照圖 (D)平面詳圖。

( ) 8. 建築製圖，手寫中文字採用何者為原則？

(A)直仿宋體 (B)斜仿宋體 (C)標楷體 (D)華康體。

( ) 9. 建築製圖標題欄採用直式，其位置應設於圖之

(A)左邊 (B)右邊 (C)上方 (D)下方。

( ) 10. 建築製圖，修改欄應置於標題欄之

(A)左邊 (B)右邊 (C)上方 (D)下方。

( ) 11. 建築製圖，圖號之英文代號，A 代表

(A)建築圖 (B)結構圖 (C)消防設備圖 (D)電氣設備圖。

( ) 12. 建築製圖，圖號之英文代號，E 代表

(A)建築圖 (B)結構圖 (C)消防設備圖 (D)電氣設備圖。

(　) 13.建築製圖，位置圖、地形圖、地盤圖及配置圖等，原則上以圖之上方為
⑷東方　⑻西方　⑵南方　⑷北方。

(　) 14.建築製圖，輪廓線、剖面線、配線、配管、鋼筋、圖框線為
⑷粗實線　⑻中實線　⑵細實線　⑷虛線。

(　) 15.建築製圖，一般外形線、截斷線、投影線為
⑷粗實線　⑻中實線　⑵細實線　⑷虛線。

(　) 16.建築製圖，基準線、尺度線、尺度延伸線、註解線、剖面外形線、投影線、軌跡線、指標線為
⑷粗實線　⑻中實線　⑵細實線　⑷虛線。

(　) 17.建築製圖，隱蔽線、配線、配管、投影線、假設線為
⑷粗實線　⑻中實線　⑵細實線　⑷虛線。

(　) 18.建築製圖，接圖線、配管、配線、地界線為
⑷粗實線　⑻單點線　⑵雙點線　⑷虛線。

(　) 19.建築製圖，常用建築圖符號文字簡寫符號，其中 D、d 代表
⑷直徑　⑻寬度　⑵高度　⑷間隔。

(　) 20.建築製圖，常用建築圖符號文字簡寫符號，其中 H 代表
⑷直徑　⑻寬度　⑵高度　⑷間隔。

(　) 21.建築製圖，常用建築圖符號文字簡寫符號，其中 @ 代表
⑷直徑　⑻寬度　⑵高度　⑷間隔。

(　) 22.建築製圖，載明各種圖樣之張號、圖號及名稱者為
⑷索引表　⑻索引圖　⑵基地位置圖　⑷現況圖。

(　) 23.建築製圖，標示各棟建築物之編號及標示剖面圖、剖面詳圖之剖視位置、方向及編號者為
⑷索引表　⑻索引圖　⑵基地位置圖　⑷現況圖。

(　) 24.建築製圖，載明基地位置、方位、都市計劃土地使用分區及區域計劃非都市土地使用編定情形者為
⑷索引表　⑻索引圖　⑵基地位置圖　⑷現況圖。

(　) 25.建築製圖，載明基地方位、四周現有巷道、道路、防火間隔、房屋層數、構造及排水方向與山坡地加附地形測量圖者為
⑷索引表　⑻索引圖　⑵基地位置圖　⑷現況圖。

◎普通物理 (上)　陳龍英、郭明賢／著

◎普通物理 (下)　陳龍英、郭明賢／著

本書目標在協助學生了解物理學的基本概念，並熟練科學方法，培養基礎科學的能力，而能與實務接軌，配合相關專業學科的學習與發展。

全書分為上、下兩冊。內容包含運動學、固體的力學性質、流體簡介、熱力學、電磁學、電子學、波動、光、近代物理等。每章的內容皆從基本的觀念出發，並以日常生活有關的實例說明，引發學習的興趣。此外配合讀者的能力，引入適切的例題與習題及適合程度的數學計算，以達到讀者能自行練習的目的。

◎微積分　白豐銘、王富祥、方惠真／著

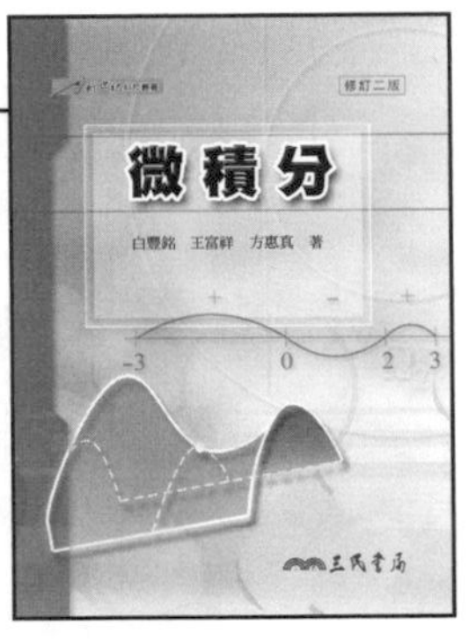

本書由三位資深教授，累積十幾年在技職體系及一般大學的教學經驗，精心規劃而成。為了讓讀者能迅速進入狀況、減少對於數學的恐懼感，本書減少了抽象的觀念推導和論證，而強調題型分析與解題技巧的解說，並在每章最後附有精心設計的習題，作為課後的演練。深入淺出的內容，極適合老師於課堂授課之用，若讀者有意自行研讀，亦是絕佳的參考用書。